朱丽岩 主编
央美阳光 绘

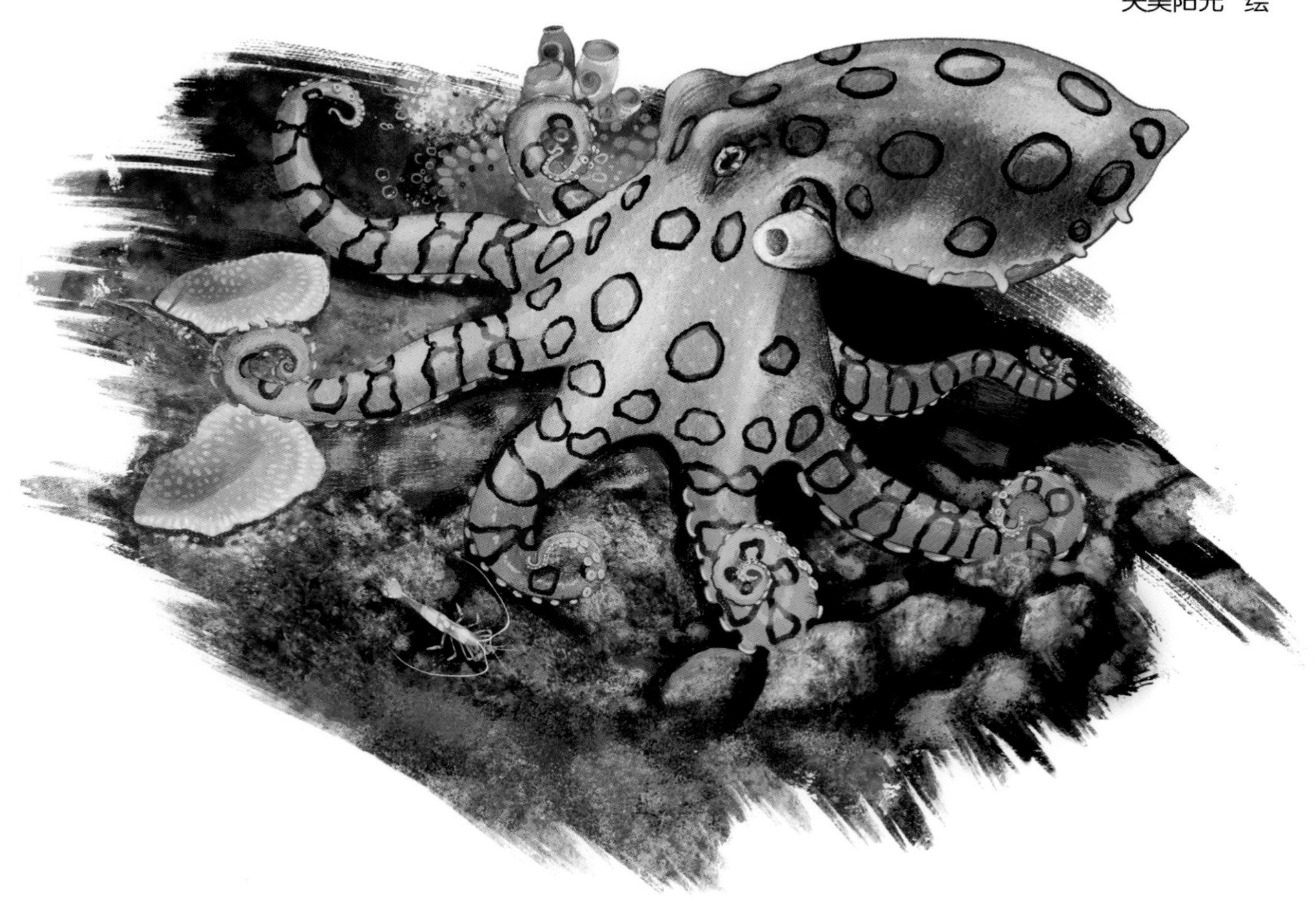

青岛出版社
QINGDAO PUBLISHING HOUSE

图书在版编目（CIP）数据

海洋生物图鉴 / 朱丽岩主编；央美阳光绘 . —青岛： 青岛出版社， 2019.8
ISBN 978-7-5552-8080-4

Ⅰ. ①海…　Ⅱ. ①朱… ②央…　Ⅲ. ①海洋生物—图集
Ⅳ. ① Q178.53-64

中国版本图书馆 CIP 数据核字（2019）第 043396 号

书　　名　海洋生物图鉴
主　　编　朱丽岩
出版发行　青岛出版社（青岛市海尔路182号，266061）
本社网址　http://www.qdpub.com
策　　划　张化新
责任编辑　宋　磊　张文健
特约编辑　谢欣冉
制　　版　央美阳光
印　　刷　深圳市国际彩印有限公司
出版日期　2019年8月第1版　2019年8月第1次印刷
开　　本　16开（787mm × 1092mm）
印　　张　25
字　　数　450千
印　　数　1—5000
书　　号　ISBN 978-7-5552-8080-4
定　　价　168.00元

编校质量、盗版监督服务电话　4006532017　0532-68068638

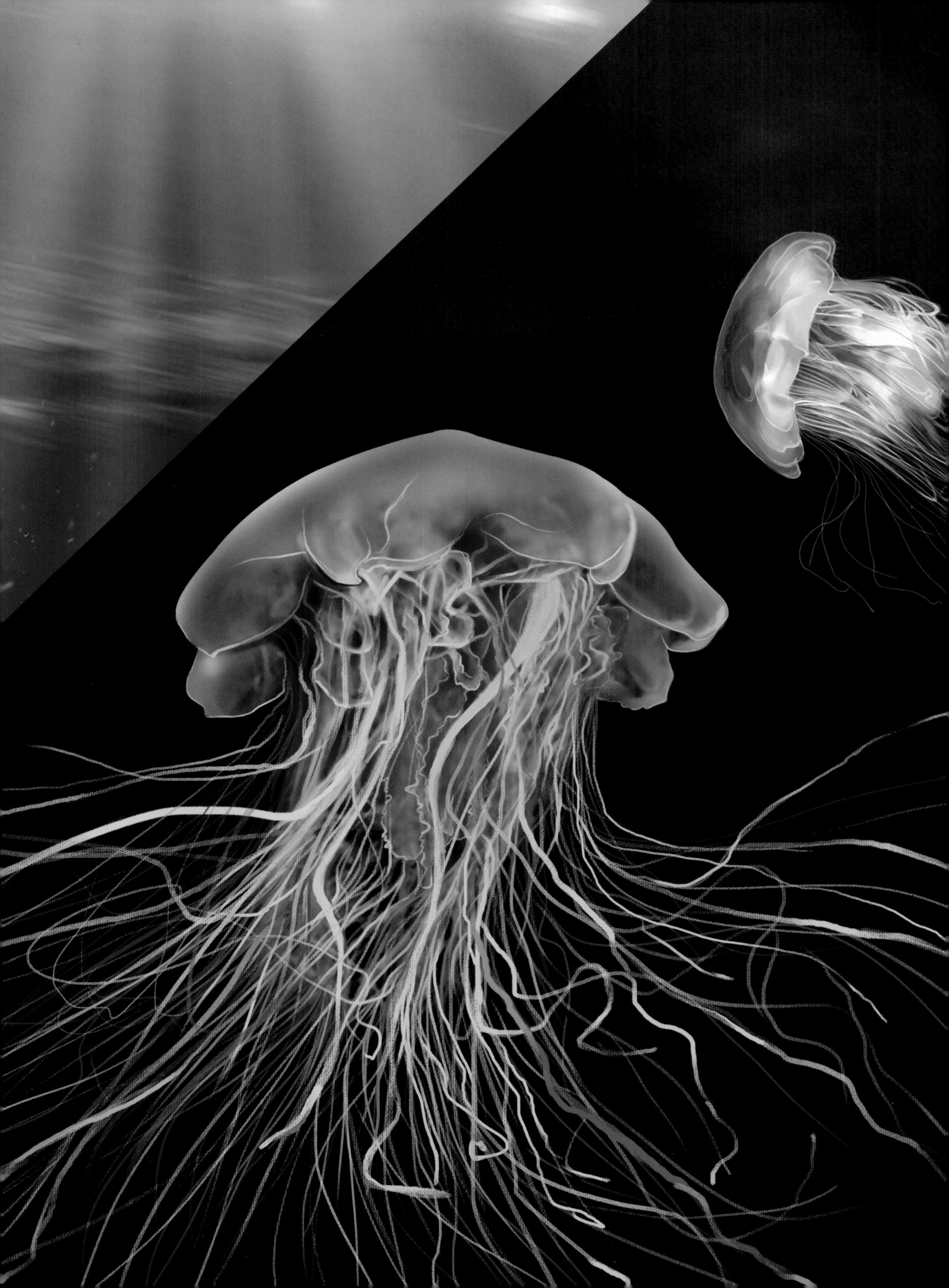

前言 Preface

闭上眼睛，放松心情，请在脑海中想象一种海洋生物，你第一时间会想到什么呢？是体形庞大、能够掀起惊涛骇浪的蓝鲸，还是活泼可爱、聪明伶俐的海豚？是身姿矫健、凶猛无比的鲨鱼，还是身形柔软、随波摇曳的海藻？当然，也许这些都不是。毕竟，海洋生物种类繁多、数量巨大，谁能说得准此时你联想到的是哪一种呢？

依靠科技的进步，人类的足迹早已遍布陆地甚至已扩展至太空，可依旧没办法彻底了解深邃而神秘的海洋。这听起来令人难以置信，但事实就是如此。生命起源于海洋，能适应陆地环境的生物相对来说只是少数，更多的生物仍留在海洋中繁衍生息。直到今天，人类也无法准确说出海洋中究竟有多少种生物。

为了给读者提供一个全方位认识海洋生物的窗口，《海洋生物图鉴》诞生了！本书凝结了编者大量的精力和心血，承载着多年来在海洋生物领域的探索和成果。编者力求用朴素生动的文字、精致优美的手绘插图以及灵动多变的编排方式，为读者还原一个真实、生动的海洋生物世界。在这里，无论是已经灭绝的海洋生物，还是正在活跃的海中精灵，你都能得到了解。

相信本书一定会给热爱海洋的你带来非同一般的精神享受。从现在开始，让我们一起出发，探索海洋的秘密，“零距离”接触多种多样的海洋生物吧！

第一章 走近海洋世界

第二章 海洋动物的绝技

第三章 灭绝的海洋动物

第四章 热闹的海洋生物聚居地

第五章 不可不知的海洋生物档案

第六章 那些看不见的海洋微生物

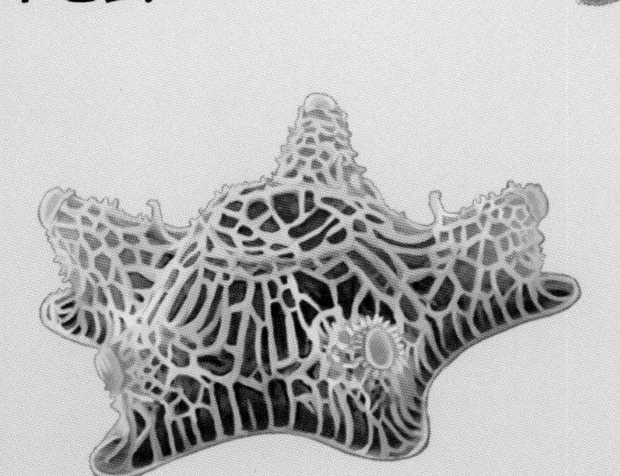

第七章 宝贵的海洋生物资源

第一章

走近海洋世界

海洋的前世今生

人类赖以生存的地球可以大致划分为两部分：陆地和海洋。陆地就是我们脚下的土地，而海洋是地球上广阔水体的总称，占据了地球表面积的 71% 左右。最早进入太空的人——苏联宇航员加加林曾感慨地说："我们给地球起错了名字，它应该叫水球。"

地球表面积约为 5.10 亿平方千米。其中，海洋所占的表面积约为 3.61 亿平方千米，约占地球表面积的 71%。

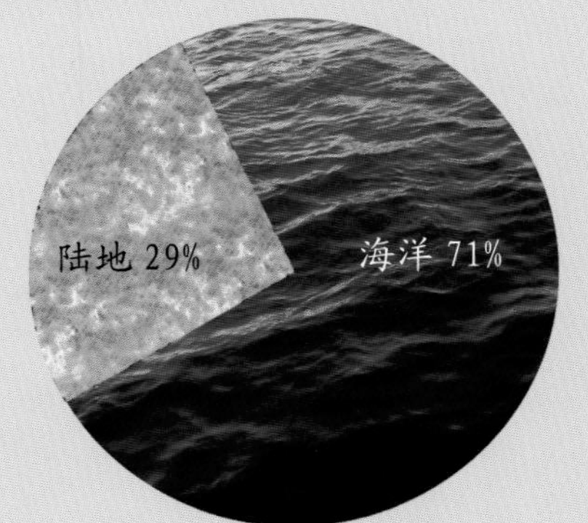

海洋和陆地的表面积占比

你知道吗？

尤里·阿列克谢耶维奇·加加林是苏联的宇航员。1961 年，加加林乘坐苏联研发的"东方一号"载人飞船，成功绕地球飞行一周，成为有史以来第一个进入太空的人。

苏联航天英雄——加加林

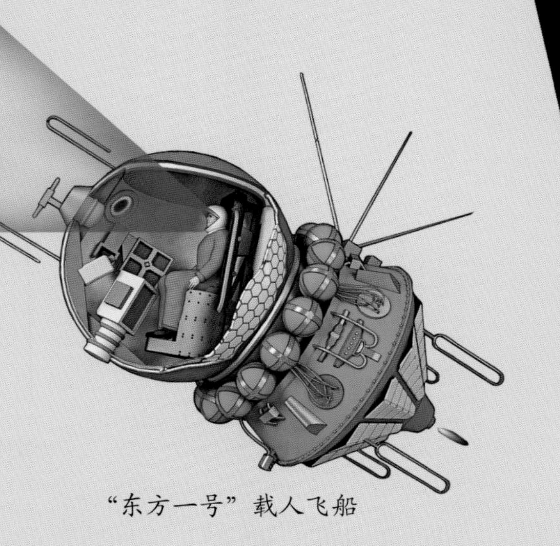

"东方一号"载人飞船

追溯起源

海洋是地球生态环境的重要组成部分，具有悠久的历史。谈到它的起源，就不得不提几十亿年前的原始地球。

根据科学家的推演，地球在诞生之初可不像现在这样生机勃勃。当时，地球是由高温液体构成的“球”。许多年后，球体表层的温度下降，内部密度大的物质在地心处形成地核，密度小的物质则“浮”在地球表层，形成地表以岩石为主的原始地球。

最初，原始地球的结构非常不稳定，内部物质在高温下不断熔解，各种不同的物质在力的作用下上浮、下沉。地球的基本结构就在这种情况下渐渐确定下来。

地球诞生之初的设想图

在这个过程中，原始地球受到多种力的影响，不断从地表向外喷发炽热的岩浆，并释放出多种气体，如甲烷、氨气、氢气、水蒸气、二氧化碳等。这些气体形成了原始大气层。之后，地球开始“退烧”，随着地球温度的持续冷却，大气环境中的水蒸气变成雨水降落下来。

这是一场覆盖全球的降水，据说持续了几百万年。巨量的雨水在地球表面汇集，形成了原始海洋。

现在，几十亿年过去了，海洋的“模样”已经变得大不相同，单单说海水的构成就有很大差异。

1. 原始海洋：海水的主要构成是大量的水与多种有机物质，包括氨基酸、核苷酸、核糖、脱氧核糖和嘌呤等。原始海洋的海水盐分含量比较少，不如现在的海水盐度大。

正在降雨的原始地球

2. 现代海洋：海水的成分十分复杂，包含大量的无机盐、气体、营养元素、微量元素和有机物质等。

现代海洋

海与洋

“海”与“洋”是两个不同的概念。虽然“海”和“洋”相连，但“海”只算是“洋”的边缘部分，“洋”才是海洋的主体和中心。

世界上有许多海，它们各具特色，虽然彼此分散，却又通过海峡相连。根据所处的位置，“海”大致可以分为陆间海、内海和边缘海。值得一提的是，不和大洋相通的咸水区域并不是海，如里海等咸水湖。

1. 陆间海：有海洋的特质，却为陆地所环绕，与大洋之间仅有相对较窄的海峡相连，如地中海。

2. 内海：深入陆地内部，周围被岛屿、半岛以及大陆包围的海域，与大洋或外海之间仅有狭窄的水道相连，如加勒比海。

3. 边缘海：位于大陆与大洋的边缘，一侧以大陆为界，另一侧则以半岛和岛屿为界，如日本海。

地中海

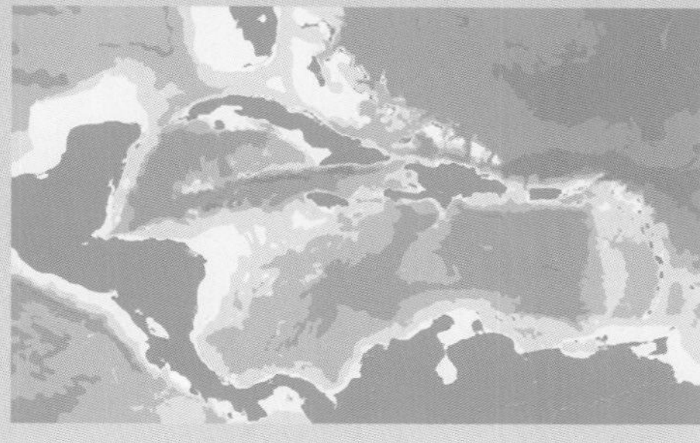

加勒比海

日本海

大洋分为四大部分，分别是太平洋、大西洋、印度洋和北冰洋，即“四大洋”。此外，太平洋、大西洋和印度洋靠近南极洲的那一片水域，在海洋学上具有特殊意义。因此，从海洋学（而不是从地理学）的角度，一般把三大洋在南极洲附近连成一片的水域称为“南大洋”。

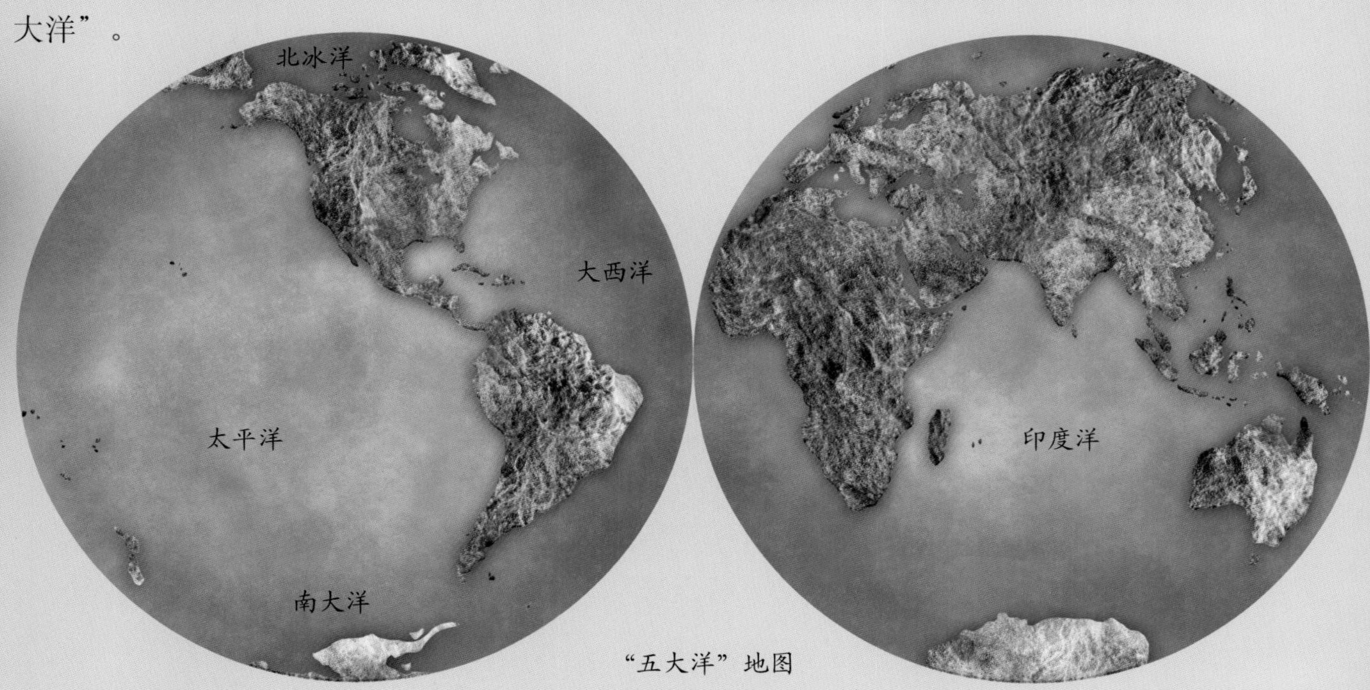

“五大洋”地图

海洋生命的起源与进化

广阔的海洋被称为“生命的摇篮”，这并不是夸张的比喻，而是实实在在的真相。

一、最早的生命

原始地球的环境非常恶劣：天空中电闪雷鸣；地表的地质活动非常剧烈；原始大气中充满多种有毒气体；原始大气中没有臭氧层的遮蔽，紫外线长驱直入……在这种情况下，地表缺少出现生命的条件，海洋就成为最适合生命诞生的地方。

在原始海洋中，大量有机分子经过一系列复杂的化学反应，孕育出最原始的生物——古细菌。生命从此开启了漫长的演化。

20世纪70年代，科学家在太平洋海底意外地发现了向外喷涌岩浆的海底热泉，即“海底烟囱”。之后，随着研究的深入，人们发现海底热泉附近虽然高温缺氧且含有大量有毒物质，却生活着一大批生物。这些生物种类众多、形态原始，与周围环境构成了稳定的生态系统。

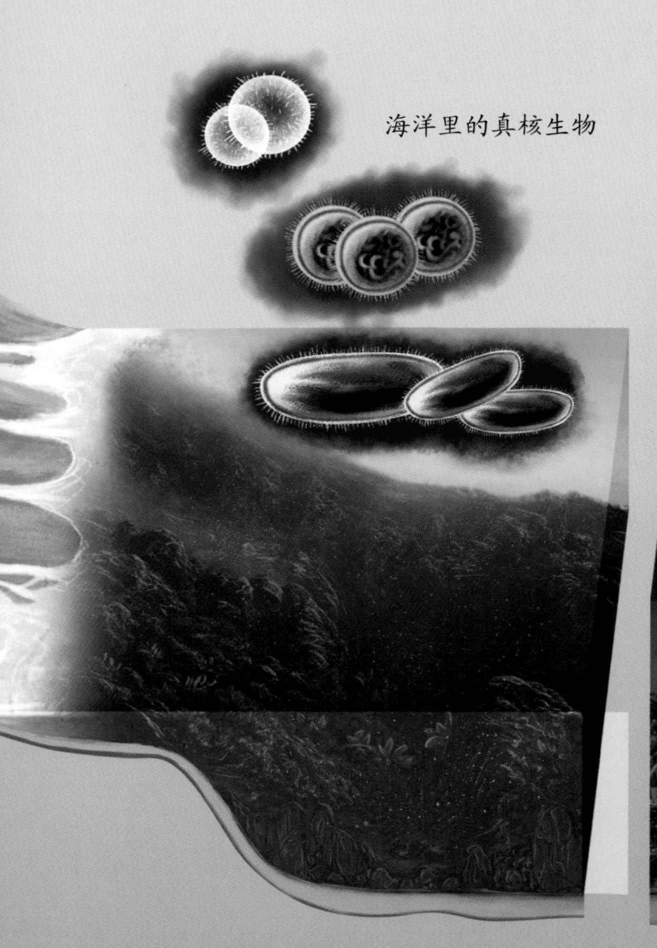

海洋里的真核生物

原始海洋里的生命起源

生活在海底热泉周围的生物

冒着“黑烟”的海底热泉

这样惊人的发现不禁让人们产生了一个猜测：原始生命会不会就诞生在海底热泉呢？

在数十亿年前，古细菌在海底热泉诞生。它们汲取着附近的营养物质维持生命。但是不久之后，其营养供给出现问题。古细菌必须寻求新的生存方式，而利用太阳能为自己制造能量是一个不错的选择。

就这样，古细菌经过亿万年的演化，变成单细胞藻类，如蓝藻。蓝藻是最早出现在这颗星球上的光合生物之一，能够进行光合作用，"吃"掉二氧化碳,释放出氧气。显然，与古细菌相比，蓝藻的生命层次要高不少。

蓝藻依靠强大的繁殖能力，在原始海洋中成为优势物种。它们释放的氧气使原始海洋中的二价铁被氧化沉积，使得海洋变得更适合生命生存。氧气被不断释放于大气中，在紫外线和雷电的作用下形成了臭氧，并慢慢积累形成了臭氧层。有了臭氧层后，大量紫外线被遮挡，为后期更多生命的登陆营造了安全的环境。

庞氏蠕虫

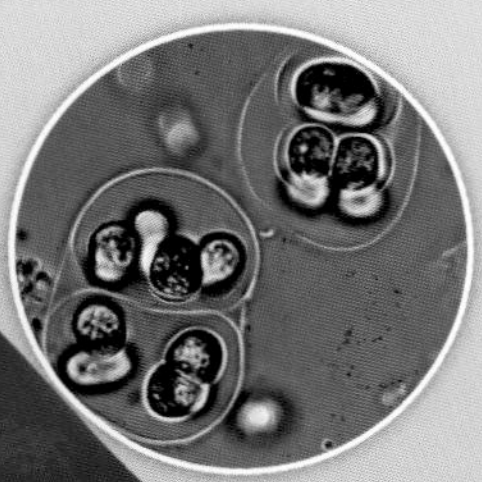

显微镜下的蓝藻

水面上的蓝藻

蓝藻的"尸体"会和泥沙沉积物混合，形成叠层石。

二、单细胞真核生物登场

真核生物是由真核细胞构成的生物。真核细胞有以核膜为界限的细胞核，原核细胞没有。关于真核生物的来源，有一种“朴素”的观点：几种低等的原核生物（如细菌）因为机缘巧合“走”到了一起，构成了带有细胞核的真核生物。

单细胞真核生物的种类很多，如一些藻类、原生动物、原生菌类等。随着海洋中生物数量的增多，营养“争夺战”也越来越激烈，巨大的生存压力让真核生物分化成两类：一类不断加强运动机能，争夺更多的食物；一类加强光合作用机能，为自己创造更多的食物。两类真核生物分别演化为动物和植物。

海洋里的真核生物

大约10亿年前，原始的鞭毛藻分化成了原生动物和原生植物。

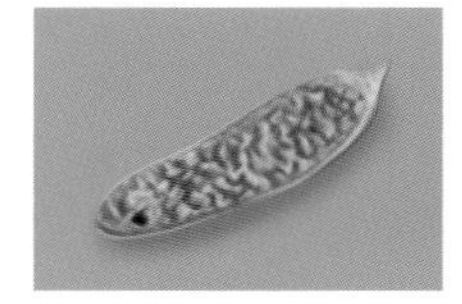

眼虫

草履虫

变形虫

放线虫

单细胞原生动物

三、多细胞生物出现

又过了很久，单细胞生物逐渐演化成多细胞生物，多细胞藻类、多细胞动物大量出现。

当时的多细胞动物虽然原始，但已形成较为复杂的结构。例如：海绵的体表长有许多小孔。这些小孔是海绵用于摄食的结构，功能相当于嘴。

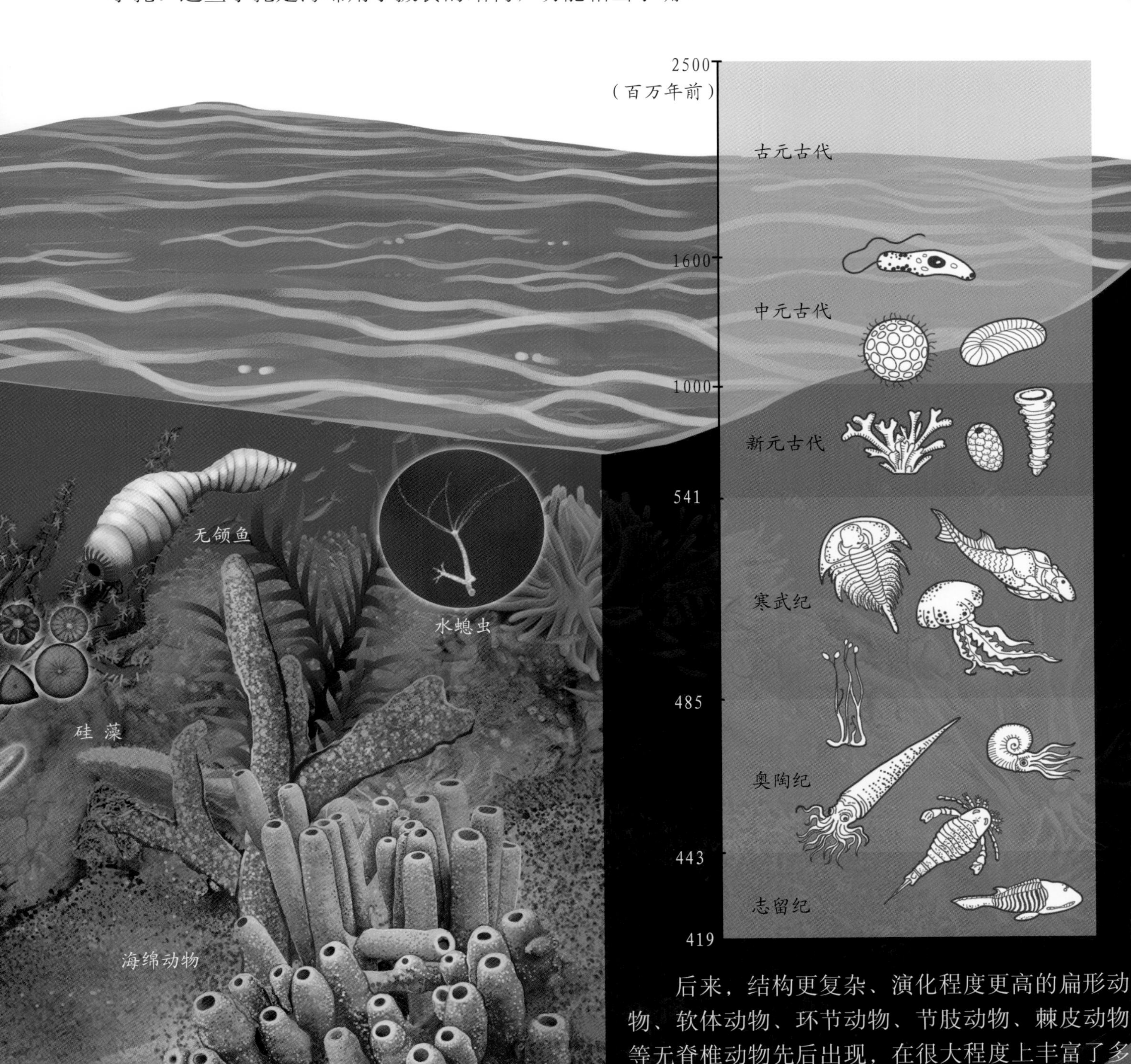

后来，结构更复杂、演化程度更高的扁形动物、软体动物、环节动物、节肢动物、棘皮动物等无脊椎动物先后出现，在很大程度上丰富了多细胞生物的类群。棘皮动物是一类后口动物，在无脊椎动物中进化程度很高。由于各种因素的作用，一些棘皮动物渐渐向高等的脊椎动物演化。

四、来势汹汹的脊椎动物

随着时间的推移，海洋生物发生了革命性的变化——原始脊椎动物出现了。这些古老的脊椎动物有着近似现代鱼类的外形，却和现代鱼类有着很大的差异。因为没有颌骨，它们也被称为“无颌类”。

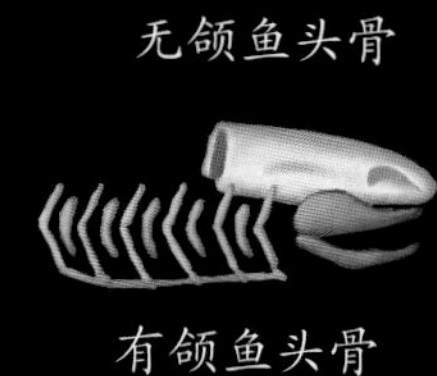
无领鱼头骨

有领鱼头骨

在当时，无颌类演化程度较高，在海洋中占据了主导地位。但是，由于海洋生物的快速演化，它们的辉煌并没有持续多久。伴随着有颌脊椎动物的陆续出现，繁荣的“鱼类时代”到来了。

另外，除了分布广泛的鱼类，海生脊椎动物的种类也变得越来越丰富。值得一提的是，在这个时代，部分脊椎动物选择脱离海洋，向陆地进军，进化为两栖类、爬行类、哺乳类、鸟类。不过，这些发生在地面的事情又是另外的故事了。

从海面到海底

海洋神秘莫测。人类已经能深入太空探索，却不能窥视海洋的全貌。目前为止，人类对海洋的大部分探索还停留在海面或者浅水层，尚无法突破深海的种种限制。接下来，让我们一起来看看已被揭露的海洋的真实一角吧。

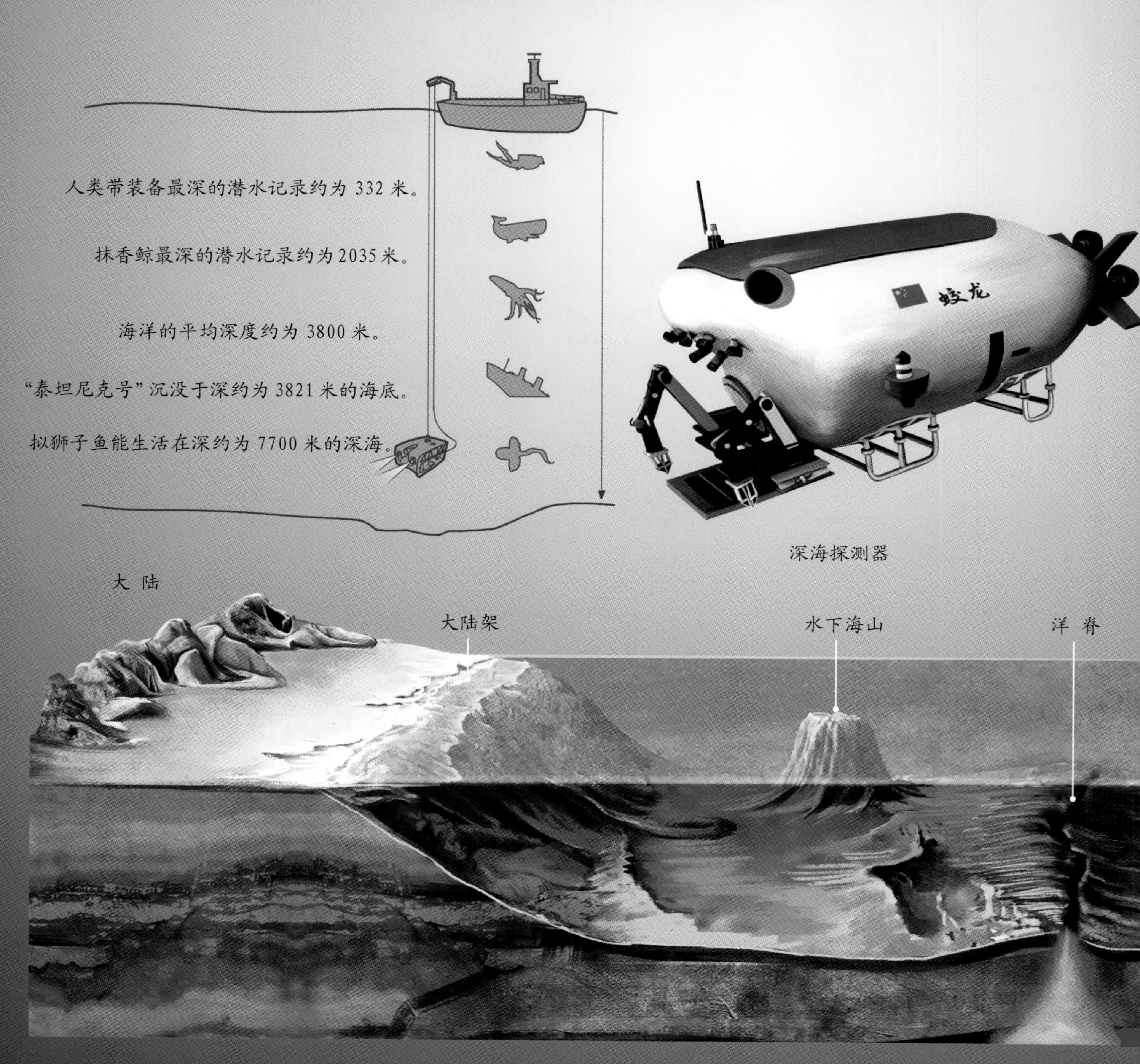

人类已经探测到的海洋的大致地形

海洋的深度

当前海洋的平均深度约为 3800 米。著名的“泰坦尼克号”邮轮残骸差不多就“沉眠”在这个深度。

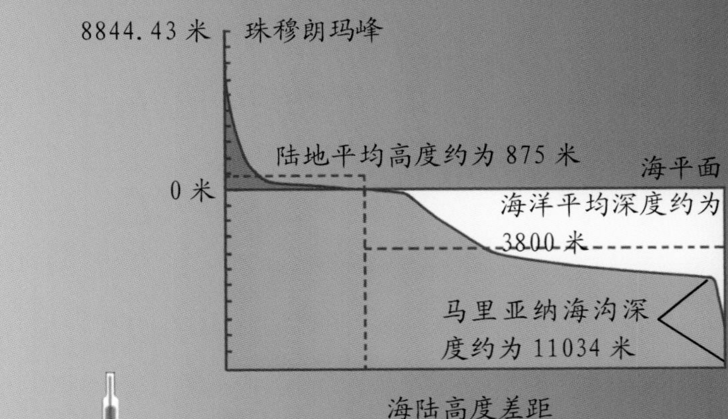

海陆高度差距

正在沉没的“泰坦尼克号”

“泰坦尼克号”沉没记

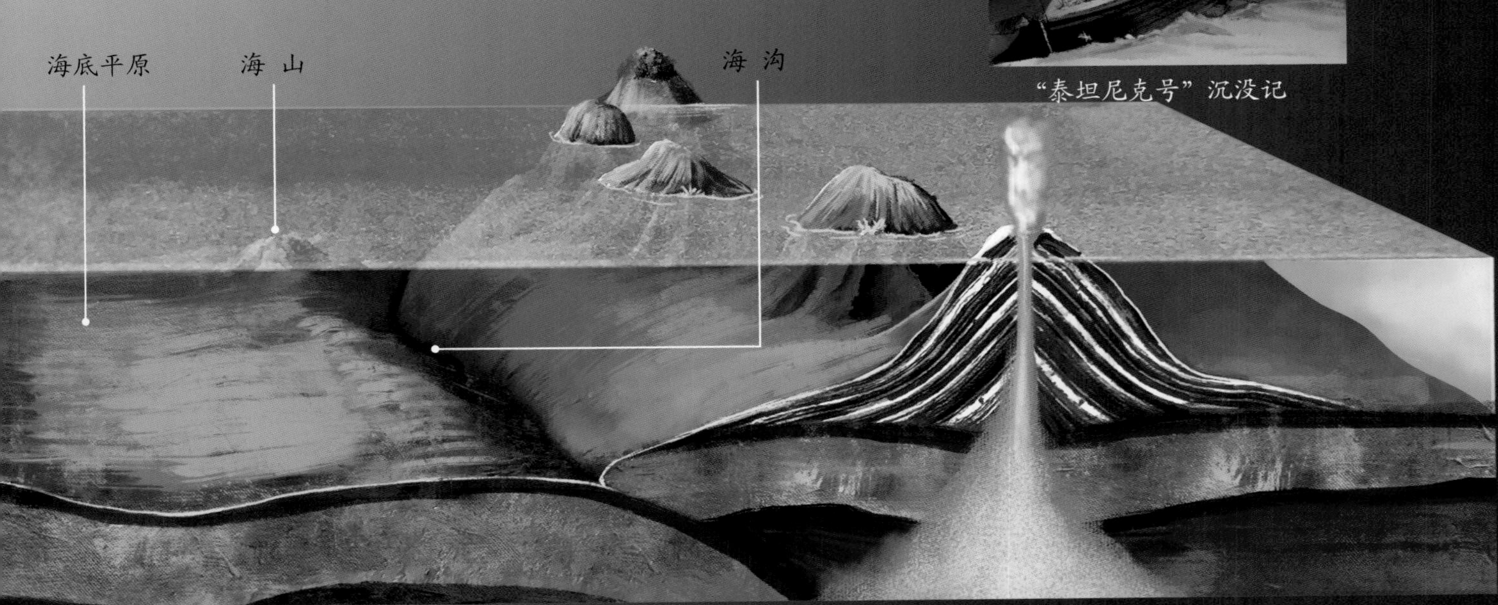

马里亚纳海沟不仅是海洋中最深的海沟，而且是世界上最深邃的地方，深度达 11034 米。这意味着即便把世界最高峰——珠穆朗玛峰放进去，马里亚纳海沟也能将其完全淹没。

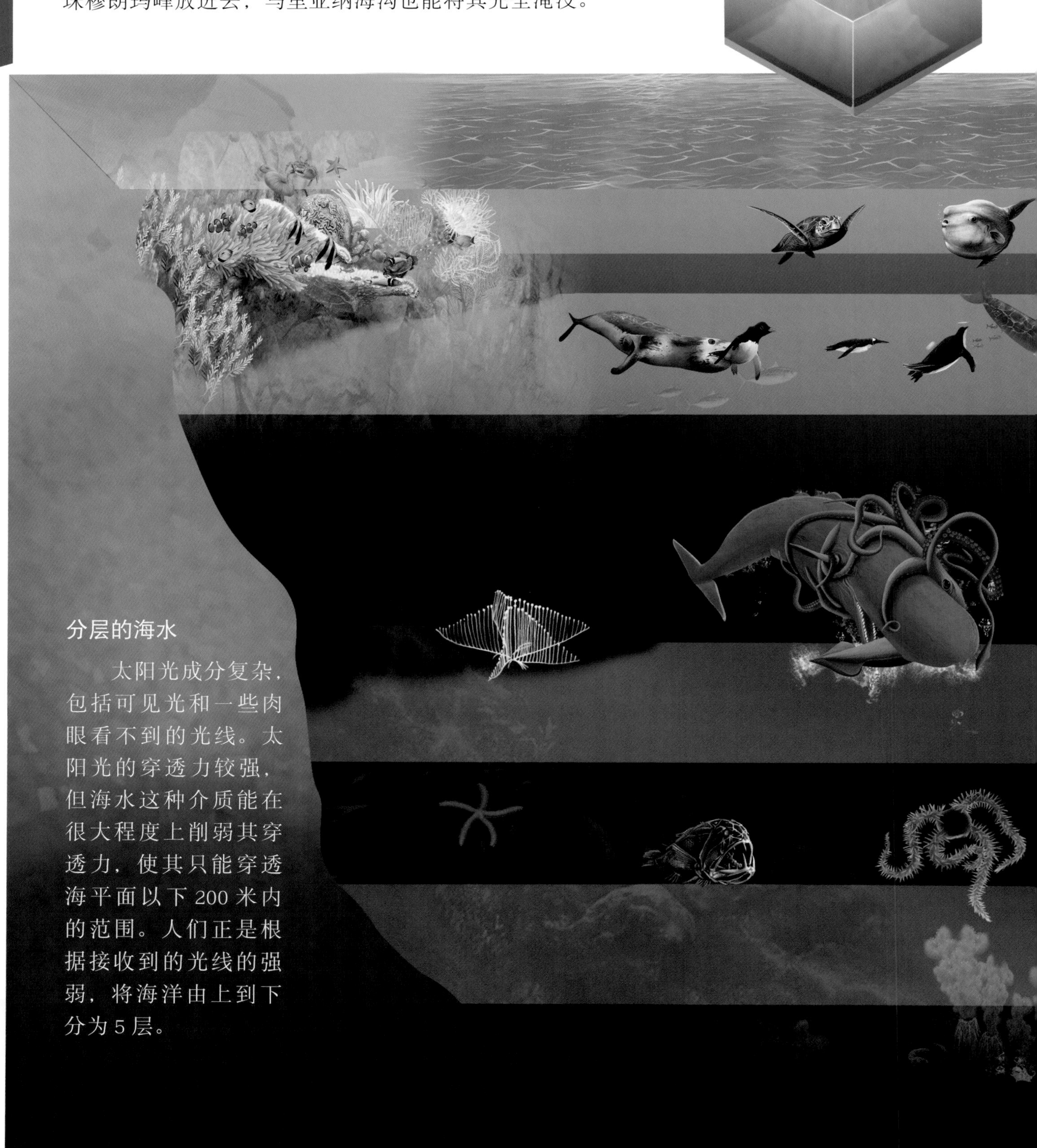

分层的海水

太阳光成分复杂，包括可见光和一些肉眼看不到的光线。太阳光的穿透力较强，但海水这种介质能在很大程度上削弱其穿透力，使其只能穿透海平面以下 200 米内的范围。人们正是根据接收到的光线的强弱，将海洋由上到下分为 5 层。

海洋生物分布图

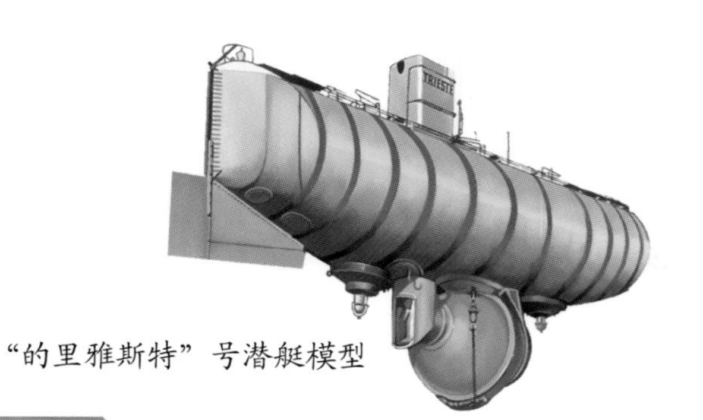

“的里雅斯特”号潜艇模型

你知道吗？

虽然马里亚纳海沟深得可怕，其压力大得惊人，但人类早在1960年就已经制造出能够在马里亚纳海沟进行短时间考察的潜艇。当时，两名科学家乘坐特制的“的里雅斯特”号潜艇成功下潜到马里亚纳海沟约10916米的深度。

1. 浅海带（光合作用带）
范围：0 ~ 200米
描述：大部分可见光能照射进入该层。海水表层的浮游植物生长在这里，能充分进行光合作用。
生物：翻车鱼、海马、海龟、海豚等。

2. 中层带
范围：200 ~ 1000米
描述：能穿透到中层的光线不多，所以这里很昏暗。有些生活在该层的生物会发出闪烁的“冷光”，外形很奇特。
生物：海豹、海狮、帝企鹅、蓝鲸、一角鲸等。

3. 深层带
范围：1000 ~ 4000米
描述：几乎没有光线，唯一的可见光是发光生物散发的微光。该层虽然压力很大，但仍生存着许多生物。
生物：深海龙鱼、吞噬鳗、玻璃章鱼、抹香鲸、大王乌贼、食肉海绵等。

4. 深渊带
范围：4000 ~ 6000米
描述：黑暗、冰冷是深渊带的关键词。生活在这里的生物主要是无脊椎动物。这层的脊椎动物（如深海鱼）不仅少，而且基本只能靠触觉来感受世界。
生物：蓝海星、小鱿鱼、无脸鱼、海蛇尾、尖牙鱼等。

5. 超深渊带（深海带）
范围：6000米以下
描述：这种深度大多存在于海沟和海底峡谷，压力大到难以想象。人们曾以为这里不会存在生物，但发现该层也生存着一些无脊椎动物。
生物：管虫、深海短吻狮子鱼等。

海洋食物链

自然界中生物之间的吃与被吃的关系被看不到的“锁链”联系起来，这里的锁链即通常所说的“食物链”。食物链的概念是由英国动物生态学家埃尔顿提出的。海洋中生活着数以万计的海洋生物，这些生物构成了一个又一个食物链，食物链之间又组成了一个个巨大的食物网。

英国动物生态学家埃尔顿

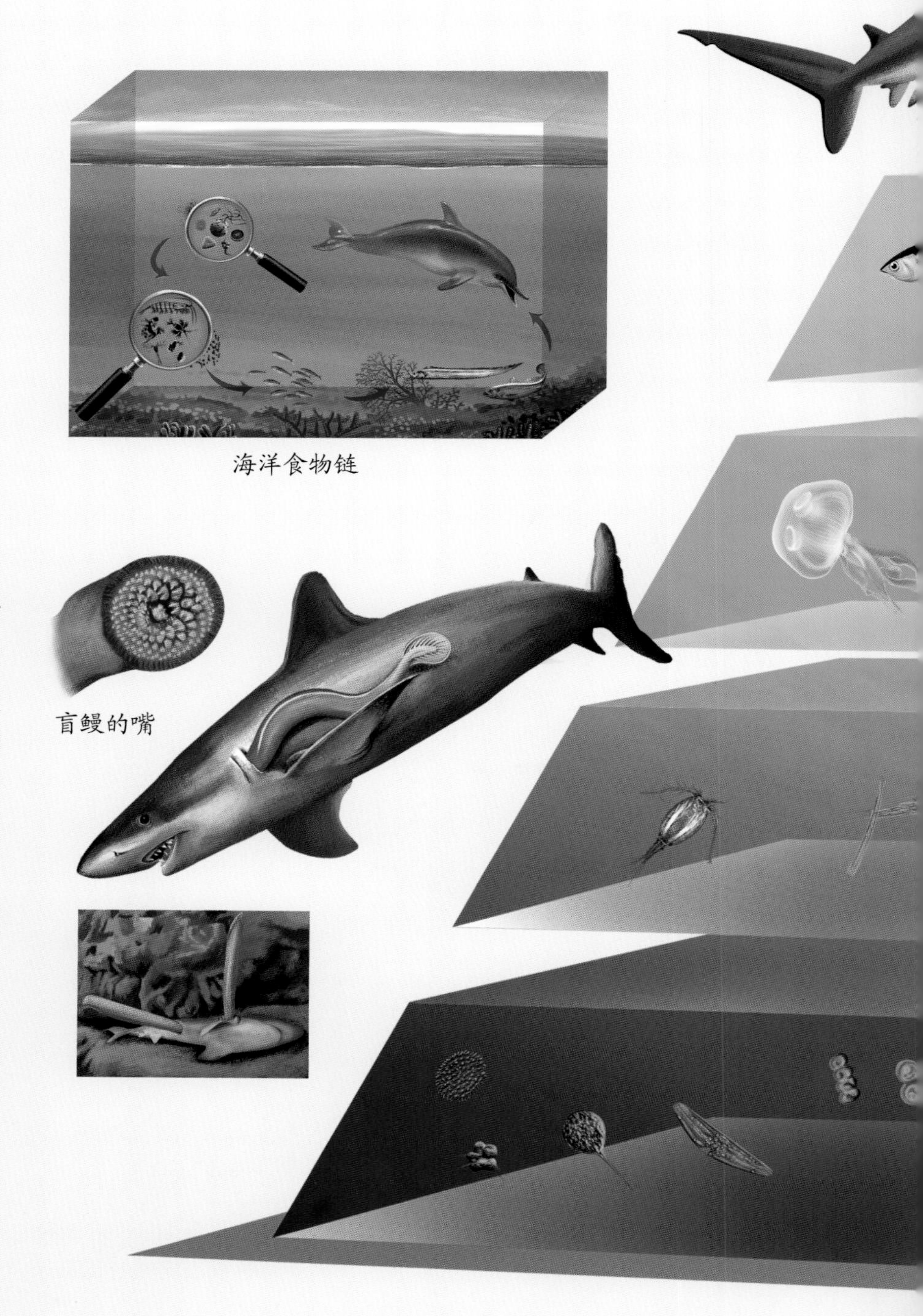

海洋食物链

盲鳗的嘴

食物链的真相

人们常用“大鱼吃小鱼，小鱼吃虾米”这句话来解释食物链。其实，这个说法有些片面。海洋食物链包罗万象，生物之间不是单纯凭借个头大小就能决定彼此间的捕食关系。多数情况下，大鱼固然能把小鱼轻松吞进腹中，但也存在“小鱼”吃掉大鱼的例子。例如：盲鳗可以从鲨鱼的鳃部钻进其体内，然后用尖利的角质齿将其吃掉。

不过，海洋中的弱小生物在多数情况下会沦为大型捕食者的盘中餐。“弱肉强食”在海洋中是个亘古不变的真理。

“金字塔”层级

科学家在调查与研究海洋生物的食物链后发现一个有趣的事实：海洋生物之间通过吃与被吃的关系呈现层层递进的结构，就像金字塔。

呈金字塔结构的海洋食物链

各种单细胞植物位于金字塔的最底端，如硅藻。它们数量巨大，几乎遍布世界各地的海洋，是海洋生命存在的基础。假如藻类突然灭绝，将会导致非常可怕的后果。

稍上一层是基数巨大的浮游动物。体形微小的它们虽然以藻类为食，但仍然属于被“剥削”的底层阶级。

再向上一层则是一群以浮游动物为食的动物，如虾蟹类。它们虽然体形较小，但从某种程度而言已经不完全属于食物链的底层阶级了。

继续往上一层就是人们常见的脊椎动物，如肉食性鱼类。它们以浮游动物及其他鱼类为食，属于食物链的中层阶级。

位于金字塔顶端的是大型肉食鱼类以及海洋哺乳动物，如鲨鱼、鲸等。它们是高高在上的统治阶级，在海洋中鲜有天敌。

你知道吗？

营养级是生物学上一个比较重要的概念，指物种在食物链上的位置。例如：虾和蟹都以浮游动物为食，它们就属于同一营养级。

食物链的划分

海洋食物链错综复杂，是海洋生态系统中植物吸收的太阳能通过有序的食物关系而逐渐传递的组合。海洋食物链有两种基本类型：牧食食物链和碎屑食物链。

牧食食物链也叫“捕食性食物链”，是海洋系统中经典的食物链类型。牧食食物链呈现的是一种捕食与被捕食的关系，一般从单细胞藻类开始，经过 3 ～ 6 个营养级后抵达顶点。如果仔细划分的话，牧食食物链还可以分为以下 3 种类型：大洋食物链、大陆架食物链和上升流区食物链。

牧食食物链的 3 种类型

由于环境特点和生物物种分布的差异，3 种食物链的营养级数量不同：大洋食物链的营养级最多，大陆架食物链次之，上升流区食物链最少。

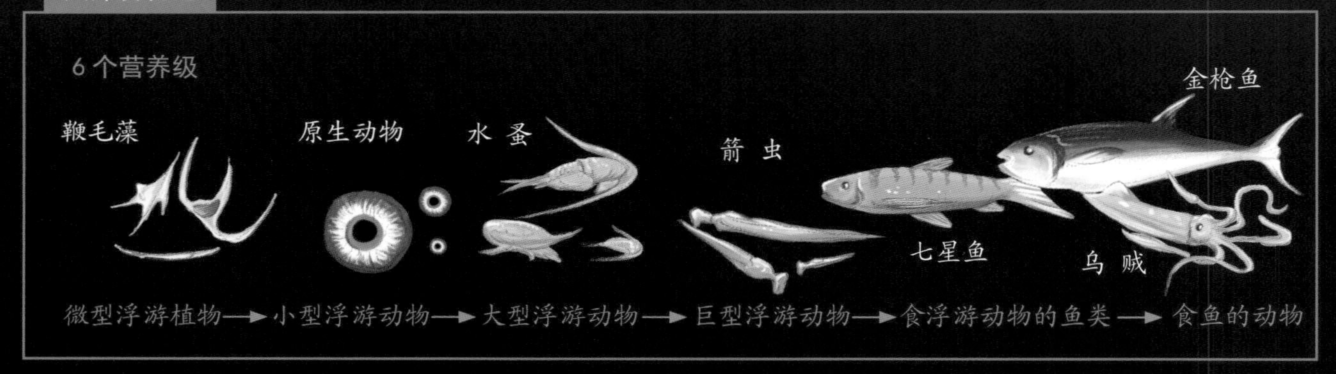

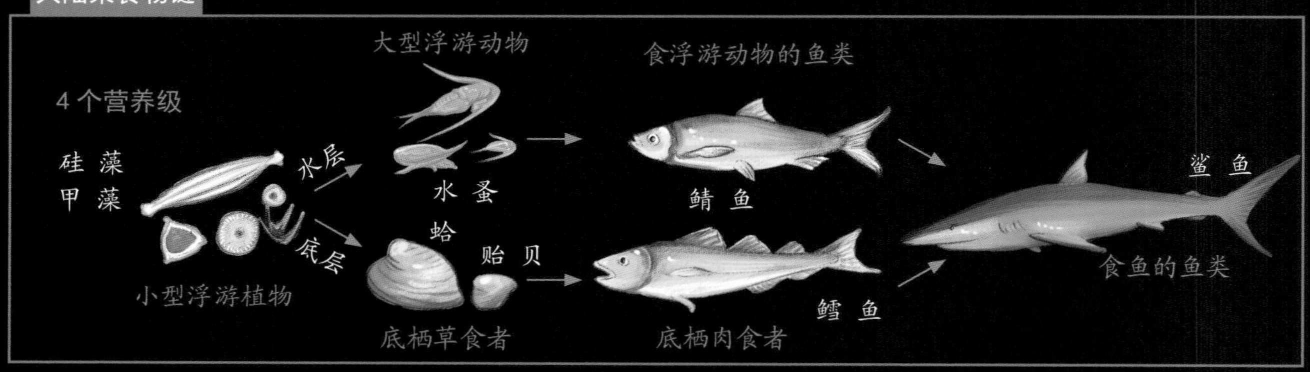

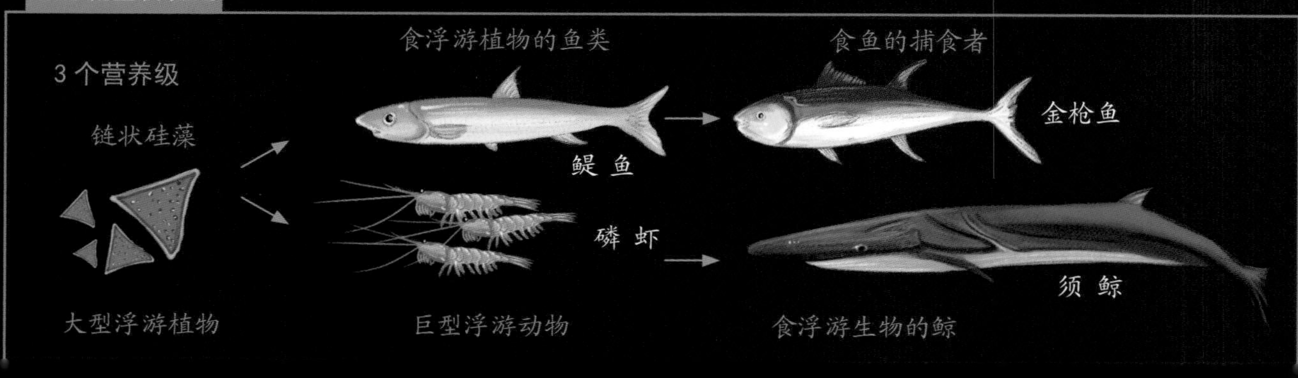

牧食食物链的起点是海洋藻类，而碎屑食物链的起点是海洋里的“碎屑”。这里的“碎屑”是指海洋生态系统中特有的有机碎屑，包括死亡的海洋动植物残体、食物残渣、排泄物等。在碎屑食物链中，有机碎屑能够被许多海洋生物直接或间接利用，成为这些生物赖以生存的食物。

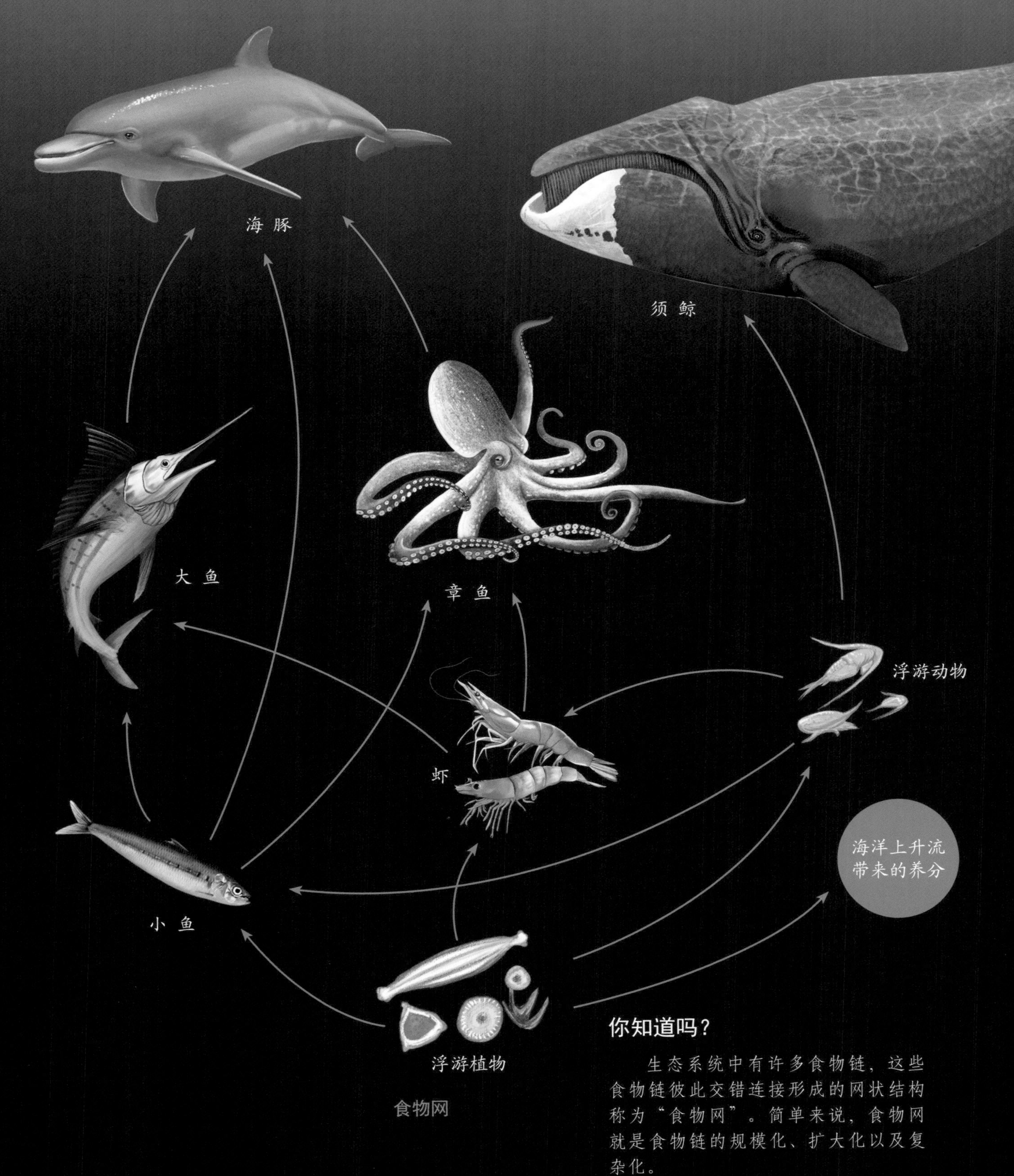

食物网

你知道吗？

生态系统中有许多食物链，这些食物链彼此交错连接形成的网状结构称为“食物网”。简单来说，食物网就是食物链的规模化、扩大化以及复杂化。

不同的食性

不同种类的海洋动物食性各不相同。通常情况下，海洋动物对食物有一定的选择性。根据食性的不同，海洋动物可以分为植食性动物、肉食性动物、杂食性动物和食碎屑动物等。

吃素的动物

海洋中，小型浮游动物大多是植食性动物。它们以浮游植物，如硅藻、蓝藻等为食。除了这些小精灵，有些海洋鱼类也以植物为食，如遮目鱼。当然，海洋中也不乏一些大型食草动物，如儒艮。

儒艮生活在距海岸20米左右的海草丛中，海藻、水草等鲜嫩多汁的水生植物就是它们的食物。儒艮的食量很大，一头儒艮每天要消耗45千克以上的水生植物，因此其一天中的大部分时间在吃。

儒 艮

食碎屑动物

海底沉积物中的有机碎屑是很多底栖动物的食物。沙蚕和海蚯蚓就属于食碎屑动物。

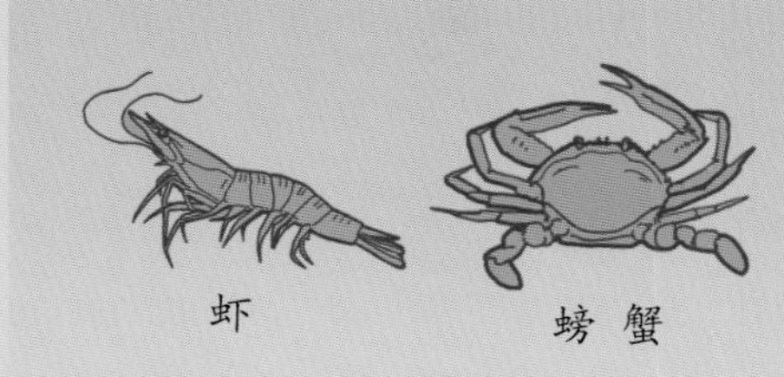

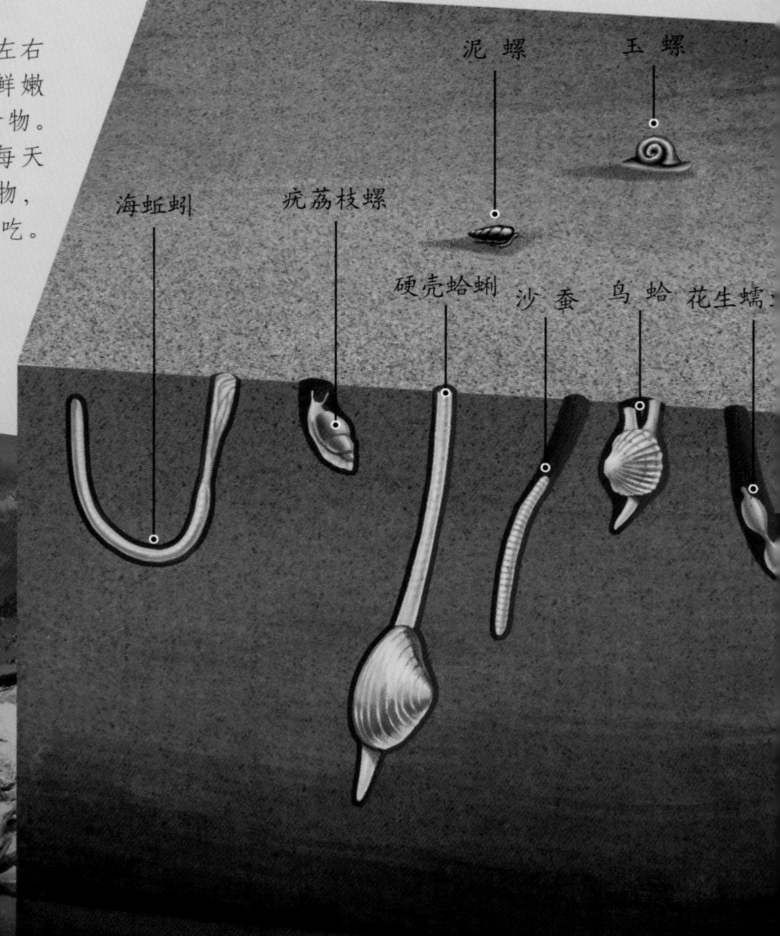

肉食性动物

海洋中生存竞争激烈，有很多肉食性动物。按照海洋食物链的顺序，高一级的摄食者捕食低级或同级的动物。当然，肉食性动物中也包括喜欢“不劳而获”的食腐者。食腐者在短时间内摄食、消化掉海洋动物的尸体，为海洋生态环境做出了贡献。

杂食者

海洋中也有一些不挑食的动物。它们的菜单中有动物也有植物，甚至还有水底的腐殖质。

玳瑁是一种海龟，是出名的杂食者。海绵、水母、海葵、贝类、鱼类、甲壳类及海藻等都是玳瑁的食物。

大白鲨是海洋中最大的肉食性鱼类，也是海洋中的顶级掠食者，以强大的杀伤力著称。它们捕食海豹、海狮、海鸟等，偶尔也会吃海豚、鲸的尸体。

大白鲨捕食海豹。

生殖与发育

海洋生物种类繁多、数量庞大，其生殖方式各有特色。归纳起来，它们的生殖方式有两种：无性生殖和有性生殖。

一、无性生殖

无性生殖是指海洋生物不经过雌、雄两性生殖细胞结合，只凭母体直接产生后代的生殖方式。这种繁衍方式虽然听上去很新奇，但在广阔的海洋中十分常见。

无性生殖主要分为分裂生殖、出芽生殖、孢子生殖、营养生殖以及断裂生殖等。其中，分裂生殖与出芽生殖是海洋生物最主要的两种无性生殖方式。

1. 分裂生殖：一个母体分裂变成两个几乎完全一样的新个体。细菌、变形虫和海葵等都可以进行此种方式的生殖。

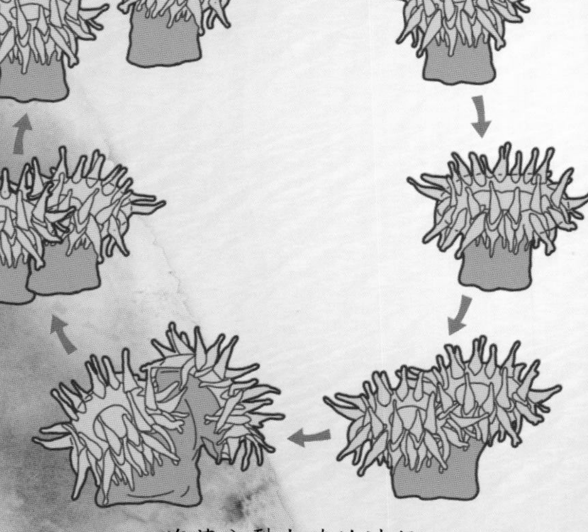

海葵分裂生殖的过程

2. 出芽生殖：母体在合适的条件下，会主动在体侧发育出凸出的芽体。芽体在母体的供养下慢慢长大，成熟后脱离母体成为独立的个体。水螅和海绵都会靠出芽生殖来“开枝散叶”。

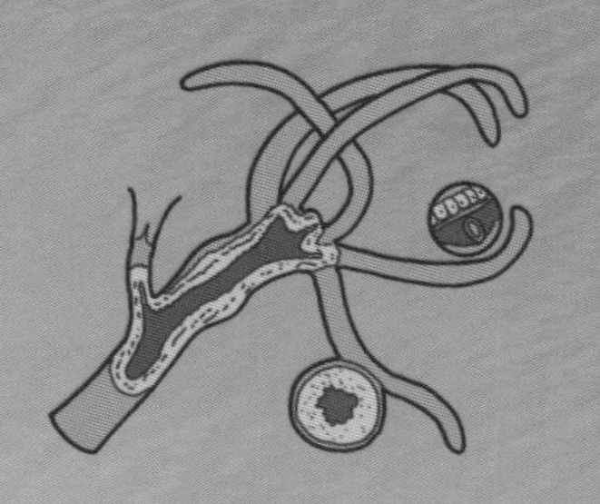
水螅横截面

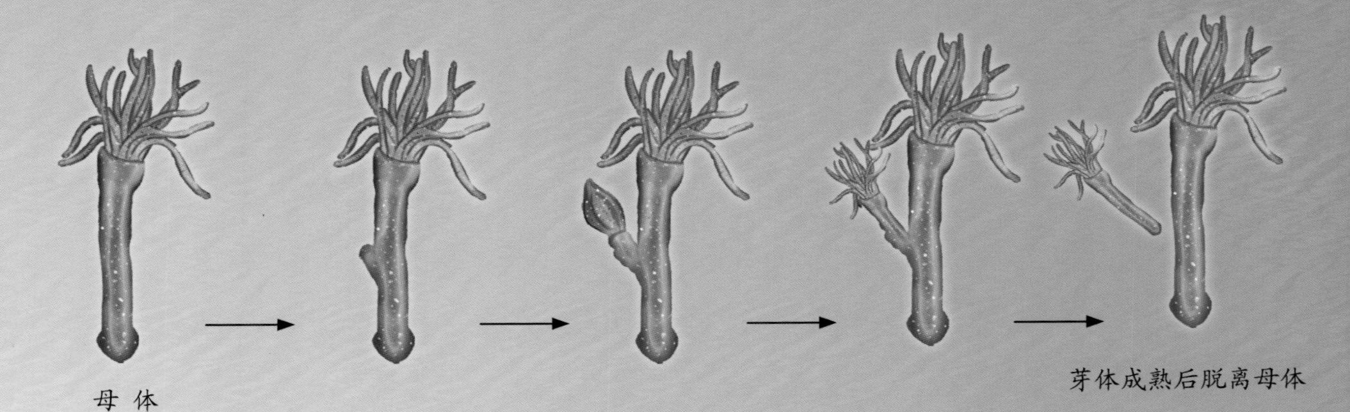

水螅出芽生殖的过程

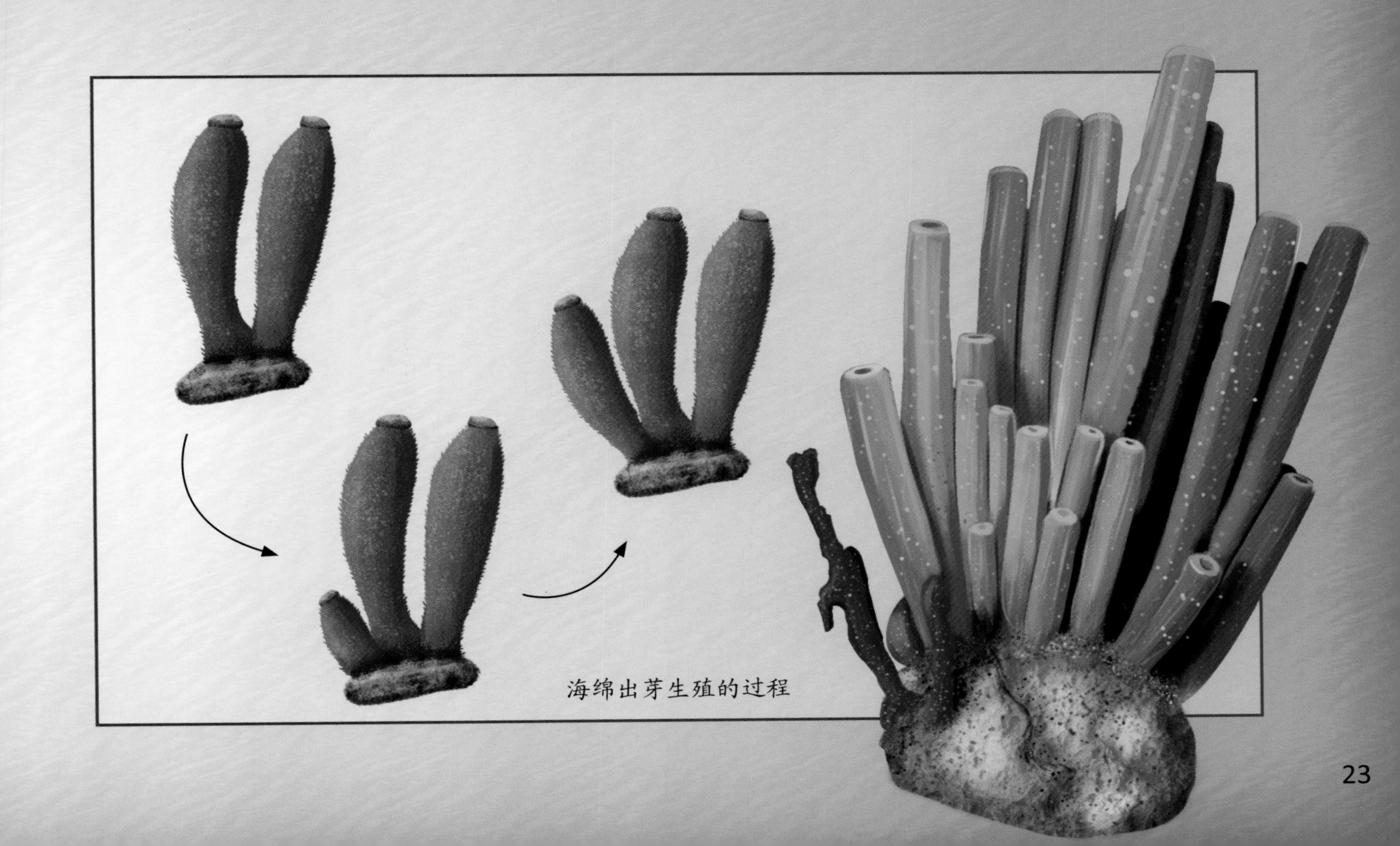
海绵出芽生殖的过程

二、有性生殖

和无性生殖相比，有性生殖需要由雌、雄个体产生生殖细胞，并由两者的生殖细胞结合产生的受精卵发育成个体。

以海洋鱼类为例，它们的生殖方式属于有性生殖。根据生殖特点的不同，可以将有性生殖细分为卵生、胎生和卵胎生。

卵生的鱼类：雌鱼将成熟的卵产在水中，接着雄鱼排出精子，让卵受精后形成受精卵。有的受精卵需要靠自己的努力在危机四伏的海洋中成长，有的则会在双亲的保护下静静孵化。

卵胎生的鱼类：雌鱼不将卵排出体外，而雄鱼将精子注入雌鱼体内；受精卵在雌鱼体内形成后不依靠母体，而是通过吸收卵黄的营养进行发育。小鱼被孵化出之后再被生出，离开母体。

胎生的鱼类：卵会在雌鱼体内受精。在发育的过程中，受精卵不仅要吸收卵黄的营养，而且要从母体中取得营养。只有少数鱼类会以这样的方式生殖，如柠檬鲨。

天竺鲷的受精卵会得到雄性个体的精心保护。雄性天竺鲷会把嘴巴当成“孵化箱”，把受精卵含在嘴里，并停止进食，直到小鱼孵化为止。

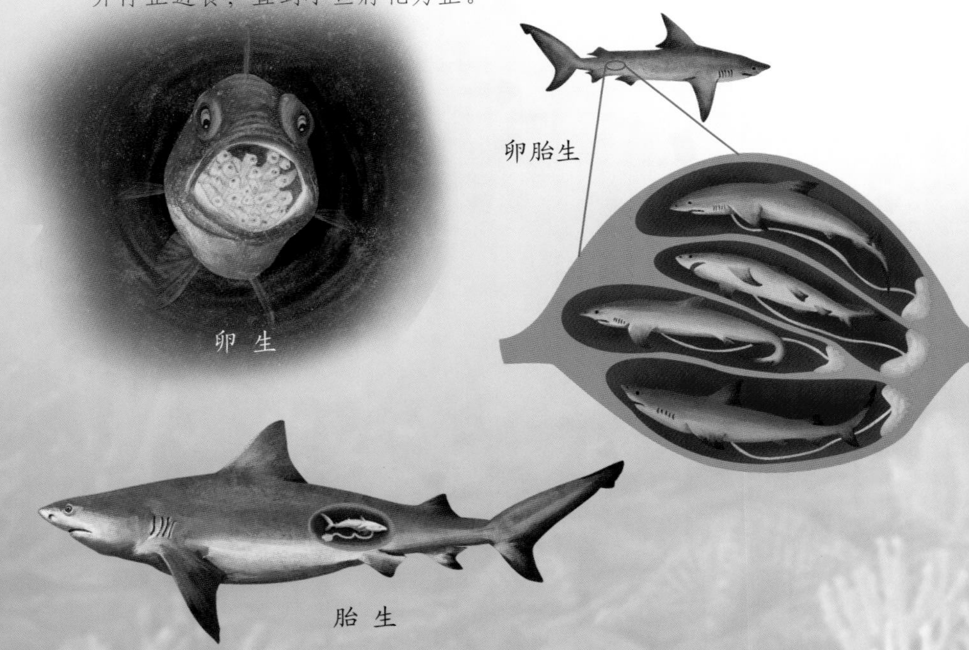

你知道吗？

深邃的海洋虽然富有生机，但也有许多危险。一条海鱼产下的一大批卵中，一般只会有几枚能真正发育成幼鱼并长大，其他卵则会丧生于各种危机中。因此，为了保证种群的延续，海鱼往往要产下大量的卵，如鳕鱼一次的产卵量达 300 万～ 400 万枚。

三、发育成熟

提起变态发育，你也许会想到青蛙和昆虫。事实上，生活在海洋里的许多动物也会经历变态发育过程。

一些海洋动物出生后和双亲长得一点儿也不像，让人们无从猜测其身份。不过，随着时间的流逝，幼体慢慢长大，其形态会和双亲越来越像。

海月水母的发育过程

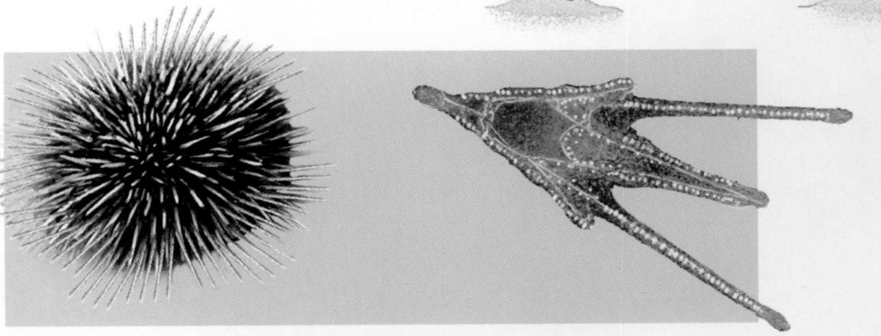

海胆（左）及其幼体（右）

当然，并非所有海洋动物都会在出生后经历变态发育。例如：海龟、海豚等从出生起就和双亲长得差不多。

事实上，变态发育是一种一般只出现在低等动物身上的发育形式。但是，这并不意味着高等动物在发育时没有这个过程，只不过这个过程早在母体孕期内就已经完成了，人类也不例外。低等的海洋动物的幼体孵化后发育得不完全，需要经历变态发育的过程，才能变得成熟、完整。

海龟的生殖

奇妙的海洋“生物钟”

许多海洋生物会进行一些有规律的周期性活动，这是奇妙的“生物钟”在起作用。

“招潮”之蟹

雄性招潮蟹长有一大一小两只螯钳，这是其标志性特征。招潮蟹经常在海滩上爬来爬去，可是每当潮水上涨前的10分钟左右就会停止活动，躲到礁石下或洞穴里。另外，招潮蟹甲壳的颜色也会随着潮水的涨落而发生变化。这些是属于招潮蟹特有的“生物钟”。

挥舞螯钳的招潮蟹

甲壳颜色发生变化的招潮蟹

“日沉夜升”的桡足类动物

桡足类动物是一类形似跳蚤的浮游甲壳动物。每到光照强烈的白天，桡足类动物就会沉到海洋深处。等到了光线暗淡的晚上，它们会重新浮上海洋表层。这也是桡足类动物体内的“生物钟”在发挥作用。

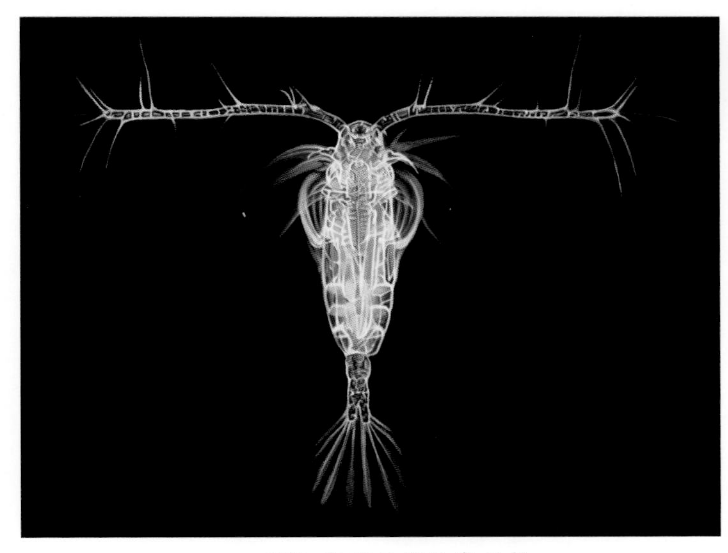

“T”字形的桡足类动物

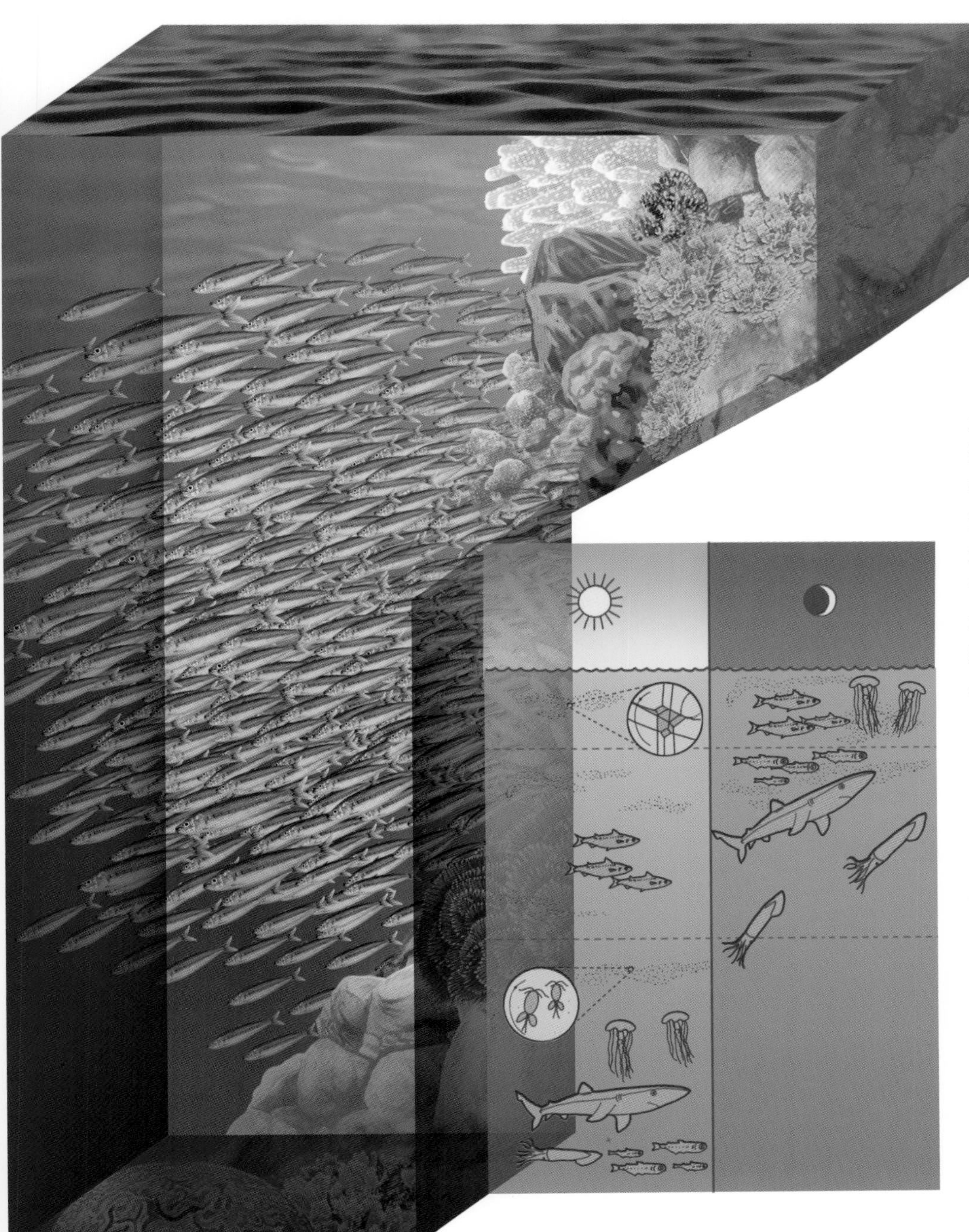

你知道吗？

桡足类动物下沉的深度和其身体素质有关。体弱的个体只能下潜8米左右，但身强力壮的个体足以下沉几百米。

沙丁鱼、鲱鱼等一些生活在海水中上层的鱼类也会遵循体内的“生物钟”，进行有规律的昼夜移动：白天，它们会躲到幽暗的深海，逃避虎视眈眈的捕食者；晚上，它们集体游到海面，捕食浮游生物填饱肚子。每当夏去秋来，上亿的沙丁鱼会聚拢在一起，开启一场波澜壮阔的迁徙之路。

那么，“生物钟”的本质究竟是什么？对此目前还没有权威的答案。不过，人们曾提出一种假设：“生物钟”是生物体在受到一些环境因素的周期性变化后，自主做出的节律性应激反应。这些因素可能包括大气压力、地球磁场、太阳黑子甚至宇宙射线等。

第二章

海洋动物的绝技

奇特的捕食

广袤的海洋不仅为海洋生物提供了充足的生存空间，而且给它们提供了生长和发育所必需的食物。为了填饱肚子，适应复杂多变的环境，海洋“居民”在演化过程中逐渐练就了五花八门的捕食绝技。它们中既有靠绝佳“武器”取食的强者，又有擅于运用策略捕食的“食客”，还有以速度和力量闻名的“高手”……

各具特色的“装备”

很多海洋动物为了更快、更好地捕食，逐渐演化出独具个性的秘密“武器”。这些“装备”是它们捕食的撒手锏，常常让目标猎物瞬间失去还击之力。

尖牙出击！

说起霸气的海洋捕食者，就不得不提大白鲨。作为海洋肉食性鱼类中的“至尊”，大白鲨拥有许多锯齿状的“牛排刀”，可以轻易把猎物的皮肉切成小块。

拳击手

雀尾螳螂虾的视觉有独特之处：其色觉范围可以覆盖人类所能看见的所有光谱，能看见人类看不见的紫外线和红外线，还能看到线偏振光和圆偏振光。此外，雀尾螳螂虾是非常优秀的“快拳手”。只要既定目标出现，它们便会以高于人类眨眼速度50倍的速度伸出前螯，给对方打一套花式“组合拳”。

精准的水枪

射水鱼具备一项高超的捕食本领，那就是运用自带的“水枪”射击水面上的昆虫。射水鱼的口腔顶部有一凹槽，与舌头恰好形成“水枪管”。当鳃盖闭合时，强劲的水柱便会从中喷射出去。在这个过程中，射水鱼的舌头就是活动的闸门，可以随时调整水柱的方向。

食物过滤器

须鲸嘴里梳子一样的鲸须板是它们捕食的特有“装备”。需要补充能量时，它们会在游动中张开巨大的嘴巴，把浮游生物连同海水一起吞进嘴里，然后用筛子似的鲸须板把海水过滤出去，截留下大量的美味。

花样捕食"技艺"

为了吃到可口的食物，许多海洋动物经过潜心"研究"和无数次"实验"，创造出适合自身的捕食"技艺"。这些"技艺"既省时省力，又非常高效，是"海洋谋略家"生存的制胜法宝。

致命的陷阱

带纹躄鱼看似无害，实则"阴险"无比，是技术顶尖的猎食杀手。饥肠辘辘时，这些擅于伪装的家伙便静静地趴在某处，不断抖动虫子一般的诱饵结构，吸引那些倒霉的鱼儿前来。一旦猎物靠近，带纹躄鱼马上张开恐怖的大嘴，将其吞进腹中。

带纹躄鱼利用蠕虫形状的诱饵结构吸引猎物。

合作共赢

海豚是一种团队意识很强的动物，平时喜欢和同伴们合作捕食。捕食时，它们首先用回声定位系统确定鱼群的位置，接着将猎物团团围住，驱赶鱼群并缩小包围圈；然后快速地游动激起巨大的漩涡；最后待鱼群被漩涡冲击得晕头转向时，一跃而上，将鱼儿吞入口中，饱餐一顿。

数学奇才

珍鲹是海洋鱼类中的数学奇才，能准确计算出海鸟的飞行高度、移动速度和轨迹。当鸟儿们近海飞行时，珍鲹便会找准时机，果断发起进攻。

拼速度，比力量

许多海洋“居民”的捕食手段令人惊奇，但对于既没有先进“武器”又不懂用计的动物来说，靠速度和力量生存无疑是最好的选择。

速度之王

旗鱼生性凶猛、动作敏捷。追逐猎物时，它们的时速甚至可达177千米，是公认的短距离“速度之王”。每当与成群的沙丁鱼相遇时，旗鱼通常会张开风帆一样的背鳍，一边恐吓沙丁鱼，一边调整攻势。等到时机成熟，它们则会全速向目标进攻，展开一场疯狂的猎杀。

霸气的虎鲸

虎鲸是一种兼具力量与智慧的高级猎手。捕食时，它们不但会用宽大的尾鳍狠狠抽打猎物，还会用庞大的身躯猛撞猎物的身体。等到猎物忍受不住这般高强度的攻击而精疲力竭时，虎鲸就会将其一招毙命，收入囊中。

有趣的共生

危机四伏的海洋不但促使海洋动物逐渐掌握了捕食技能，更让它们懂得了一些趋利避害的“常识”。某种海洋生物会与另一种海洋生物相互吸引，达成默契，从而缔结“盟约”，形成互帮互助的伙伴关系。它们彼此合作，互利互惠，堪称自然界的“最佳拍档”。

“恶魔”的“牙科医生”

海鳗生性凶猛，让很多海洋动物闻风丧胆。谁能想到，如此强悍的猎食者也有温柔的一面。当清洁虾出现时，海鳗便会乖乖地张开嘴巴，一动不动地任由它们给自己的口腔做“护理”。清洁虾丝毫不畏惧海鳗那口足以刺穿皮肉的尖牙，只是有条不紊地搜集着可口的饭菜，直到酒足饭饱之后才肯离去。

“毒花园”里的居住者

海葵的触手上布满了可以释放毒素的刺丝，一般的鱼儿根本不敢靠近。但是，小丑鱼仗着有“免疫黏液”护身，可以在这片满是陷阱的“花园”里大摇大摆地活动。这样一来，当敌人来犯时，小丑鱼只需跑到海葵的触手中，就能安然无恙了。当然，小丑鱼可不会白白接受对方的帮助，作为回报，它们会帮海葵吸引猎物并及时清理寄生虫。

同居密友

海洋里生活着很多卡搭虾（枪虾），它们能力有限，很难招架一些猎食者的进攻。不过，庆幸的是，卡搭虾建造的洞穴有时会迎来同居密友——虾虎鱼。虾虎鱼就像警卫一样可以及时预警，帮助卡搭虾远离危险。同时，卡搭虾除能为密友提供住所外，还能帮助其清理身体。

一起去旅行

看似残酷无情的鲨鱼其实也有“盟友”，这个“盟友”就是我们熟知的鲫鱼。鲫鱼不善游泳，又没什么出色的捕食技能，却能利用“吸附装置”附着在能力超群的鲨鱼身上。这样，鲫鱼就能一边旅行，一边享用鲨鱼吃剩的食物了，而鲫鱼则是鲨鱼的专属清洁工。

隆头鱼的头部

心照不宣的“约定”

泳姿优雅的蝠鲼如果迎面遇到隆头鱼鱼群，一定会放慢脚步，静静等待这些小家伙上门为自己提供清洁服务。隆头鱼则会争先恐后地跑到蝠鲼的鳃部挑选寄生虫。长久以来，这两种海洋精灵就像签订了合作协议，成为默契十足的伙伴。

有毒的“拳击手套”

花纹细螯蟹的个头不大，面对强大的敌人没有什么有效的防御手段。不过，一般的猎食者不敢随意招惹它们，因为花纹细螯蟹有海葵“拳击手套”。当敌人来犯时，它们只需挥舞“拳头”，就能用海葵的毒刺刺伤对方，而海葵则会被花纹细螯蟹带到各处“旅行”，品尝到不同地方的美食。

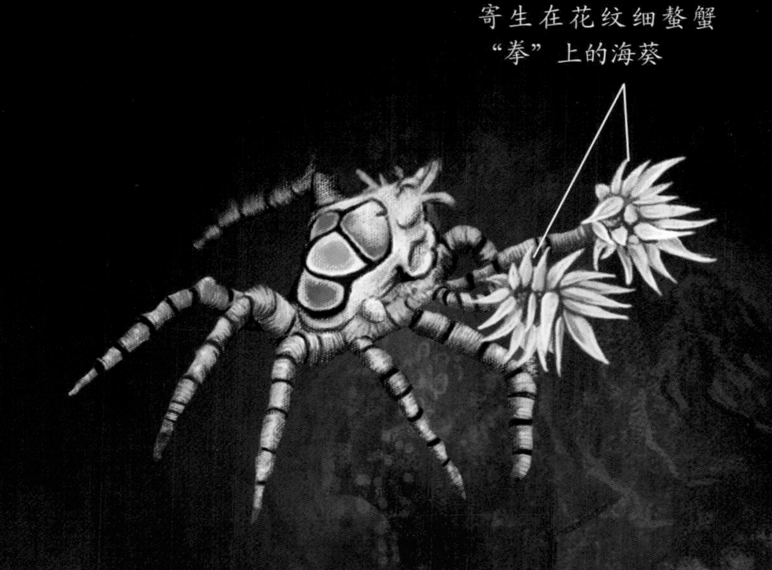

移动的“花房子”

聪明的寄居蟹为了保护自己，会钻到软体动物的硬壳中生活，而且无论它们走到哪里，都喜欢将这个“小房子”背在身上。不仅如此，寄居蟹还会寻找中意的毒海葵为自己看家护院。海葵也非常乐意成为寄居蟹的忠实“守卫”，因为这样它们就能四处觅食，获得更多的捕食机会。

伪装达人

一些弱小的动物要想在瞬息万变的海洋里生存下去，必须时刻保持低调。惹人注目的外表不仅会招来杀身之祸，而且会给其捕食之路带来重重阻碍。因此，这些没有攻击和防御利器的动物只能伪装自己，与周围环境融合在一起。事实证明，以假乱真的伪装术不仅能帮它们骗过天敌，而且能使其获得更多的美味佳肴。

泥沙中的潜伏者

外形奇特的比目鱼是非常出色的伪装高手。它们那扁扁的身体和长在同一侧的双眼，使它们能轻易地潜藏在泥沙中。为了和周围的泥沙颜色相近，比目鱼甚至会通过改变皮肤细胞中色素微粒的排列顺序来改变体色，使猎食者很难发现它们。

豆丁海马的模仿秀

别看豆丁海马身材娇小，它们的伪装术那可是顶尖水平！藏身于珊瑚丛中的动物如果没点儿本事，很容易被其他猎食动物盯上。为了让自己的模仿更加逼真，豆丁海马的全身长满了和柳珊瑚一样的“痘痘”，其体色也会变得和柳珊瑚一样。凭借这样的绝招，豆丁海马成功跻身“伪装大师”的行列。

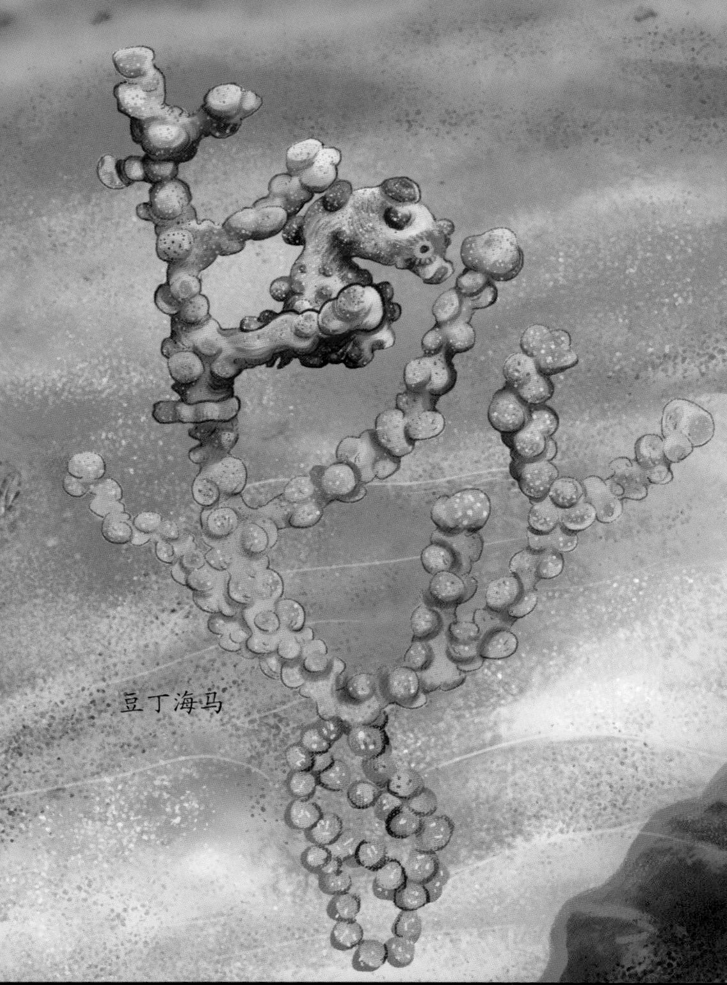

豆丁海马

比目鱼

“海藻”漂过来了！

澳大利亚沿海生活着一种神秘的动物——叶海龙。它们长着很多叶瓣一样的附肢，看起来就像在水中纵情“起舞”的海藻。高超的伪装术能让它们在危急时刻蒙蔽捕食者的眼睛，成功避开危险。

叶海龙

有毒的“石头”

石头鱼的藏身术可以用“天衣无缝”来形容。它们又厚又圆的身体以及毒瘤状的突起使其看起来就像坚硬的石头。试想一下，谁会对“石头”留有戒心呢？因此，石头鱼很少四处奔波寻找食物，而是静静地躲在珊瑚礁里“守株待兔”。

石头鱼

海百合的“粉丝”

异铠虾是海百合忠实的“粉丝”。它们生活在海百合周围，常会呈现出与海百合相似的艳丽色彩。它们这样做是为了保护自身安全，防止被捕食者发现。

异铠虾

拟态，我最强！

说起海洋动物界的模仿达人，非拟态章鱼莫属。它们通过改变身体的花纹和色彩，将艾基特林海蛇、蓝环章鱼等用毒“大佬”的形态模仿得惟妙惟肖，从而吓退那些虎视眈眈的敌人。

你知道吗？

拟态章鱼的身体里有种特殊的变色“装置”，里面含有数万个“色包”。它们只需调整色包内的色素，就能轻易改变体色。

拟态章鱼

伪装功夫我在行！

锯齿剃刀鱼模仿海藻的技术十分了得，模仿而成的“海藻”非常传神。它们不但会刻意漂在海藻旁，还会让扁平的身体与海藻伸展的方向保持一致，制造出随水摇曳的假象。即使我们就站在它们身旁，凭肉眼也很难看出破绽！

锯齿剃刀鱼

迷惑之“眼”

蝴蝶鱼的尾部附近有一个大大的黑色斑点，在黑色斑点周围还有一白色圆边，看起来就像鱼眼。猎食者经常误认为这就是蝴蝶鱼的头部，所以对其尾部发起猛烈进攻。蝴蝶鱼则会找准时机逃之夭夭，让那些强敌着实摸不着头脑。

蝴蝶鱼

神奇的防御

海洋是弱肉强食的世界，海洋生物只有学会自我保护才能生存下来。在漫长的进化过程中，很多海洋生物“研究”出了躲避敌害的独门绝技。这些复杂多样的防御术帮助它们保护自己，使其种族得以延续。

瞧瞧我的警戒色！

一些海洋动物具有鲜艳的体色和独特的体表图案。很多时候，它们会借此向外界传达警戒信息，意在警告那些企图来犯的家伙：我们有毒！最好离我们远点儿，不然后果非常严重！当看到这些示警后，捕食者通常不敢轻举妄动，甚至会迅速离开。

蓝环的秘密

蓝环章鱼的身上点缀着很多漂亮的蓝环。这些蓝环不仅具有装饰作用，更是它们的警报器。每当有强敌靠近时，蓝环章鱼就会催使蓝环发出耀眼的蓝光，警告对方速速离开自己的领地。

蓝环章鱼

磷海鞘

磷海鞘的“特异功能”

由无数小伙伴“组队”而成的磷海鞘非常喜欢“旅行”，终其一生都漂在“旅行”的路上。如若在途中遇到危险，它们就会团结起来，集体发出亮亮的蓝光，震慑敌人。有意思的是，这种“特异功能”有时会引来敌方的猎食者。到时候，磷海鞘只要趁机逃走就安全啦！

“安全屋”

海洋动物的栖身之所不一定要华丽，能在关键时刻保护自己就是最理想的“豪宅”。它们可以没有“绝世武功”，没有一鸣惊人的技艺，却不能没有避世藏身的“安全屋”。

“圣诞树”的家

徜徉在色彩斑斓的珊瑚礁附近，你或许能在某种钙质珊瑚上发现一些舞动的“羽毛”——圣诞树蠕虫。它们生性敏感，周围稍有风吹草动便会快速缩到珊瑚“地道”里避难。

圣诞树蠕虫

逃生有道

当遇到敌害时，海洋动物通常会以最快的速度逃离危险区，或者用行之有效的方法先让敌人自乱阵脚，然后趁机溜之大吉。亿万年来，一代代海洋动物在“先辈们”的教导和帮助下，传承着属于自己的逃生秘诀。

长“翅膀”的飞鱼

作为多种肉食性鱼类的首要狩猎目标，飞鱼如果不具备高超的逃生技能，很难在危机重重的海洋里生存下去。好在危急时刻，它们可以展开翼状鳍，凭借流线型的身体冲出水面，滑翔到很远的地方。

飞 鱼

乌 贼

黑色“烟雾弹”

乌贼体内的墨囊是它们御敌的法宝。墨囊里的“墨汁”不但可以模糊敌方的视线，还能麻痹对方，让它们短时间内失去追赶之力。这能为乌贼赢得宝贵的逃生时间。

恐吓的背后

有些海洋动物逃跑速度不快，难免会落入敌人的包围圈。这时，它们往往会采取“虚张声势”的方法，用最擅长的方式制造出“我很强大”的假象。很多捕食者因此上当。

大螯的威力

“铠甲勇士”招潮蟹集多种防御术于一身。那鲜明的体色、难闻的气味足以让很多捕食者敬而远之。若是对方执意要向招潮蟹发起挑战，它们就会不断挥舞胸前的大螯，向对方发出严重警告。若来犯的是强敌，招潮蟹则会逃回洞穴暂避风头。

长满尖刺的“气球”

刺鲀游泳能力很弱，很难凭借速度逃生。不过，它们能迅速吸食海水，把全身胀得鼓鼓的，并竖立起全身的棘刺。一般的敌害会被吓得不知所措，铩羽而归。

鼓起来的刺鲀

刺 鲀

舍小求大

海洋动物的防御方式五花八门。一些动物为了分散攻击者的注意力，甚至不惜牺牲自己身体的一部分。不过不用担心，这些敢于“壮士断腕”的海洋居民大多有很好的再生能力，用不了多久就能恢复原来的样子。

舍弃内脏

海参遇到敌害时，会排出自己的内脏，吸引对方的注意力。同时，它们会借助排脏的反作用力，趁机冲出包围圈。排出内脏的海参在50天后就可以长出新内脏。

“壮士”断腕

海星的逃生方式也很特别。它们不慎被敌人咬住或钳住时，会自动折断被咬住或钳住的腕，争取逃生时间。不用觉得可惜，因为缺损腕的地方很快就会长出新腕来。

海星

你知道吗？

砂海星的再生能力让很多海洋生物望尘莫及。即使被敌害蚕食得只剩一条腕，一段时间过后，砂海星也会凭借这条腕长成新个体。

一条腕

再次生长

新的砂海星

改变性别

大多数海洋动物的性别从其出生起就确定下来。然而，有些动物能在特定条件下改变性别。在鱼类家族中，这种现象更为普遍。当身体发育到一定阶段或种群出现某种性别缺失时，有些鱼就会改变自己的性别，以满足生存、繁殖后代等需要。

雌鱼变性

在一些热带海域的珊瑚礁王国里，生活着很多黑斑神仙鱼。这种鱼喜欢群居，每个鱼群由 3 ～ 5 条体形较小的雌鱼和一条体形出众的雄鱼组成。如果这条雄鱼死去或者离开，鱼群中最大的雌性个体就要担负起变性成雄鱼的任务，以顶替雄鱼的位置。

雄鱼离开或死亡。

1. 雌黑斑神仙鱼和雄黑斑神仙鱼的外表有很大差别。雌性个体的体色多为亮黄色，只有尾部有两条黑色斑纹，而雄性个体的体表均匀分布着很多黑色竖纹。一条雄黑斑神仙鱼身旁一般围绕着 3 ～ 5 条雌鱼。
2. 雄鱼个体离群后，最大的雌鱼开始慢慢变性。其体色会逐渐转变为淡蓝色，身上也开始出现黑色条纹。
3. 大约半个月后，最大的雌鱼就会完全变性为雄鱼。

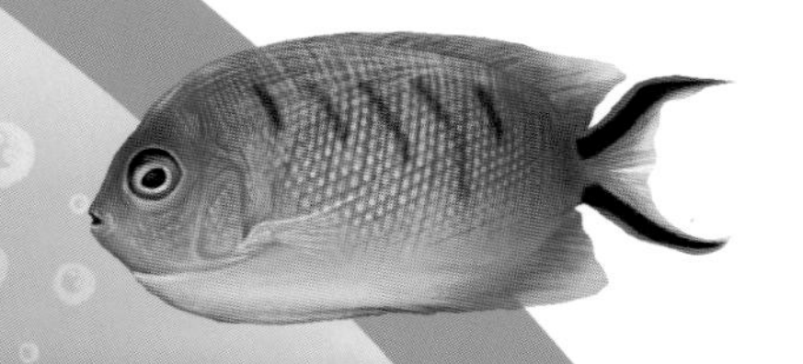

最大的雌鱼变性。

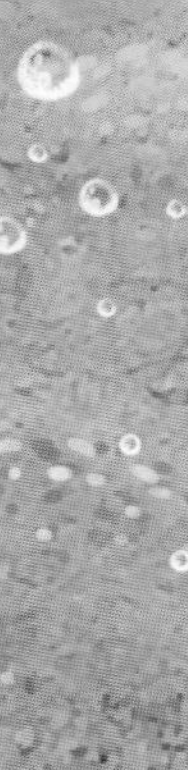

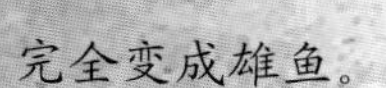

完全变成雄鱼。

繁殖才是首要任务

亚洲羊头濑鱼的变性速度非常惊人。它们前几分钟还是被雄性争相求偶的貌美“女子”，摇身一变就成为“帅小伙”，与之前眉目传情的雄鱼大打出手。击退竞争者后，阳刚十足的变性鱼就可以赢得雌性亚洲羊头濑鱼的青睐，担负起繁殖后代的任务。

变性前被追求的雌性

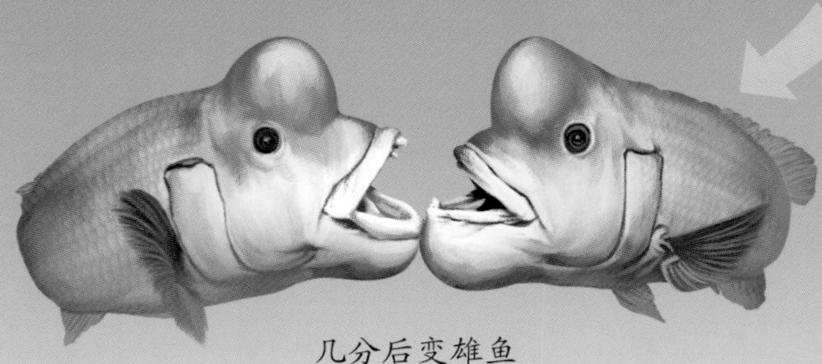

几分后变雄鱼

五彩鳗

处于幼鱼时期的五彩鳗身体较短，呈黑色，没有性别之分。随着不断生长，五彩鳗长到 50 厘米左右的时候，身体开始变成蓝色或蓝黑色，此时其性别是雄性；当身体长到 90 厘米左右时，其身体会变成蓝黄相间的颜色，这时的五彩鳗是雌雄同体；当五彩鳗继续生长至 110 厘米左右后，其身体就变成了金黄色，成为完全的雌性鱼。

雌雄同体时的五彩鳗为蓝和黄相间的颜色。

刚出生的五彩鳗为黑色

“毒”步江湖

神奇的海洋世界里有这样一群动物，它们能瞬间将某些强大的对手置于死地。每当面对敌害或需要填饱肚子时，这些用毒高手就会使出自己的撒手锏。

毒“黄蜂”的秘密

箱水母是目前已知的世界上最毒的海洋生物之一。它们的触手上分布着很多肉眼看不见的“毒针”。箱水母一旦进入戒备状态，就会亮出自己的撒手锏，用看似毫无杀伤力的触手攻击对方。剧烈的毒素会让猎物和敌方失去反抗之力，甚至丢掉性命。

箱水母

海蛇

海中毒尊

海蛇的毒液具有很强的毒性。虽然被海蛇咬到后没有痛感，但其毒液毒性的发作会有一段潜伏期，等到毒发的时候，为时已晚。毒性最强的海蛇当属钩吻海蛇，其毒性相当于眼镜蛇毒的两倍。

斑斓外表下的杀机

鸡心螺的毒性特别强。需要进食时，这些家伙只需隐藏起来，等待猎物自动上门。目标出现后，它们会找准时机，迅速用鱼叉般的齿舌向猎物发射一种毒素。猎物中毒后很快就会停止挣扎。这时，鸡心螺便可放心地享用美食了。

致命“风帆”

狮子鱼是一种毒性很强的鱼类。它们鳍骨根部的毒腺会分泌一种足以夺走很多海洋动物乃至人类生命的毒液。狮子鱼昼伏夜出，平时靠张开那漂亮的扇状胸鳍来捕猎。

可怕的毒霸王

蓝环章鱼身负剧毒，位居“最毒海洋生物”榜单的前列。它们长着尖锐的嘴，能轻易刺穿猎物或捕食者的皮肤，将毒液注射到对方体内。中毒后，对方很快就会陷入瘫痪状态，甚至死亡。

你知道吗？

蓝环章鱼的毒性特别强，其毒液只要0.5毫克就可以让一个成年人失去生命。现在，人们还没有研究出相应的抗毒血清，所以一旦中了蓝环章鱼的毒，情况就会非常危险。

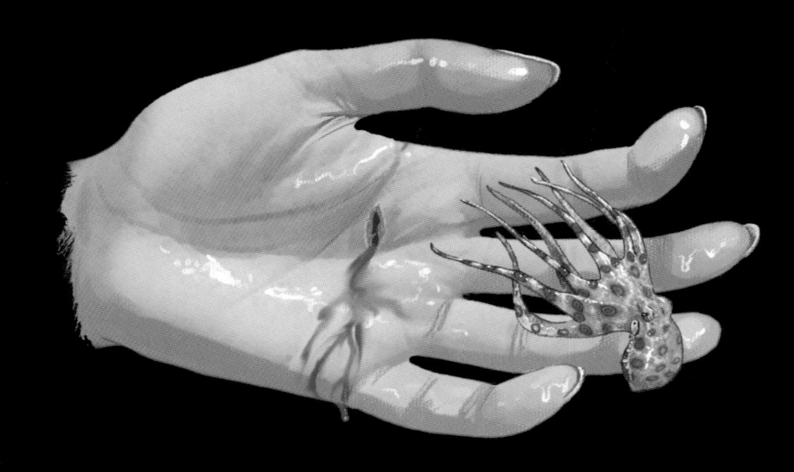

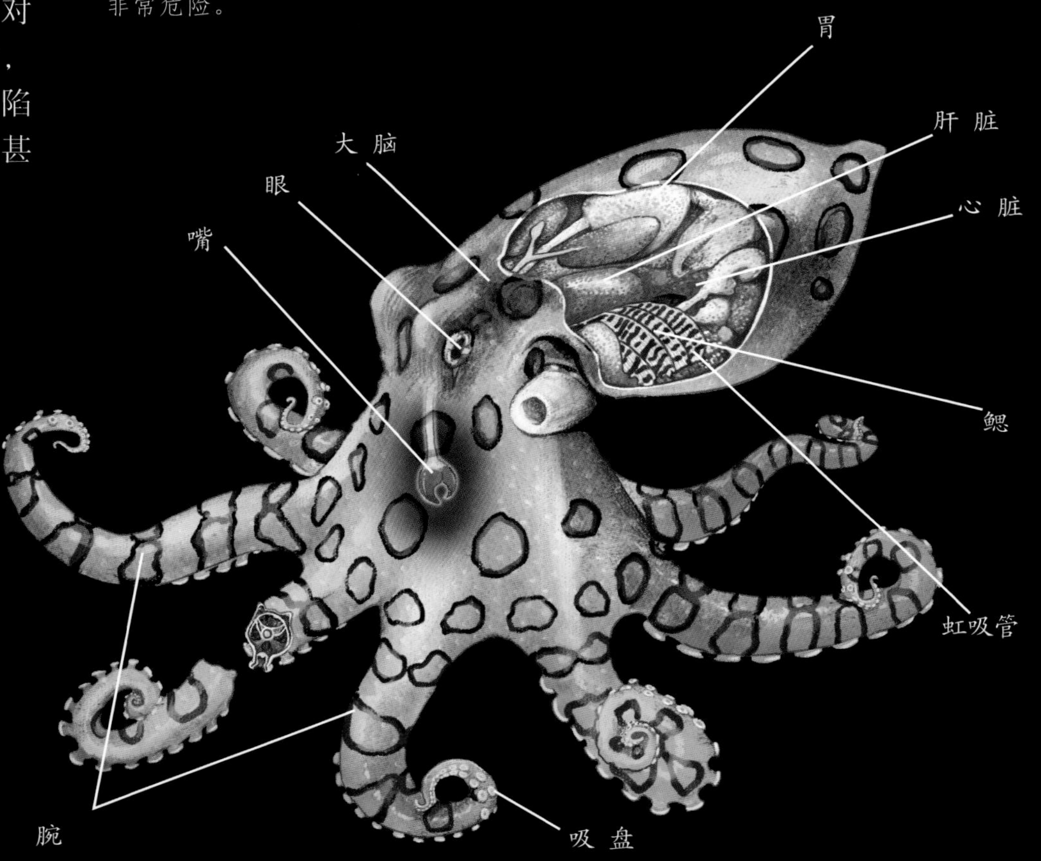

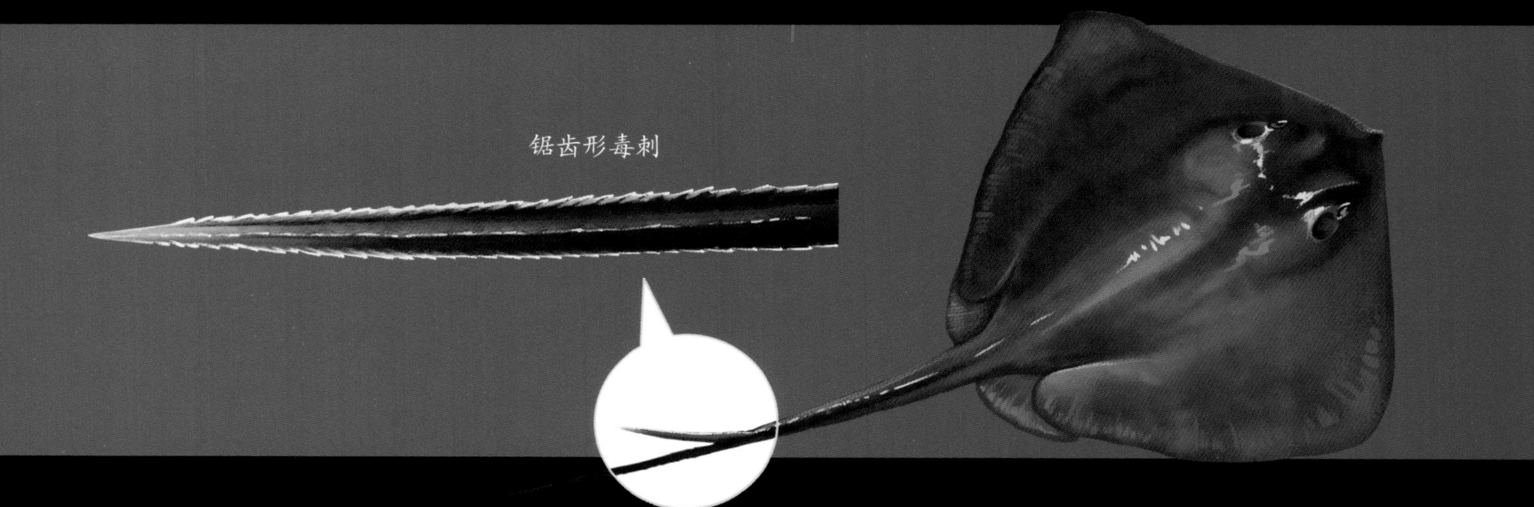

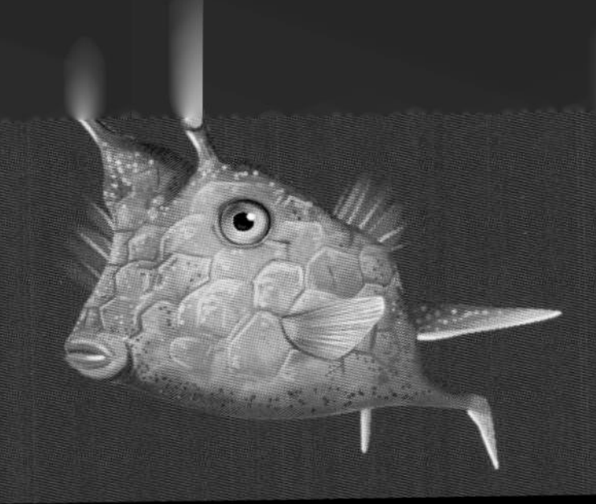

危险的箱鲀

箱鲀那盒子一样的身体总给人一种萌萌的感觉。其实，它们并不像外表看起来那么可爱，而是一种有毒的危险动物。遇到威胁时，箱鲀装甲般的皮肤可以分泌毒素，给对方以沉重打击。

梦幻“杀手”

别看等指海葵外表华丽，它们可是海洋动物王国里有名的美艳“杀手”！如果有哪些不知趣的海洋动物敢招惹它们，那么下场多半是因中毒导致血压下降、心率衰减，最终一命呜呼。

请叫我“毒圣”

绣花脊熟若蟹全身长满红白相间的网状花纹，十分漂亮。但是，在广袤的海洋里，越是拥有迷人外表的动物可能越危险，绣花脊熟若蟹正是如此。它们的体内含有多种毒素，是螃蟹中公认的“毒圣”。一只成年绣花脊熟若蟹的毒素可以毒死数万只小老鼠。

毒“石”伪装者

石头鱼不仅是伪装界的天才，而且是“海洋毒魔团”中数一数二的“精英”。它们背鳍上长着像注射器一样的尖刺，可以随时随地射出毒液。一般的猎物被刺中后，只需几秒钟就会在剧痛中挣扎着死去。

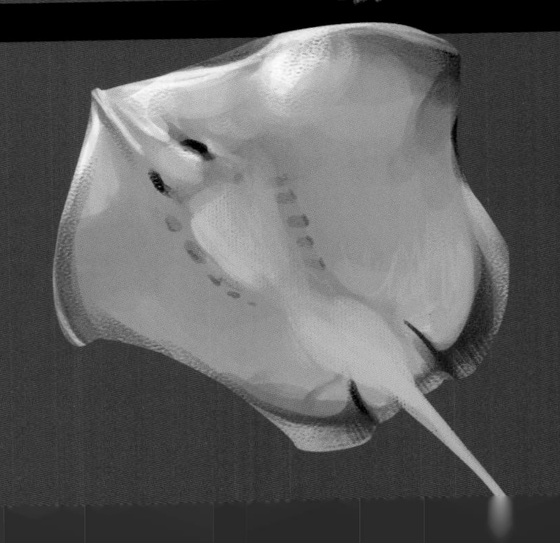

尾巴就是毒剑！

赤魟尾部长着一根或两根“毒刺”，上面覆盖着一层保护套。当对敌人发起连续攻击时，赤魟“毒刺”上的保护套就会破裂，使“毒刺”中的毒液释放出来。

海底幽光

在海洋中，深度越深，光线就越弱。为了适应幽暗的深海环境，在食物匮乏的条件下生存，一些海洋动物逐渐进化出发光器官。这些器官发出的点点微光尽管没有那么明亮，却足以成为众多生物躲避强敌、传递信息以及诱捕猎物的强大辅助。

绝妙的“隐身衣”

深海海洋生物非常聪明，已经学会了利用“反照明”原理保全自己的性命：一些海洋动物通过释放体表的光素将自己的整体轮廓隐藏在相对光亮的水中；而凶悍的捕食者在这种视觉对比的影响下，很有可能会放弃进攻。

必备藏身器

短斧鱼是通过自身发光在“敌人”面前巧妙遁形的典型代表。它们的腹部器官可以发出蓝色的光，帮助其掩护自身深色的轮廓。

短斧鱼

爱的“灯光”

玻璃乌贼“深邃”的大眼睛后侧长有一个发光器官。这个器官可以随时随地被“打开”或“关闭”。繁殖季节，玻璃乌贼就用天然的“信号灯”来吸引异性的注意，从而实现“约会”的目的。

玻璃乌贼

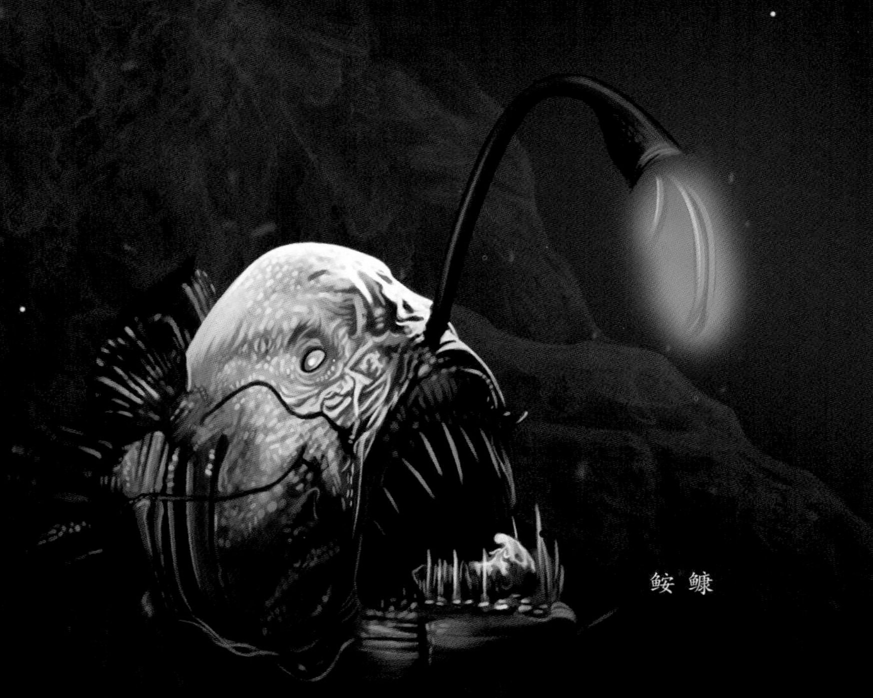

鮟鱇

以光为信

在深海幽暗的环境中，很多海洋动物不能发声，无法通过声音联系同伴。在这种情况下，“信号灯”无疑成为一些海洋动物彼此联系的最佳方式。

灯笼鱼

蝰 鱼

独特的眼睛

很多生活在深海中的鱼类进化出管状的眼睛。这种眼睛的晶状体较大，而且视网膜高度分化。如此特别的构造能帮助它们察觉深海中的微弱光线。

太平洋桶眼鱼

诱捕神器

为了吸引目标猎物，很多深海鱼类会用诱捕神器制造出柔和又“温馨”的灯光。倘若猎物经受不住诱惑，出现在它们的地盘，这些凶猛贪婪的家伙只需动动那可怕的大嘴，或是进行一段短距离追逐赛，就能轻易将对方拿下。

深海“探照灯”

深海龙鱼的体侧有两排发光器，可以诱捕猎物。它们的身前还有发光器，可以当作“探照灯”，便于在深海搜寻猎物。

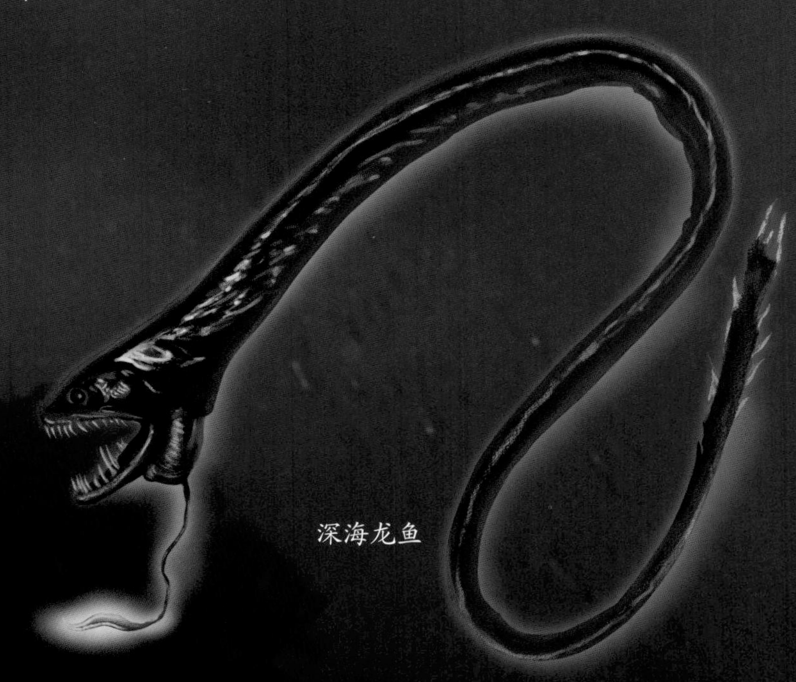

深海龙鱼

海底“怪物”

蝰鱼面目狰狞，尤其是那口凌乱的獠牙让人深感恐惧。作为深海一霸，蝰鱼的捕食利器不单单有杀伤力惊人的牙齿，还有遍布身体的发光器。这些“诱饵”制造出来的光晕，常常让很多鱼虾自动送上门。

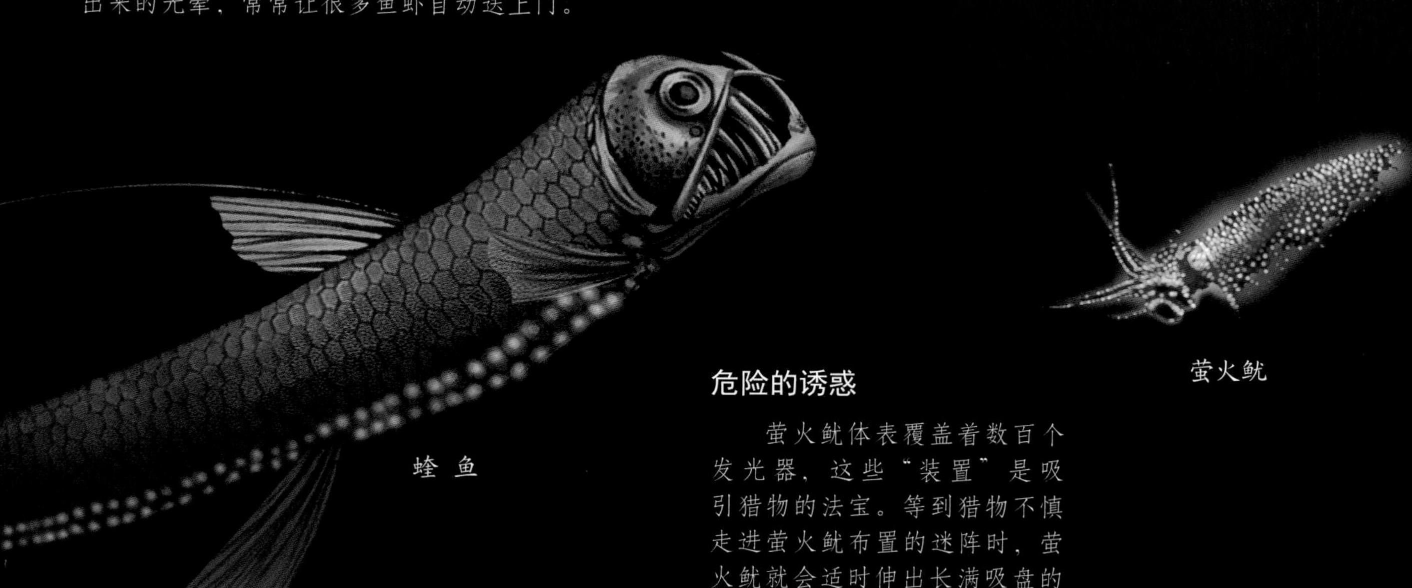

蝰鱼

萤火鱿

危险的诱惑

萤火鱿体表覆盖着数百个发光器，这些“装置”是吸引猎物的法宝。等到猎物不慎走进萤火鱿布置的迷阵时，萤火鱿就会适时伸出长满吸盘的腕，将美味收入囊中。

“尾灯”有妙用

宽咽鱼的视力不好，无法像浅海鱼类那样捕食。不过，它们有能发光的长尾巴，尾巴上的“小灯”足以成功吸引很多猎物。

宽咽鱼

发光的“吸血鬼”

素有深海“吸血鬼”之称的幽灵蛸也是利用发光“技术”捕食的顶尖高手。它们可以随意启动和关闭满身的发光器，给猎物制造多种假象。如若猎物靠近，幽灵蛸则会用那灵活的触腕将其围堵在自己的“网伞”之下。

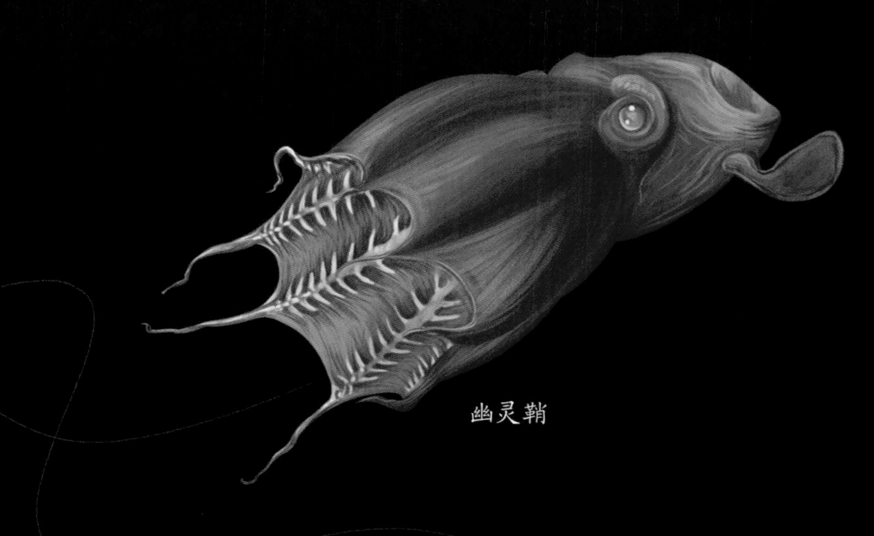

幽灵鞘

你知道吗？

幽灵蛸除了自主捕猎之外，有时也会捡拾一些食物残渣度日。它们进食残渣之前，通常先用黏液将收集来的残羹冷炙组合成“饭团”，然后才会借助卷丝把食物送到口中。

海洋里的建筑高手

早在人类出现之前，许多动物就已经在自然界中谱写了一个又一个传奇。海洋动物更是凭借其独特优势，在广阔的海洋中建造出多种多样的栖息城堡。这些天赋异禀的建筑大师、设计高手懂得“选材”，精通“技术”，更懂得自己的“居所”应该呈现的风格。

珊瑚虫

河鲀

花园“建造师”

珊瑚虫是海洋世界里著名的“建筑大军”，世世代代都从事着伟大的造礁事业，从未停息。颜色繁多、形态各异的珊瑚群体在日积月累中逐渐形成了一座座巧夺天工的海底花园。

神秘的“麦田怪圈”

为了获得雌性青睐，保证后代有更舒适的成长环境，勤劳的雄性河鲀会以一己之力挖出“曼陀罗”形状的巢穴。这种巢穴犹如“麦田怪圈”一样坐落在海底，不仅非常实用，而且具有非凡的吸引力。

娇扁隆头鱼的“家”

色彩绚烂的娇扁隆头鱼是著名的建筑能手。它们选好“宅基地”后，会四处搜寻中意的建筑材料，然后将材料一一衔回去。等到“房子”被一点点建成之后，这些鱼儿就会变得异常机警，因为它们要时刻捍卫自己的劳动成果。

娇扁隆头鱼建筑巢穴。

三刺鱼的建筑哲学

雄性三刺鱼是鱼类家族中非常注重细节的建筑师。为了给伴侣建造理想的“婚房”，它们会仔细地挑选建筑材料。材料准备妥当之后，这些“能工巧匠”会分泌黏液将其精心地粘在一起。

你知道吗？

雄性三刺鱼的“求婚”相当有仪式感。它们通常会先打扮一番，让自己的体色更加鲜艳，看起来更加“帅气”。“求婚”开始时，为了充分吸引雌性的注意，雄性三刺鱼会跳上一段欢快的“蛇形舞”。

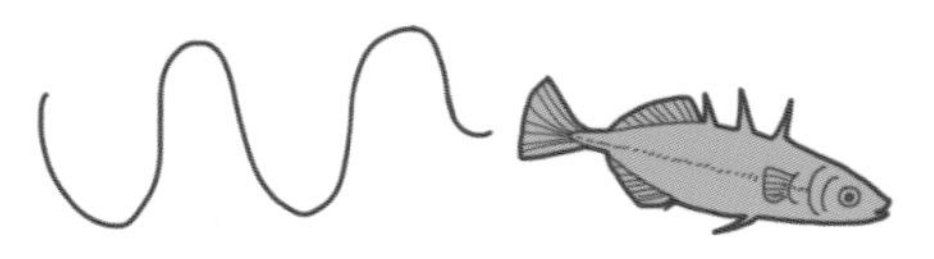

跳“蛇形舞”吸引异性。

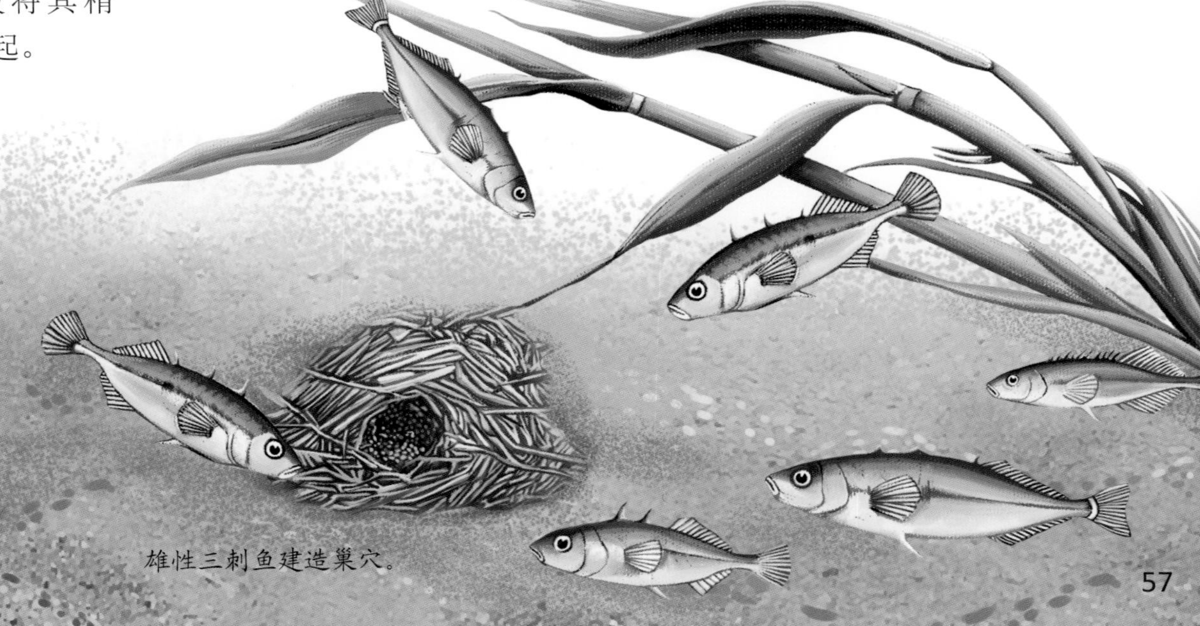

雄性三刺鱼建造巢穴。

会发声的海洋动物

声波信息在动物交流中占有非常重要的地位。在浩瀚的海洋里，很多动物用独有的声音联络同伴、防御敌害甚至确定捕食目标。这些声音有的婉转动听，有的低沉嘶哑，有的高亢嘹亮，有的单调冗长……无论是哪种声音信号，其背后都隐藏着动物行为的奥秘，镌刻着海洋世界的生命密码。

灵魂歌者

海豚是动物界有名的“歌唱家”。它们可以通过“口哨声”“嗒嗒声”“吱吱声”等多种声音交流。

不同的情绪

海豚在不同情绪的影响下，会发出不同的声音。愤怒时，它们会发出短促的“咔嗒”声表达自己的不满；求偶时，它们会发出“咯咯的笑声”，充分展示自己温柔的一面。

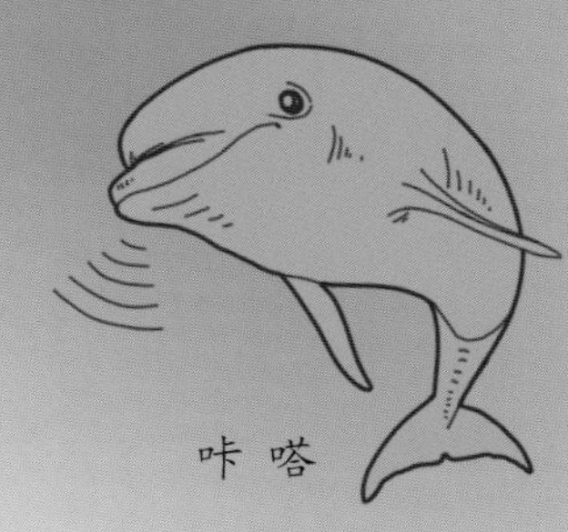

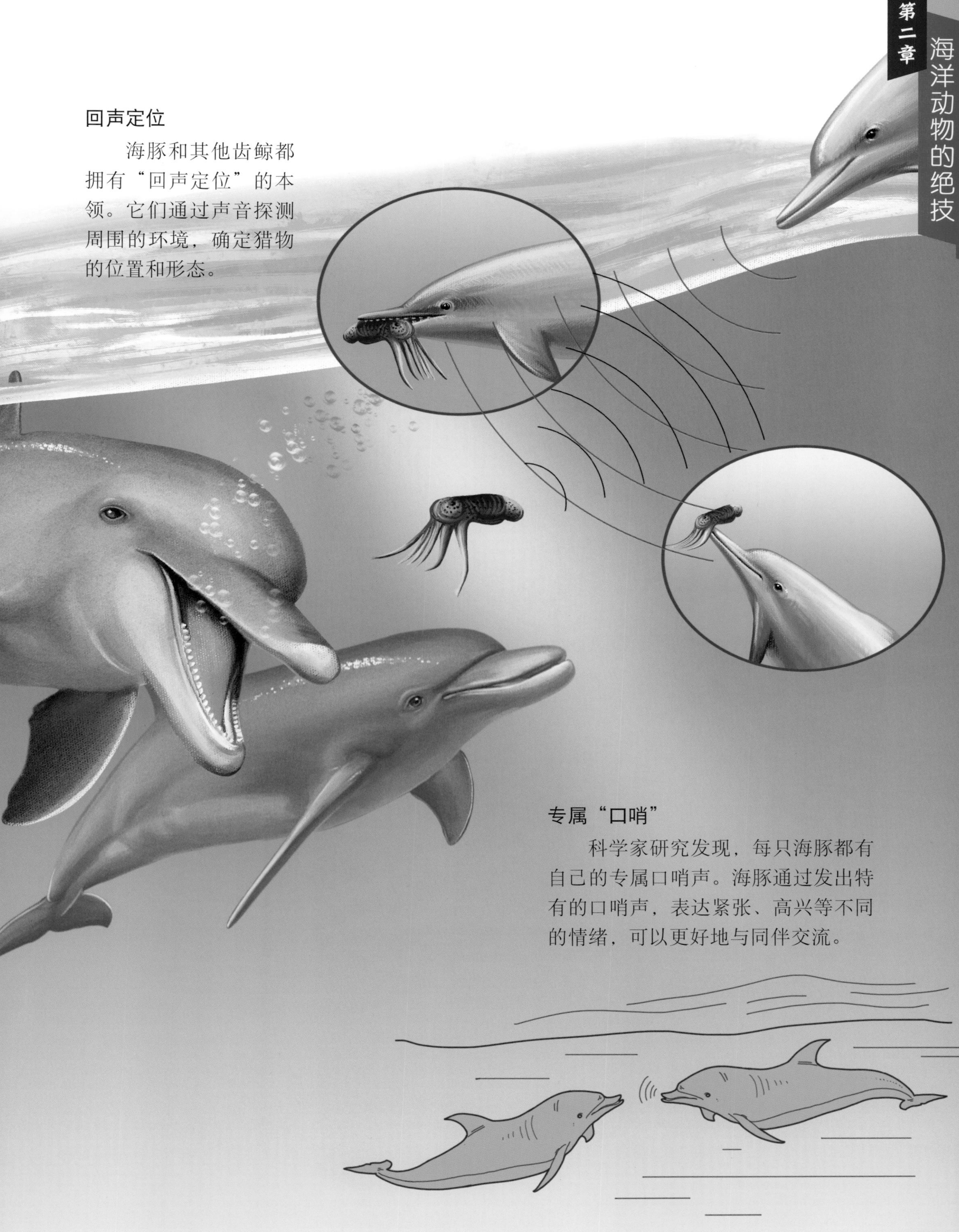

回声定位

海豚和其他齿鲸都拥有“回声定位”的本领。它们通过声音探测周围的环境，确定猎物的位置和形态。

专属“口哨”

科学家研究发现，每只海豚都有自己的专属口哨声。海豚通过发出特有的口哨声，表达紧张、高兴等不同的情绪，可以更好地与同伴交流。

座头鲸
白 鲸
细须石首鱼
魴 鮄

吸引异性

实力"唱将"

座头鲸是海洋动物中的"大歌星"，声音优美动听。每当繁殖季节来临，雄性座头鲸就会动情地哼起优美的旋律，一展独特的歌喉。座头鲸的声音通常有6种基本旋律，即使在千里之外也能被探测到。因此，它们只要一"亮嗓"，很快就能引起异性的注意。

你知道吗？

用声音传递信息、吸引异性的注意是一种有效的方式。很多海洋动物在繁殖期发出的声音会比平时洪亮许多。

"海中金丝雀"

白鲸因为声音丰富多样，被誉为"海中金丝雀"。它们可以发出颤音、滴答声、拍掌声、牛叫声，甚至是口哨声。几头白鲸如果聚集到一起，很可能会演奏一曲动人的交响乐。

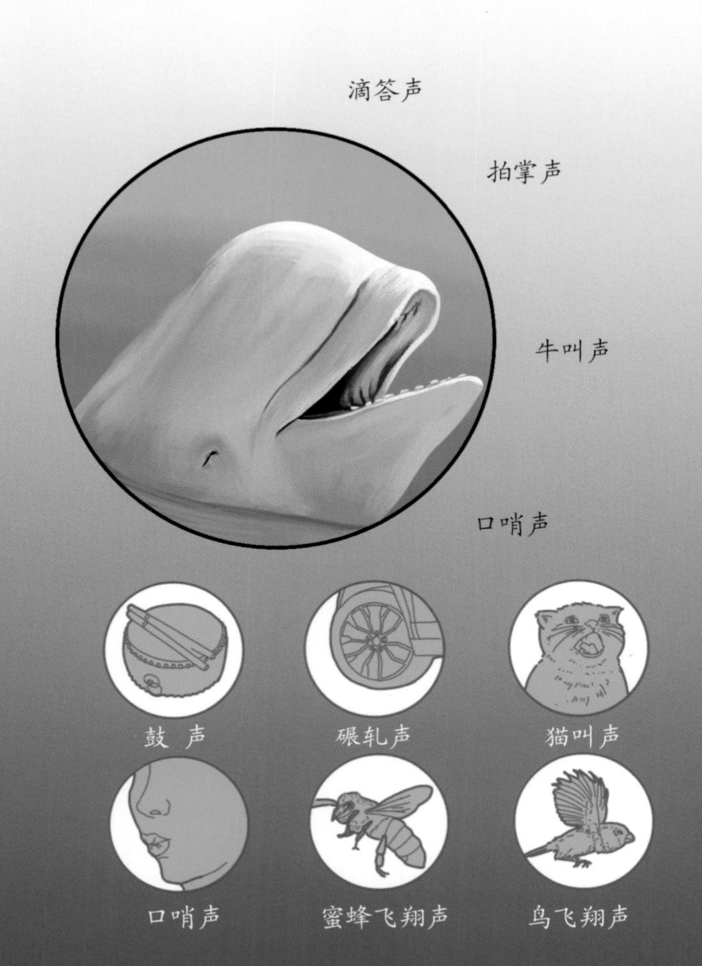

口技天才

细须石首鱼的声音非常多变，有的像鼓声，有的像碾轧声，有的像猫叫或口哨声，还有的像蜜蜂和鸟儿的飞翔声。如果动物界进行一场口技比赛的话，细须石首鱼一定会名列前茅。

哨笛"演奏家"

在暖海和温带海洋的部分海域，生活着一种叫鲂鮄的鱼。它们"天生丽质"，不但长着漂亮的"翅膀"，还能发出哨笛一样的声音，实在令人惊叹。

海洋动物的长途旅行

为了繁殖后代、躲避寒冷或获得更充足的食物，很多海洋动物会远离故土，踏上漫漫旅途。在旅途中，它们要历经多种艰难险阻，应对危险和挑战。不论路途多么遥远，也不论多少次在生死之间挣扎、徘徊，每种动物都努力地续写着属于自己的迁徙传奇。

迁徙冠军

在整个动物王国中，北极燕鸥创造了其他动物难以超越的迁徙神话。夏季，它们在加拿大北极圈附近繁殖、活动；冬季来临之前，它们就会迁徙到南极洲南部的近海生活；每年3月，这些迁徙名将又会踏上返回北极的漫长旅途。所以，北极燕鸥一年可以经历两次夏天。

南极“驻军”

年轻的北极燕鸥在第一次到达南极洲之后，当年并不会急于返回北极。它们一般会在南极洲待上几年，等长到3～4岁时才会每年和“族人”一起往返于南北两极之间。

方向感的秘密

北极燕鸥天生就能确定星星、太阳和月亮的位置。迁徙途中，它们借助天体的位置和地球的磁场来判断方向。

你知道吗？

一只北极燕鸥每年要飞行约4万千米的距离，一生的飞行距离会超过80万千米，足以往返一次月球。

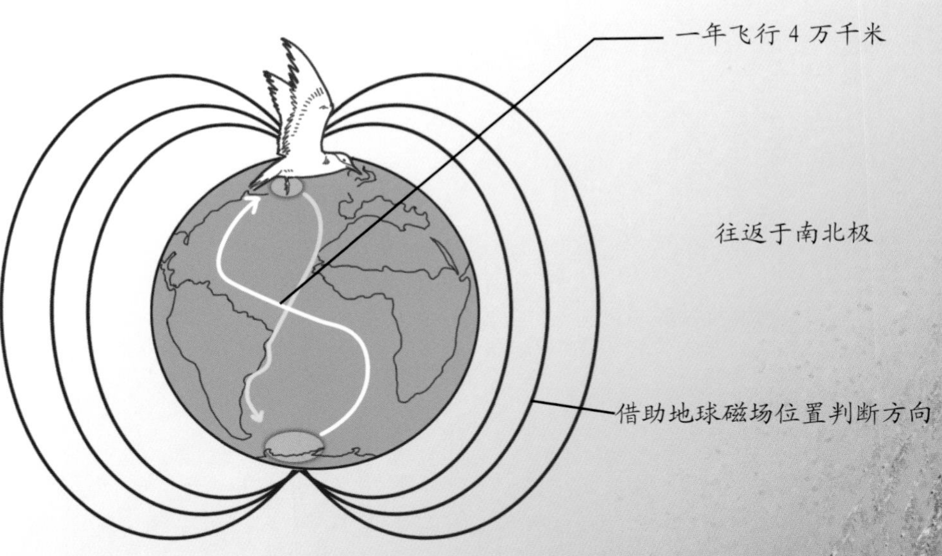

竖琴海豹的旅途

耐寒的竖琴海豹夏天生活在北极的巴芬岛附近。冬天，这些憨态可掬的动物就会沿着冰带边缘集群迁徙到5000千米以外加拿大的纽芬兰繁殖后代。

5000千米

巴芬岛附近

纽芬兰

为爱而行

南北两极海域的含氧量比较高，聚集着大量的磷虾。以磷虾为食的海洋巨无霸——蓝鲸每年都会暂居在此。可是，美食并不能时时享用。当冬季来临，极地的海水开始慢慢结冰，雌性蓝鲸为了繁育幼鲸，不得不迁徙到温暖的热带海域生活。

两极海域的海水含氧量高、营养盐丰富，聚集了大量磷虾。

无私的母亲

尽管热带海域环境温暖，更适合没有“防护衣”的幼鲸成长，但蓝鲸妈妈要因此备受煎熬：一方面，热带海域磷虾分布少，蓝鲸妈妈只能依靠之前储存的能量维持体力；另一方面，幼鲸正处在快速成长期，每天要喝下近600升的乳汁。等到蓝鲸妈妈储存的能量快要耗尽之时，幼鲸已经长大了不少。这时，它们才会一起前往两极海域。

德班海域

悲情的沙丁鱼

每年的5－7月，无数沙丁鱼会从非洲南端的厄加勒斯角浅滩一路向北进发，迁徙到南非德班海域附近。它们成群结队，相携而行，常常组成一个又一个庞大又密集的阵形。可是，如此声势浩大的“迁徙军”通常会招来多种捕食者。届时，它们将会遭到无数强大捕食者的围追堵截。一场场惊心动魄的杀戮之战由此上演。

冷水的诱惑

当南半球的冬季来临时，南极冰冷的洋流会沿着南非的海岸线自南向北移动，形成一条长长的冷水带。对于喜爱冷水的沙丁鱼而言，这就是最佳的产卵地。

厄加勒斯

险恶的路

在长达1000千米的迁徙途中，沙丁鱼要面对多种强敌。熟练掌握围击战术的海豚、所向披靡的鲸类、接踵而至的鲨鱼家族、虎视眈眈的鲣鸟……无不翘首以待这场美食盛宴。

鲨 鱼

鲣 鸟

鲸 类

海 豚

自我保护

为了混淆敌人的视线，保护自身的安全，沙丁鱼通常会聚集在一起，形成一个又一个球状的巨大鱼群。

1. 长吻海豚和宽吻海豚在围歼沙丁鱼时，会用气泡网将沙丁鱼鱼群分成几个小"饵球"，然后逐一击破。
2. 虎鲸和布氏鲸只需张开大嘴，就可以瞬间吞噬大量的沙丁鱼。
3. 残暴的鲨鱼几乎不用采取特别的战术，就能满载而归。
4. 成千上万只南非鲣鸟随着迁徙队伍前行。它们时不时地发动突然袭击，以每小时 40 ～ 120 千米的速度俯冲入水，擒拿一条条沙丁鱼。

帝企鹅的“长征”

优雅美丽的帝企鹅是南极大陆上著名的迁徙动物。冬季，这些穿着“燕尾服”的“绅士”们会离开相对安逸的北部栖息地，经过艰难跋涉，克服重重困难来到寒冷的南部内陆产卵，孵化后代。

壮观的“迁徙赛”

海冰是海象的家园。它们在海冰上休憩、哺育，进行多种活动。当北极的海冰逐渐消融时，为了生存的海象不得不踏上迁徙之路。此时，雌海象会向北绕过白令海峡，来到海冰丰富的弗兰格尔岛生活，而雄海象会向楚科奇海进发。届时，广阔的海面上会出现一群群你追我赶的游泳“运动员”。

帝企鹅迁徙路线

海象迁徙路线

队列整齐的“远行军”

巴哈马群岛和佛罗里达州的海域在秋季会变得狂风肆虐。大螯虾要在“变天”之前迁徙到南部较深的海域生活。这时，它们会排成一列火车似的纵队，彼此用较短的触须相连，井然有序地行进，直到抵达目的地。第二年春天，它们又会返回故里。

螯虾迁徙大军以每分钟5米的速度前进，中途几乎不做停留。这个过程中会有新的成员加入迁徙大军。随着数量的增加，原本笔直的队列会变得弯曲起来。

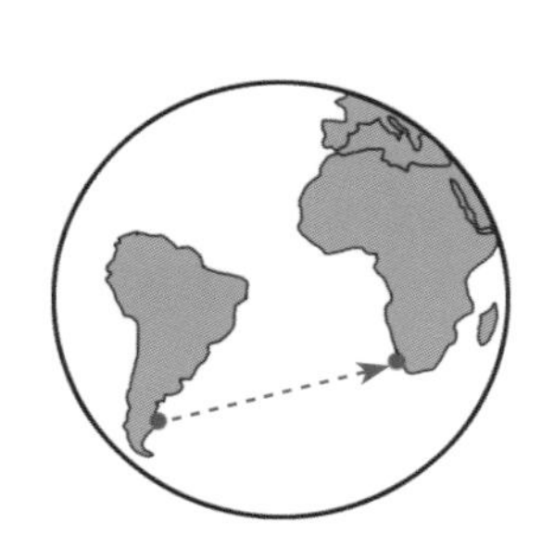

棱皮龟迁徙路线

漂洋过海的棱皮龟

成年雌性棱皮龟在寒冷的南美洲东海岸生活、觅食。繁殖期一到，它们便会横穿大西洋，来到非洲西海岸的沙滩或海岛上产卵。雌性棱皮龟一生的游泳距离约为1.6万平方千米。而且，它们大都会沿着两地之间的最短线路迁徙。

第三章

灭绝的海洋动物

查恩海笔 *Charnia*

查恩海笔生活在黑暗的海底，是一种扁平状的无脊椎动物。它们没有坚硬的壳和骨骼，也没有口孔、触腕和消化器官，只能靠身体在海水中获取营养物质。

时　　期	距今 5.75 亿 ~5.45 亿年前
大　　小	0.15~2 米
栖息环境	海底
食　　物	小型浮游生物
化石发现地	英国、澳大利亚、加拿大、俄罗斯等

查恩海笔 >>>

查恩海笔的身体呈羽毛状，以细长的柄固定在海底。其表面可能会依附着绿色的藻类，而且能进行光合作用。

最早的动物

在前寒武纪的大部分时间里，单细胞生物是海洋中唯一的生命形式。其中，一部分靠吞噬有机颗粒生长的单细胞生物逐渐进化成多细胞动物。查恩海笔就是生活在这一时期较早的动物。

查恩海笔化石

碟形“吸盘”

查恩海笔扎根海底，看起来像是一种有枝干的水生植物。但是，人们发现其化石底部长着碟形“吸盘”。科学家推断：查恩海笔用这个结构把自己固定在海底，然后用羽毛状的上端吸收水中的营养物质。

你知道吗？

1946 年，一位古生物学家在澳大利亚的埃迪卡拉山发现了一块古老的水母化石。没想到，它竟然来自世界上最古老的动物化石群——埃迪卡拉动物群。这个化石群包含了一大群生活在前寒武纪时期的动物。它们大多呈盘状或叶状，而且不可移动。有科学家认为它们是珊瑚和海虫的祖先。查恩海笔就是埃迪卡拉生物群中的重要成员。

奇虾 *Anomalocaridids*

奇虾是寒武纪时期已知的体形最大的动物，看上去像巨大的虾。科学家曾在其粪便化石中发现三叶虫的碎壳，由此判断奇虾可能是肉食性动物，而且处于当时食物链的顶端。

辨认要诀 奇虾 >>>

奇虾有一对带柄的巨型复眼，身体两侧至少有11对附肢。奇虾可以利用附肢在水中游动、快速捕捉猎物。除此之外，奇虾口中还长有带刺的利齿。

时期	距今约5亿年前
大小	可达2米
栖息环境	海洋
食物	三叶虫
化石发现地	中国、美国、加拿大等

奇怪的虾

奇虾的体长可达 2 米，而同时期的其他动物一般只有几厘米长。没有天敌的奇虾一度成为当时海洋中的统治者。由于体形庞大，奇虾保留下来的化石往往只是身体的一小部分，因此被人们误认为是“奇怪的虾”。但实际上，奇虾跟现在的虾没有关系。

奇虾身体一小部分的化石

视力出众

寒武纪的开始标志着显生宙的来临。在这个时期，新物种暴发式增长，海洋生物的生存竞争异常激烈。对于海洋生物而言，具有敏锐的视觉尤为重要。奇虾有一对巨大的复眼，每只复眼包含上万只可以独立成像的单眼。这使奇虾拥有绝佳的视力，可以很快锁定猎物。相对于其他动物，奇虾具备强大的生存优势。

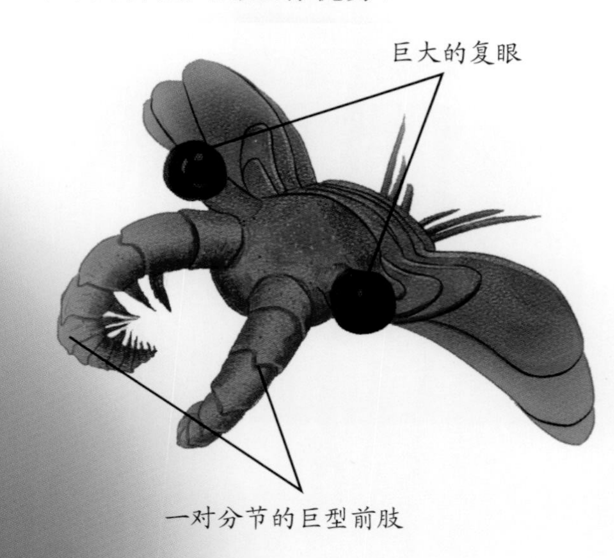

海洋霸主

奇虾有一对分节的巨型前肢，上面的倒钩可以用来捕捉猎物；身体两侧裂片状的翼与长长的尾叉使得奇虾能在海里快速游动。特殊的身体结构成就了奇虾这一寒武纪海洋中的顶级掠食者。此外，奇虾的嘴里还有十几排锋利的牙齿，爪子上布满像网一样的刺，再坚硬的甲壳动物都可能成为其“盘中餐”。

怪诞虫 *Hallucigenia*

怪诞虫是寒武纪时期长相非常奇特的动物。在其化石刚被发现时，科学家甚至无法分辨出它的身体部位。怪诞虫就像管状的蠕虫，身上长着数排尖锐的刺和柔软的触手。人们猜测这种奇异的虫子用长刺进食，用步足行走。

时　　期	距今约 5 亿年前
大　　小	可达 2.5 厘米
栖息环境	海洋
食　　物	浮游生物
化石发现地	加拿大、中国等

辨认要诀　怪诞虫 >>>

怪诞虫十分特别，靠 7 ～ 8 对多肉的步足支撑身体，用背部的长刺捕食水中的浮游生物。怪诞虫的脖子很细，小小的头上长着可以感光的单眼，口中还有环状分布的牙齿。

怪诞虫的得名

科学家在古老的岩层内部发现了怪诞虫的化石，由此推测出无脊椎动物早在5亿多年前已经开始大量涌现。不过，由于怪诞虫的化石保存得不好，人们一度将其躯体上的团状物当成头，把密密麻麻的刺当成腿，认为如此怪异的生物只有在梦里才会出现，于是将其命名为“怪诞虫”。

有爪动物的亲戚

怪诞虫的结构十分奇特，与现存的生物差别很大。它们的头很小，蠕虫般的身体上长着可行走的步足和向上生长的刺，让人难以分清其身体的上下和前后。不过，它们步足上包裹的层层角质和天鹅绒虫身上的角质结构很像，因此科学家怀疑其和有爪动物有亲缘关系。

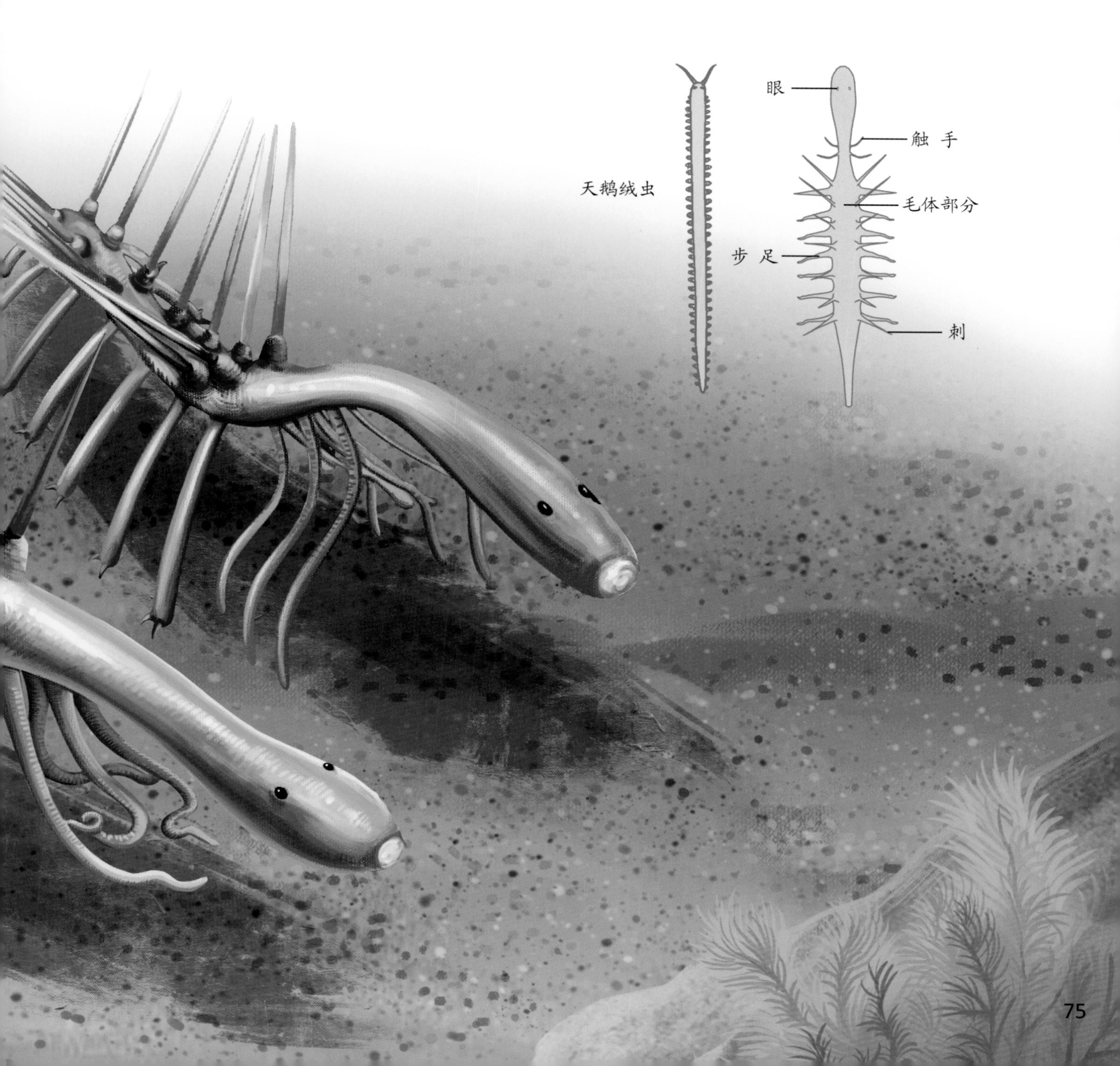

三叶虫 *Trilobite*

地球上曾经发现过上万种三叶虫。它们体形跨度很大，有的种类长达 1 米，有的种类的大小只有几毫米。不过，所有三叶虫都有大大的头甲和尾甲，中间连接着若干可以自由活动的胸节。

时　　期	距今 5.26 亿年 ~2.5 亿年前
大　　小	常见种类 3~10 厘米
栖息环境	海洋
食　　物	动物尸体和藻类等浮游生物
化石发现地	世界各地

辨认要诀　三叶虫 >>>

三叶虫的外骨骼被背沟分为 3 个部分，因此得名“三叶虫”。其身体呈卵形或者椭圆形，壳面上还会长有斑点、短刺或者浆果状的凸起。

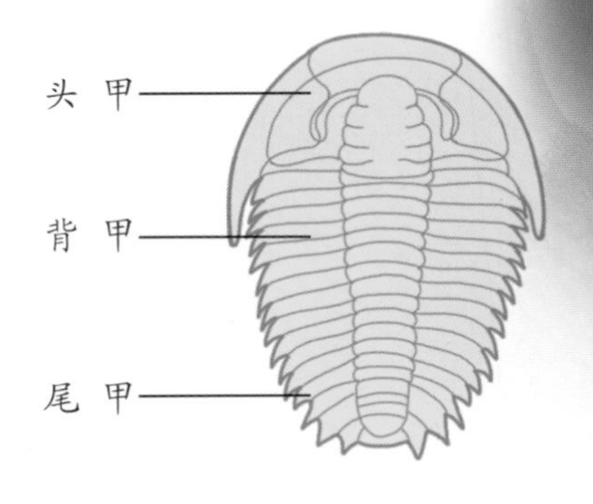

昔日霸主

寒武纪时期，三叶虫家族势力强盛，几乎遍布海洋的每个角落，其家族成员种类占据寒武纪动物总类别的 60%。因此，寒武纪又被称为“三叶虫的时代”，兴盛一时的三叶虫成为当时海洋的霸主。不过，三叶虫的繁盛并不持久，海洋环境的变化、其他海洋生物的崛起让三叶虫几经兴衰，最终在二叠纪完全灭绝。

庞大的家族

在大约 3 亿年的漫长演化中，三叶虫家族繁衍出上万个种类。它们有大有小，形态各异，生活习性也各不相同。

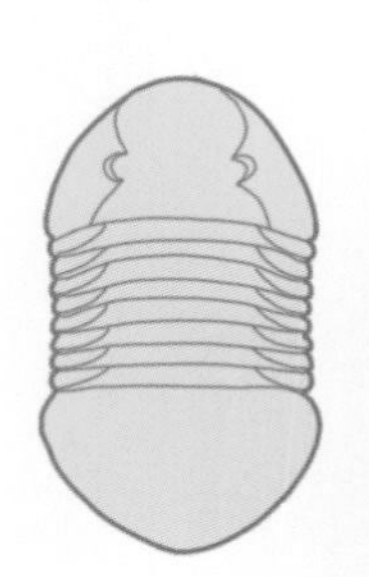

霸王等称虫

霸王等称虫是三叶虫家族中的大个子，体长超过 70 厘米。其身体表面浑圆平滑，让奇虾等捕食者无从下口。

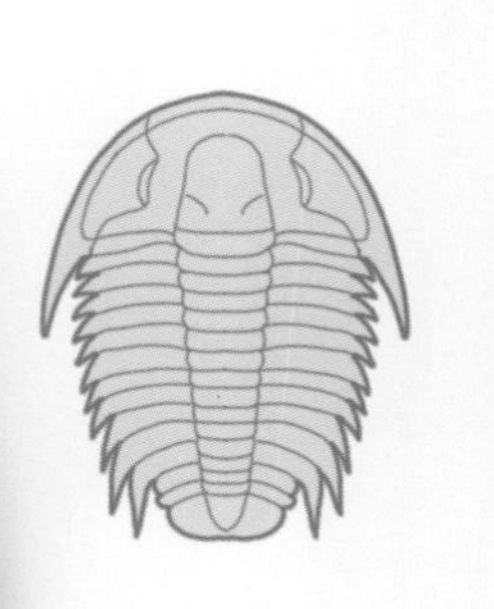

双切尾虫

双切尾虫长着由层层骨板形成的外骨骼，头部有巨大的盾状外壳以及向后弯曲的坚硬长刺。

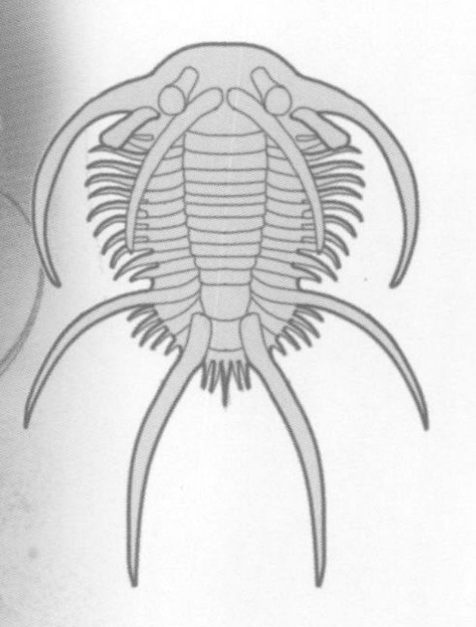

角盾虫

角盾虫长着盾状的甲壳、尖锐的骨刺和角状物。这可能是用来攻击猎物、抵御天敌的武器，也可能是用来展示魅力、吸引异性的法宝。

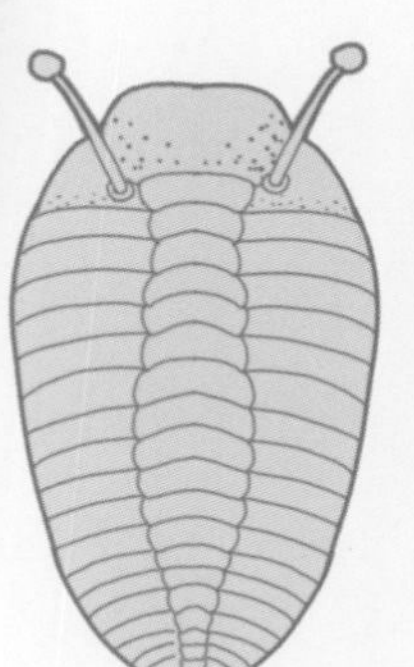

彗星虫

彗星虫只有 5 厘米长，眼睛长在细长肉柄上。据此，古生物学家推测：彗星虫大部分时间生活在海底的泥沙里，只把眼睛露在外面。

欧巴宾海蝎 *Opabinia regalis*

在5亿多年前的寒武纪时期，海底滑坡使动物深埋海底，其中就有一种名叫欧巴宾海蝎的奇怪生物。欧巴宾海蝎和奇虾的结构类似，但是两者长相不同。欧巴宾海蝎有5只带柄的眼和细长的吻部，看起来很像外星怪物。

时　　期	距今5.15亿~5亿年前
大　　小	4~7厘米
栖息环境	海床附近
食　　物	柔软的小型生物
化石发现地	加拿大

辨认要诀　欧巴宾海蝎

欧巴宾海蝎的身体由16节体节构成，两侧还长着桨一样的片状物。欧巴宾海蝎通过移动这些片状物使身体收缩、伸展，像波浪一样在水中摇摆着游动。

灵活的“长鼻子”

欧巴宾海蝎长着灵活的“长鼻子”，它们是其进行吸吮和触觉的管状器官。锯齿状的嘴爪位于“长鼻子”末端，可以用来抓取食物。科学家推断：欧巴宾海蝎在进食时会用大爪抓起食物放入吻中，和大象吃东西的样子类似。

没有牙齿的海怪

欧巴宾海蝎的吻位于腹部，既没有双颌也没有牙齿，因此欧巴宾海蝎只能以柔软的东西为食。人们猜测：欧巴宾海蝎生活在幽暗的海床附近，其吻部能够伸进洞里捕捉小虫，还能翻动海床的淤泥以便寻找食物。

翼肢鲎 *Pterygotus*

翼肢鲎是一种古老的节肢动物，隶属板足鲎亚纲（全部灭绝），与现存的蜘蛛和鲎有亲缘关系。翼肢鲎是白垩纪海洋中凶猛的掠食者，捕食三叶虫等小型动物。

时　期	距今约 4 亿年前
大　小	2~3 米
栖息环境	浅海
食　物	三叶虫等小型动物
化石发现地	欧洲、北美洲等

辨认要诀　翼肢鲎　>>>

翼肢鲎有分节的体肢和坚硬的外骨骼，明显的复眼和头中央的小眼睛表明它们拥有良好的视力。翼肢鲎拥有 1 对巨大的前爪和 4 对步足，既能协助其捕捉猎物，又能帮助其在行进中保持平衡。

聪明的猎手

翼肢鲎是聪明的狩猎者。它们会潜伏在浅水区的泥沙中，用巨大的复眼搜寻猎物，一旦发现“美食”，就会甩动尾巴快速出击，并用巨大的前爪捉住它们。翼肢鲎的爆发力很强，被发现的猎物逃脱的可能性不大。

一度称霸海洋世界

翼肢鲎长有特殊的口器，其化石上曾经出现过与之相符的咬痕。这说明翼肢鲎不仅食用小型动物，而且可能以同类为食。另外，志留纪时期的氧气含量很高，翼肢鲎的体形庞大，同时期的海洋动物根本无法与之抗衡。

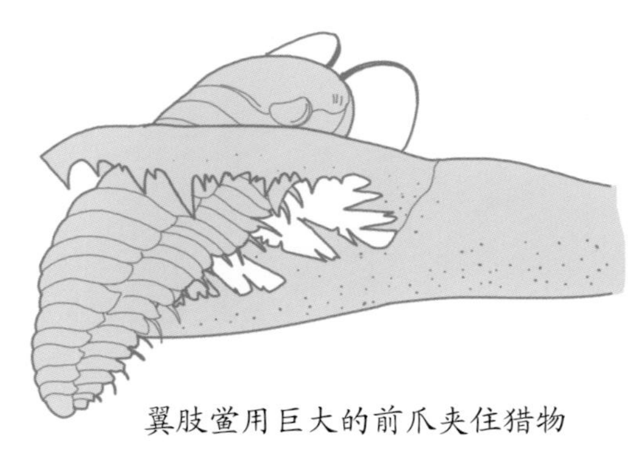

翼肢鲎用巨大的前爪夹住猎物

志留纪的海洋霸主

提塔利克鱼 *Tiktaalik*

提塔利克鱼生存于泥盆纪晚期，是一种已经灭绝的早期鱼类。它们拥有许多两栖类的特征，被称为“会走路的鱼”，是鱼类向两栖类进化的过渡种。一些较完整的化石于 2004 年在加拿大北部的埃尔斯米尔岛被发现。

时　　期	距今约 3.8 亿年前
大　　小	1~3 米
栖息环境	浅水海域
食　　物	不详
化石发现地	加拿大

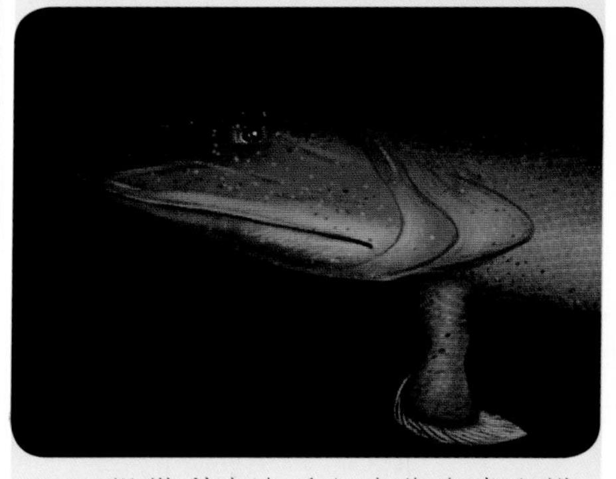

提塔利克鱼看起来像鱼类和蝾螈的结合体，其头部扁平，眼睛长在头部顶端。它们的鳍状肢拥有原始的腕骨及简单的趾骨。

肌肉发达

提塔利克鱼前鳍的骨头化石显示，其身体外部曾包裹着巨大的肌肉组织，说明提塔利克鱼的前鳍能够像人的手腕关节一样灵活转动。而且，它们的颈部也长有关节，可能是为了转动脑袋以时刻观察水面上的动静。这是其他鱼类无法做到的。这些特殊的结构表明提塔利克鱼正在逐步适应在陆地上行走。

头顶上的气孔

提塔利克鱼的存在证明一些早期鱼类已经演化出特殊的肺部结构，以便在水面以上呼吸空气。它们的头顶上方长有气孔，表明其拥有功能完备的肺脏。这在鱼类逐渐登陆的过程中起到了十分关键的作用。

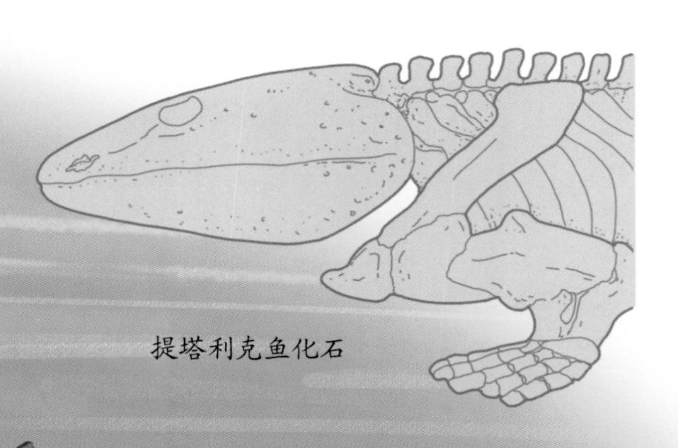

提塔利克鱼化石

共同的祖先

虽然提塔利克鱼被称作“鱼”，但是其头部像鳄鱼一样宽阔平坦，鳍状肢也不同寻常。提塔利克鱼的鳍状肢能够划水，而且具有坚硬的骨骼，使其能够在浅水中支撑自己的身体。提塔利克鱼和其同类可能是脊椎动物的祖先。

菊石 *Ammonite*

菊石和鹦鹉螺是近亲，同属软体动物门头足纲，是一种已经灭绝的无脊椎动物。菊石最早出现在距今约 4 亿年的泥盆纪初期，比恐龙早出现约 1.7 亿年。

时　期	距今 4 亿 ~6500 万年前
大　小	直径 1 厘米 ~2 米
栖息环境	海洋
食　物	浮游生物及小型海洋生物
化石发现地	世界多地

辨认要诀　菊石 >>>

菊石的外壳有许多腔室，身体柔软且位于最外层的腔室中。菊石的眼睛很大，腕纤长，与现代的章鱼和乌贼相似。

壳

菊石具有石灰质的硬外壳，用来保护柔软的身体。壳的形状多种多样，有三角形、锥形等，大多呈螺旋状，壳体的旋卷程度可以分为松卷、外卷、内卷等。壳内侧由隔板分割成一个个“小房间”，菊石通过调节小房间里的空气和液体的比例来实现在海水中的自由沉浮。

捕食者

菊石喜欢捕食一些小型海洋生物，如小型甲壳类动物。菊石的舌头上长满细小的齿舌。发现猎物后，菊石会用腕将猎物控制住，然后送到口中用齿舌咬住，继而将猎物吞下。

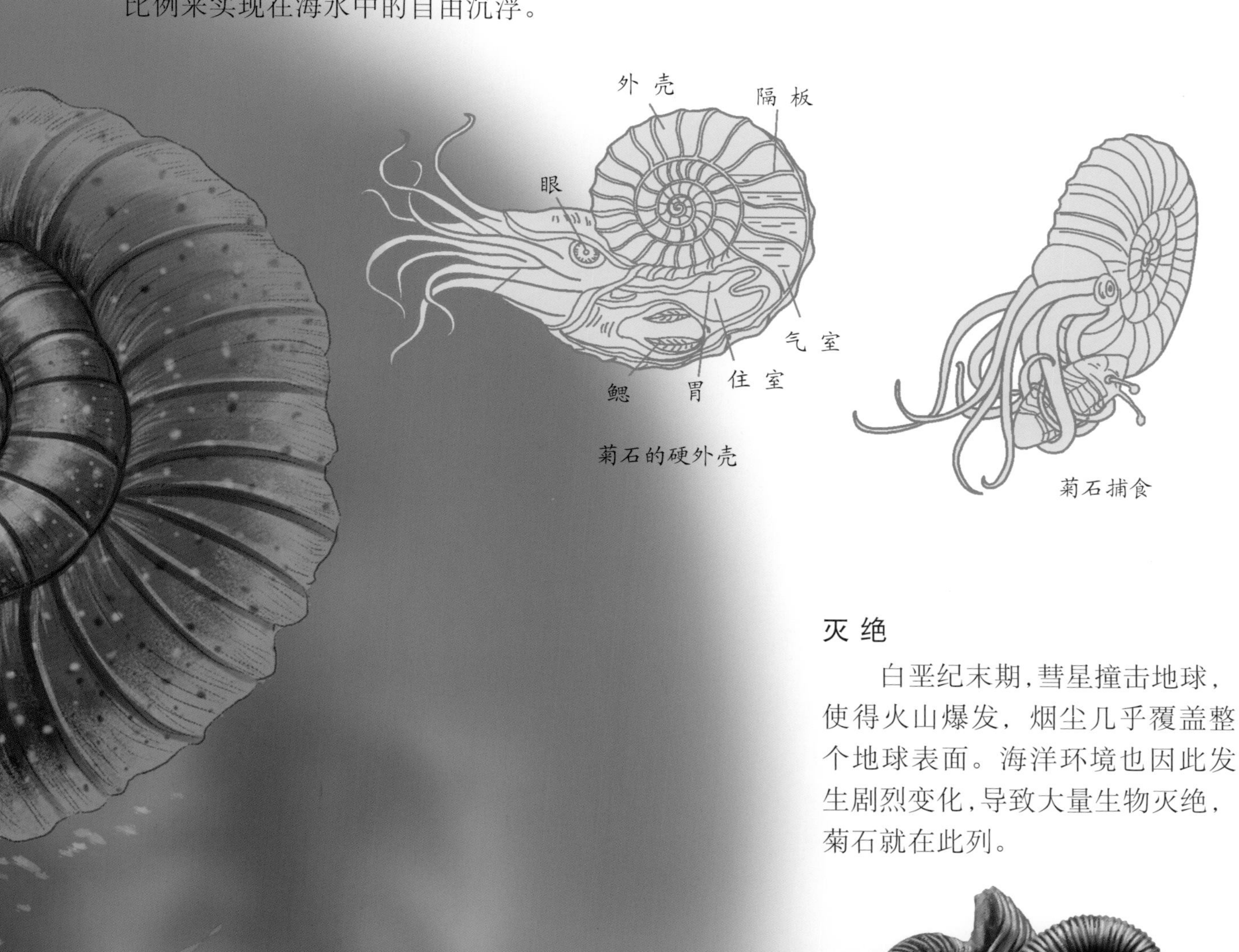

菊石的硬外壳

菊石捕食

灭绝

白垩纪末期，彗星撞击地球，使得火山爆发，烟尘几乎覆盖整个地球表面。海洋环境也因此发生剧烈变化，导致大量生物灭绝，菊石就在此列。

菊石因环境巨变而灭绝

古蓟子 *Pterocoma*

古蓟子是一种蛇尾目动物，与海星和海胆有亲缘关系。它们长着细长的腕，出没于海底。一旦遇到猎食者，古蓟子会将身体隐藏于珊瑚和岩石间。

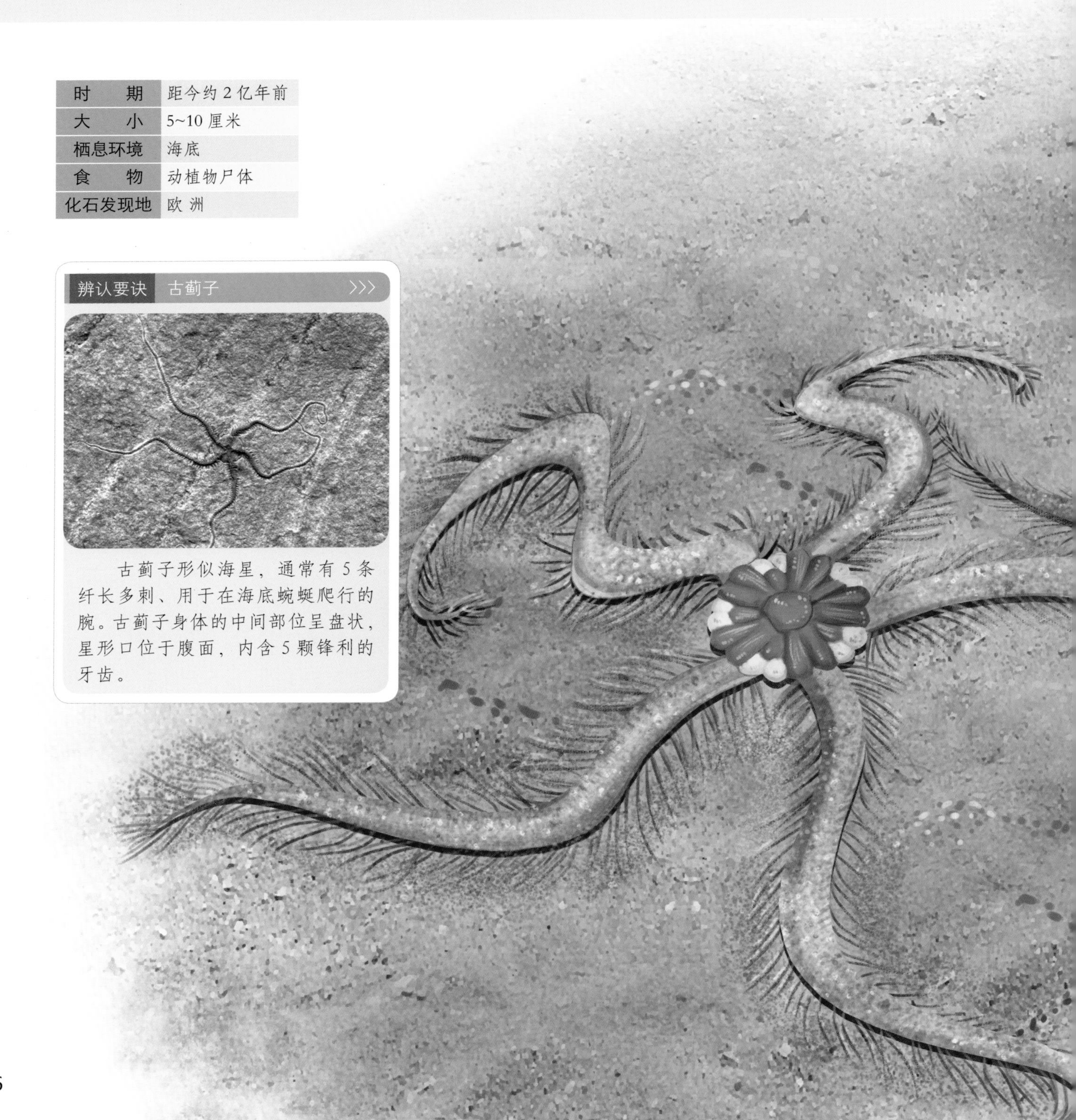

时　期	距今约 2 亿年前
大　小	5~10 厘米
栖息环境	海底
食　物	动植物尸体
化石发现地	欧 洲

辨认要诀 古蓟子 >>>

古蓟子形似海星，通常有 5 条纤长多刺、用于在海底蜿蜒爬行的腕。古蓟子身体的中间部位呈盘状，星形口位于腹面，内含 5 颗锋利的牙齿。

随波逐流

古蓟子是一种无脊椎动物，在没有发育成熟之前营浮游生活。在生命的初期，古蓟子幼体随水流漂浮。经过一段时间后，它们会沉入海底继续生长直至成年。

断腕保命

在遇到紧急情况时，古蓟子会忍痛切断自己的腕，然后匆匆消失在珊瑚间隙中。被切下的腕依然会扭曲摆动，以迷惑掠食者，而侥幸逃脱的古蓟子很快就会长出新的腕。

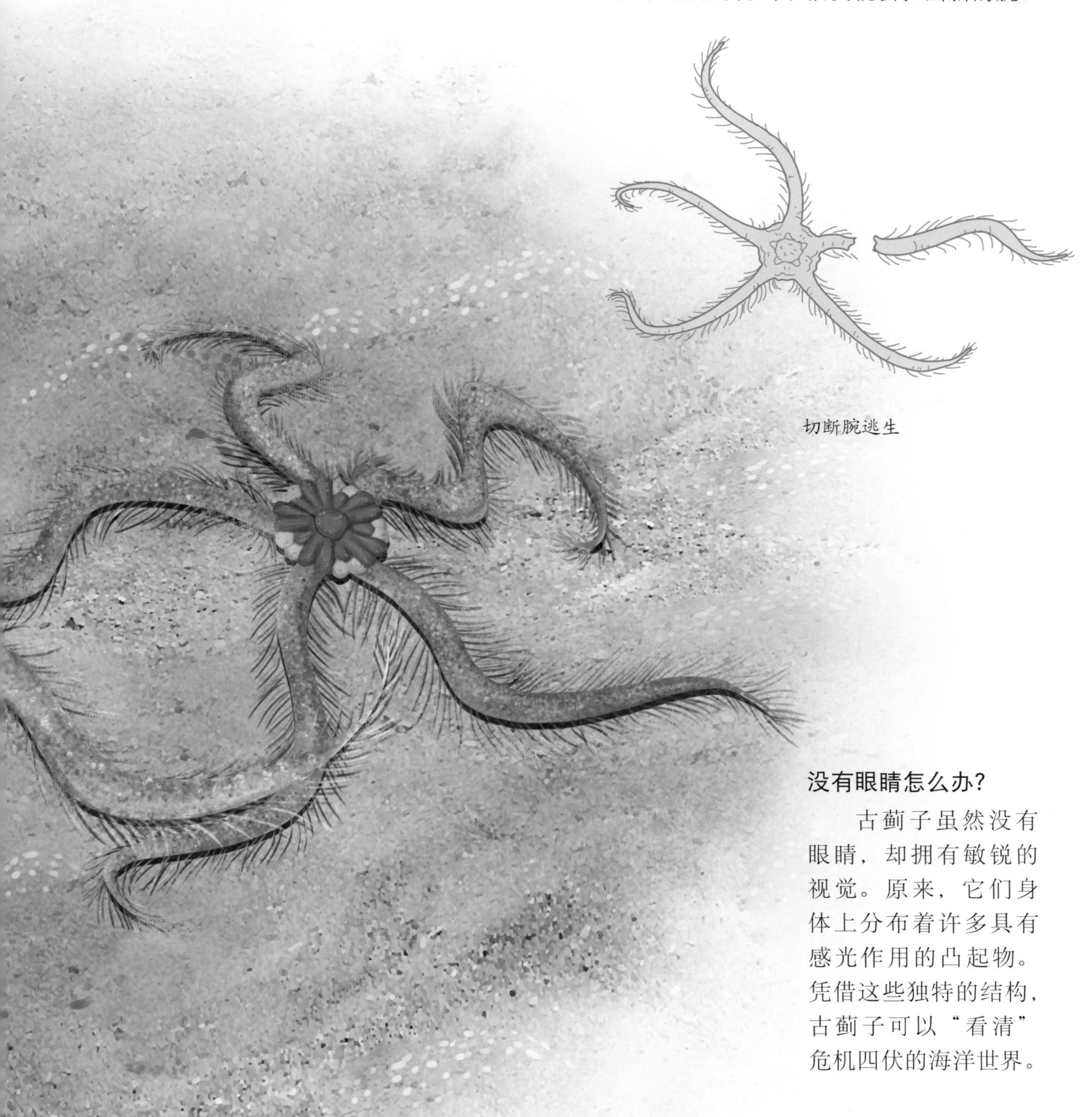

切断腕逃生

没有眼睛怎么办?

古蓟子虽然没有眼睛，却拥有敏锐的视觉。原来，它们身体上分布着许多具有感光作用的凸起物。凭借这些独特的结构，古蓟子可以“看清”危机四伏的海洋世界。

石莲 *Encrinus*

棘皮动物是一种古老的海洋生物，现存的海星和海胆都属于这个家族。它们普遍呈圆形或者星形，长有腕。石莲是一种生活在三叠纪时期的棘皮动物，既没有头部也没有大脑。

时期	距今 2.35 亿 ~2.15 亿年前
大小	杯长 4~6 厘米
栖息环境	浅海
食物	小型生物、有机碎屑
化石发现地	欧洲

辨认要诀 石莲 >>>

石莲拥有高脚杯状的外形，由细长的柄状物扎根海底，10 条腕像蛇尾一样在水中蜿蜒游动，触腕上面还带有许多细小的绒毛。

黏稠的羽状臂

石莲长有 10 条羽毛状的触腕。触腕可以分泌黏液以粘住在水中游动的小型生物，并用覆盖触腕的细小绒毛将食物扫入石莲口中。不过，在遭受攻击时，它们会收缩羽状腕以保护自己。

石莲的口长在腕中央，可以用来吞食捕获到的浮游生物。

外形似植物

石莲是一种海百合。和其他家族成员一样，石莲以柄固定在海底，多肉的柄上端分布着羽枝状的腕，看起来很像蕨类的叶子。石莲也因此有了植物的名字。

邓氏鱼 *Dunkleosteus*

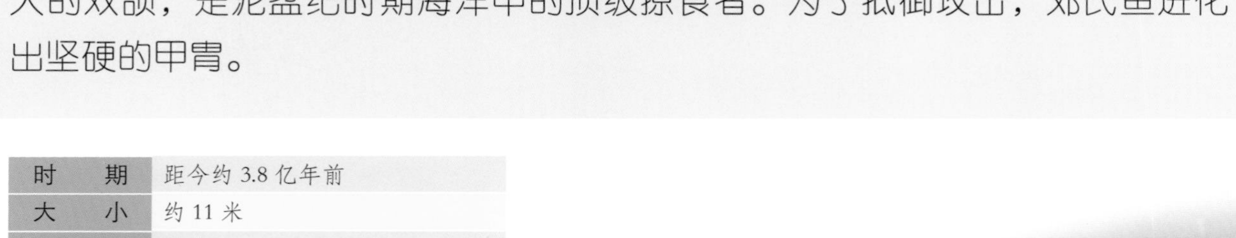

邓氏鱼属盾皮鱼纲，是最早演化出巨大体形的鱼类。它们拥有咬合力巨大的双颌，是泥盆纪时期海洋中的顶级掠食者。为了抵御攻击，邓氏鱼进化出坚硬的甲胄。

时　期	距今约 3.8 亿年前
大　小	约 11 米
栖息环境	浅海
食　物	鱼类及无脊椎动物
化石发现地	美国、比利时、摩洛哥、波兰等

辨认要诀　邓氏鱼 >>>

邓氏鱼有由层层骨板构成的甲胄，躯体的后部和胸部也覆盖着甲片。双颌长着具有咬合功能的骨板，骨板间留有间隙，让双颌得以开闭。

恐怖的邓氏鱼

邓氏鱼是非常凶猛的海洋动物，体形十分庞大，重量可达 6 吨，纺锤形的身躯跟鲨鱼很像。邓氏鱼的头部和颈部覆盖的甲胄可以为其内部器官提供保护。

咬合力冠军

邓氏鱼被称为“残暴的海中杀手”。它们没有牙齿，长在双颌边缘的尖锐骨板就像铡刀一样，能够轻松粉碎猎物。邓氏鱼还拥有致命武器——鱼类中最强劲的咬合力，就连现存的鲨鱼也远不是它的对手。

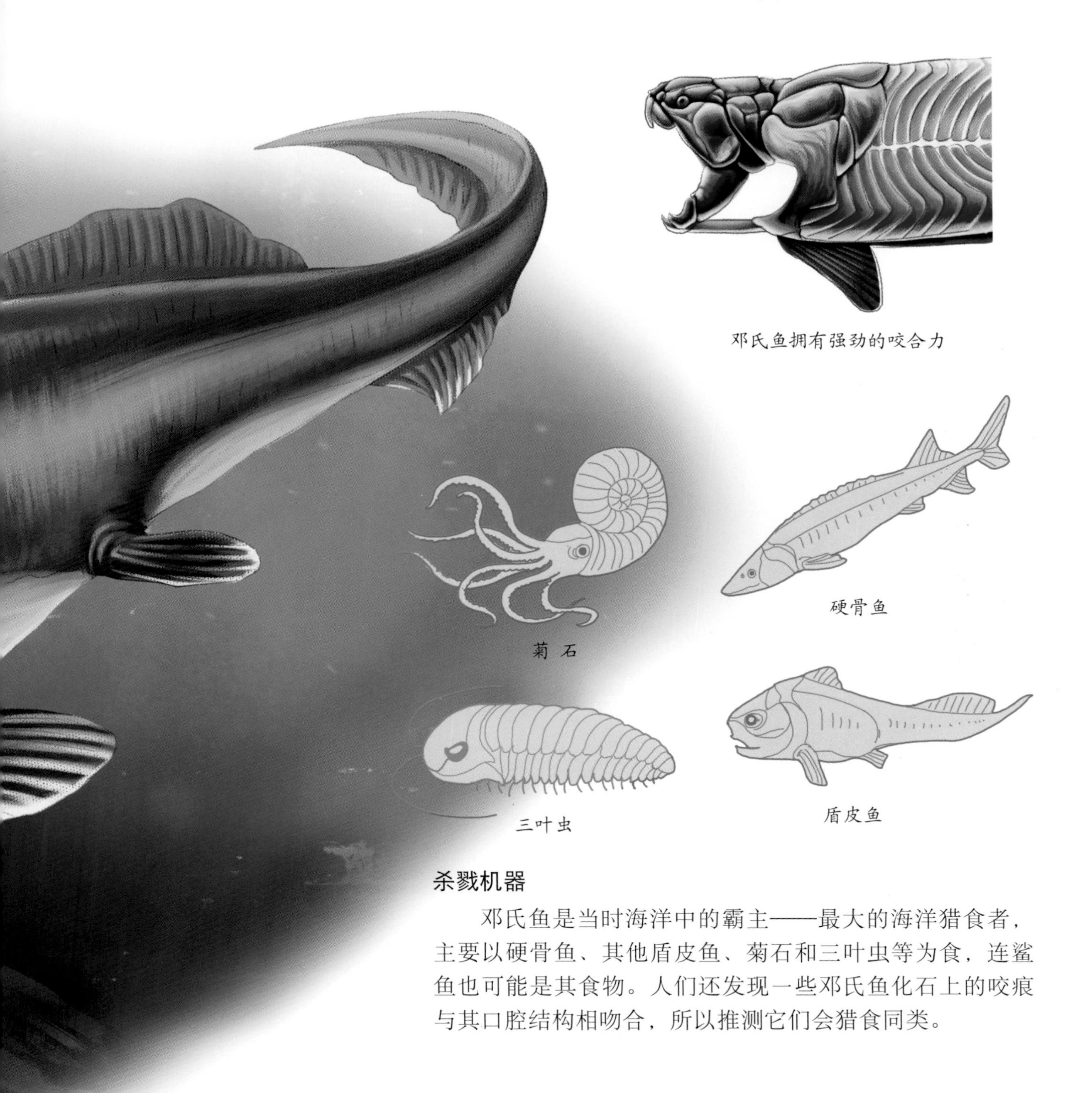

邓氏鱼拥有强劲的咬合力

杀戮机器

邓氏鱼是当时海洋中的霸主——最大的海洋猎食者，主要以硬骨鱼、其他盾皮鱼、菊石和三叶虫等为食，连鲨鱼也可能是其食物。人们还发现一些邓氏鱼化石上的咬痕与其口腔结构相吻合，所以推测它们会猎食同类。

利兹鱼 *Leedsichthys problematicus*

利兹鱼成年个体体形巨大，很可能是有史以来最大的硬骨鱼类。不过，大个子的利兹鱼并不凶猛，而是温柔的滤食者。

时　　期	距今 1.7 亿 ~1.61 亿年前
大　　小	尚不确定
栖息环境	浅海
食　　物	鱼虾等小型动物
化石发现地	英格兰、德国、法国、智利等

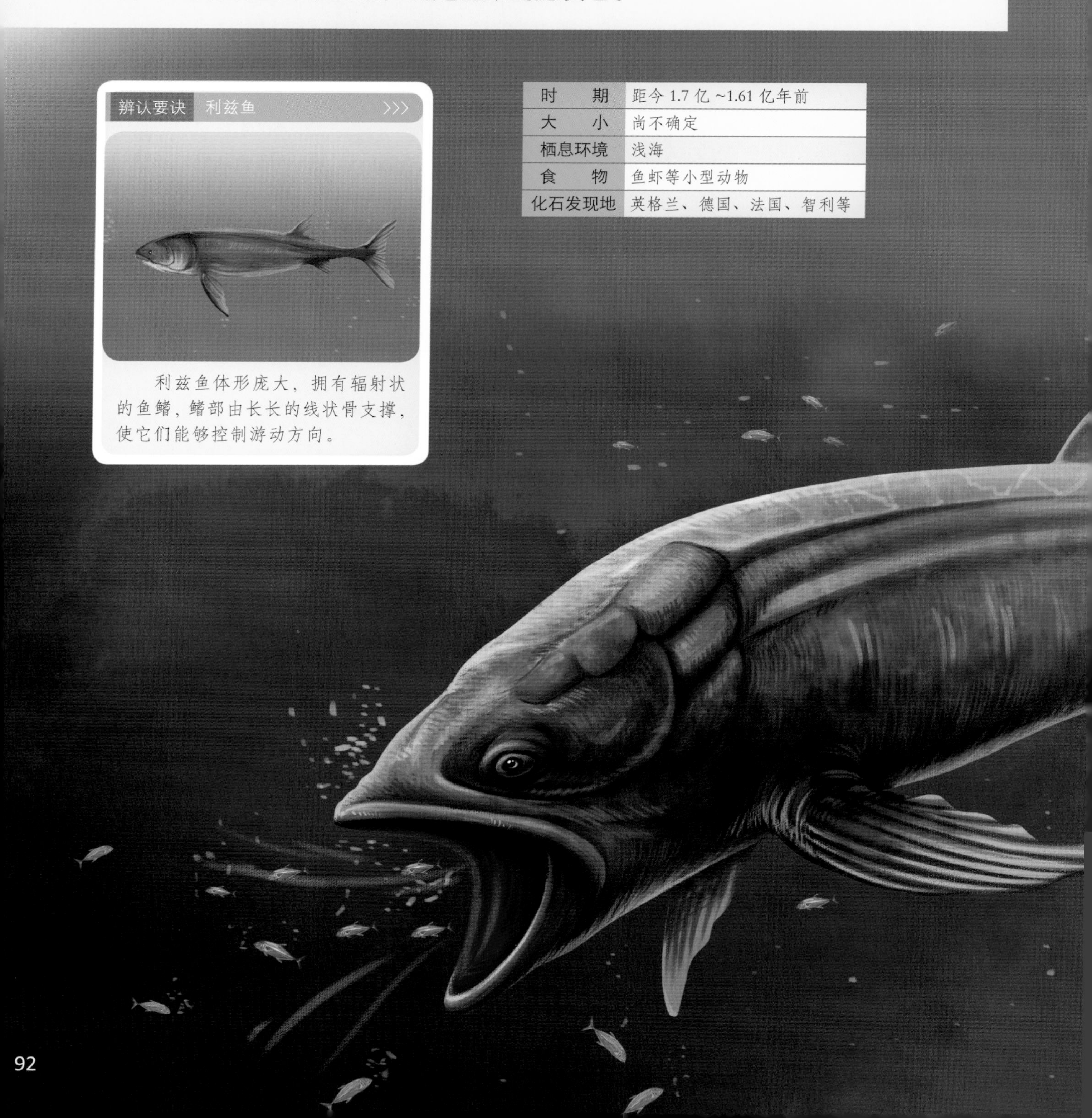

辨认要诀　利兹鱼

利兹鱼体形庞大，拥有辐射状的鱼鳍，鳍部由长长的线状骨支撑，使它们能够控制游动方向。

温柔的滤食者

庞大的体形并没有使利兹鱼成为凶猛的掠食者。它们的进食方式和今天的蓝鲸差不多：一边缓慢游动一边大口吸入海水，然后用网状结构的鳃滤食鱼虾等小型动物。

庞然大物

直到现在，科学家还没有发现完整的利兹鱼化石，所以无法确定其大小。但是，利兹鱼的骨骼内部有疏密不等、与树木年轮类似的生长结构，科学家据此推测，成年利兹鱼的体形与现存最大的鱼类——鲸鲨相当。

利兹鱼正在捕食鱼虾等小型动物

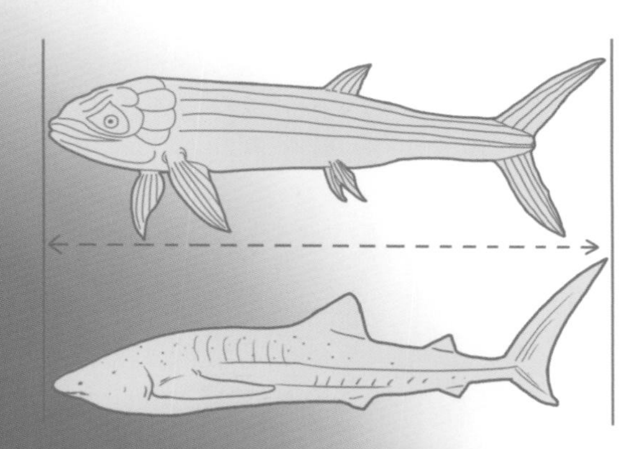

科学家推断成年利兹鱼与鲸鲨相当

强壮的尾巴

利兹鱼化石上的咬痕表明：它们曾遭受过滑齿龙等肉食性动物的攻击。面对凶猛的敌人，利兹鱼唯一的武器就是强壮的尾巴。一旦遭遇敌人，利兹鱼就会用巨大的尾巴拍打对方，以增加逃脱的概率。不过，如果被掠食者围捕，利兹鱼逃脱的可能性很小。

潘氏鱼 *Panderichthys*

肉鳍鱼类是最早从水中登上陆地的脊椎动物。为了适应环境，它们的鳍逐渐变得粗壮有力，以支撑其在水中“行走”。潘氏鱼就是一种肉鳍鱼，科学家曾惊奇地发现：潘氏鱼的鳍部进化出了趾的初级形态。

时　期	距今 3.8 亿 ~3.5 亿年前
大　小	约 1.5 米
栖息环境	海洋
食　物	鱼类
化石发现地	拉脱维亚、立陶宛、爱沙尼亚、俄罗斯等

辨认要诀　潘氏鱼 >>>

潘氏鱼拥有平整开阔的巨大头部和细长的身体，全身覆盖着鳞片，鳍内有坚硬的骨骼做支撑。

过渡物种

潘氏鱼是肉鳍鱼类与早期两栖类动物之间的过渡物种，既有能在水中呼吸的鳃，也有能在陆地上呼吸的气室。潘氏鱼保留着鱼类流线型的体形，但头部是扁平的。另外，它们的眼睛长在头顶，使其看起来像青蛙。

能够离开水的鱼

潘氏鱼依然属于鱼类，但是它们有力的前肢可以支撑其爬上陆地。在水下时，潘氏鱼靠鳃呼吸，但是到了陆地，就要靠头顶的呼吸孔发挥作用。呼吸孔连接着类似于肺的气室，使得潘氏鱼可以在陆地上呼吸。

潘氏鱼是肉鳍鱼类与早期两栖类动物之间的过渡物种

幻龙 Nothosaurus

三叠纪时期的海洋中有一种动物与现代的鳄鱼长得很像。它们的嘴里长满了钉状的牙齿，是著名的“海洋杀手”，也是非常著名的海洋爬行动物。它们就是幻龙。

时　　期	距今 2.4 亿 ~2.1 亿年前
大　　小	0.6~6 米
栖息环境	海岸地区
食　　物	鱼类和虾
化石发现地	欧洲、北非、俄罗斯、中国等

幻龙 >>>

幻龙有长长的脖子和流线型的身体。其脚趾之间的蹼和细长的尾巴有助于它们在水中游动。幻龙颌部有许多尖细的牙齿；鼻孔在鼻拱的顶端，距离眼睛很近。

敏捷的追捕

幻龙的脚趾之间有蹼，就像船桨一样，使其能够在水中自由游动。幻龙脖颈的肌肉发达，有利于其捕食多种鱼类。它们的嘴里长满钉状牙齿，嘴前半部分的牙齿比较细长，后半部分的牙齿则比较稀疏和短小。这些牙齿上下相扣，就能将猎物留在口中。

上岸休息

幻龙虽然在水中捕食，但在产卵时会爬上陆地，和现在的海龟的生活方式很像。平时，它们吃饱饭后喜欢在陆地上晒太阳。科学家曾在某些海滩边的洞穴里发现一些幻龙幼体的化石。

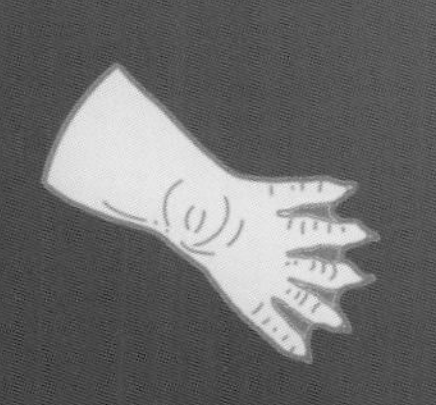
五趾间的蹼

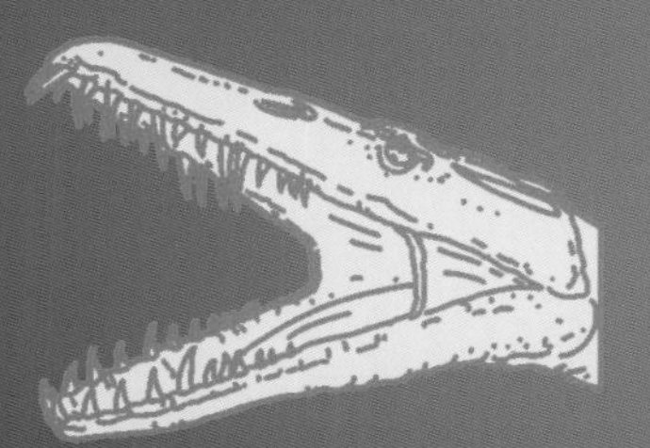
幻龙的嘴和牙齿

幻龙家族

幻龙由陆地动物演化而来，形似鳄鱼，长着扁长的尾巴和短腿。幻龙的种类很多，各种类间的体形差异也很大。鸥龙是幻龙家族中最小的一种，体长只有 60 厘米。而色雷斯龙的体形很大，最大的个体体长能达到 6 米。

蛇颈龙 *Plesiosaurus*

在侏罗纪和白垩纪时期，恐龙统治着陆地，而海洋成为蛇颈龙的天下。蛇颈龙的身体构造十分特殊，其四肢已经演化成肉质鳍。它们游荡在海洋中，晃动长而弯曲的脖子捕食猎物。

时　　期	距今约2亿年前
大　　小	约12米
栖息环境	海洋
食　　物	鱼类和软体动物
化石发现地	不列颠群岛、德国等

辨认要诀　蛇颈龙 >>>

蛇颈龙拥有长长的脖子和细小的脑袋。其身体宽扁，并且向尾部逐渐缩窄。身体两侧长有宽而有力的鳍状肢，身后有锥状尾巴。

长脖子海怪

1820年，化石猎人玛丽·安宁首次发现蛇颈龙化石。这种奇怪的海洋生物长着长长的脖子和桨一样的鳍。科学家曾经这样描述蛇颈龙："蛇颈龙就像是大蛇贯穿在了乌龟的体内。"正是这个相貌奇怪的爬行动物，和鱼龙一起统治着当时的海洋世界。

龙族猎手

蛇颈龙十分霸道，有强烈的领地意识。它们的双颌能够大幅度张开，血盆大口几乎和它们的头差不多大。这就使得蛇颈龙可以在鱼群中摇摆穿梭，并用尖锐的牙齿捕捉猎物。除了鱼类和乌贼，人们还在其胃容物化石中发现不少贝类的碎壳，说明蛇颈龙的食谱十分广泛。

短脖子成员

并不是所有蛇颈龙都有长长的脖子，蛇颈龙家族也有短脖子的成员——短颈蛇颈龙，古生物学家称其为“上龙类”。没有了长脖子，短颈蛇颈龙的头更大，活动更加灵敏，因此杀伤力丝毫不逊于长颈蛇颈龙，甚至更厉害。

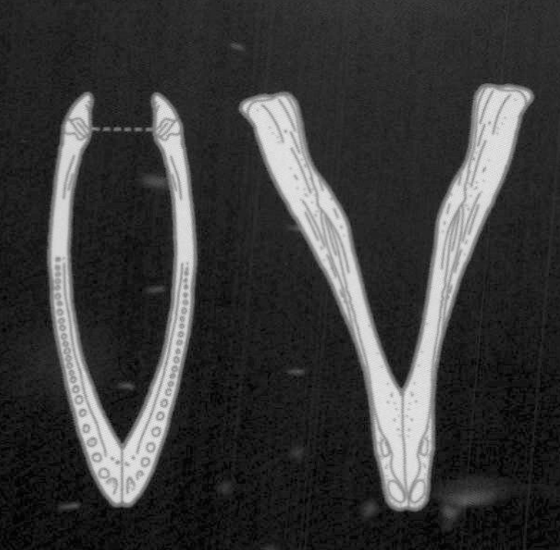

蛇颈龙的双颌

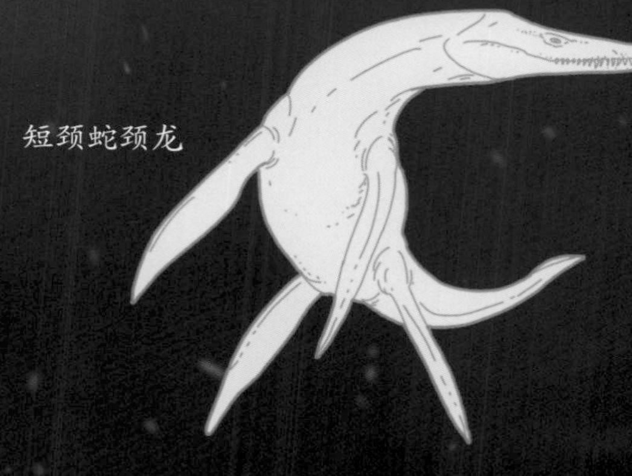

短颈蛇颈龙

你知道吗？

虽然尼斯湖水怪真实存在的证据一直没有被发现，但是人们根据水怪形象的复原图，猜测其很可能是来自远古的动物。而且，长长的脖子和小脑袋更让不少人相信：如果真有尼斯湖水怪存在，那很有可能是一种蛇颈龙。

滑齿龙 *Liopleurodon*

滑齿龙是非常著名的上龙，生活在侏罗纪晚期。它们的体形庞大，在浅海游动时需要非常小心，以防搁浅。滑齿龙有时候会咬住涉水的大型恐龙，并将其拖进深海。在掠食鱼类时，它们甚至有时嚼都不嚼，就将猎物整个吞下。

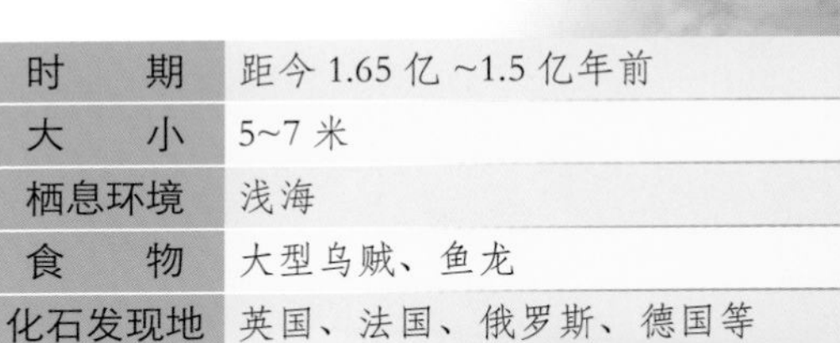

时　　期	距今 1.65 亿 ~1.5 亿年前
大　　小	5~7 米
栖息环境	浅海
食　　物	大型乌贼、鱼龙
化石发现地	英国、法国、俄罗斯、德国等

辨认要诀　滑齿龙 >>>

滑齿龙身体呈流线型，身体两侧有 4 片巨大的桨状鳍。吻部有些像鳄鱼，里面布满弯曲尖锐的牙齿。已知的滑齿龙身体长达 7 米，人们根据化石推测滑齿龙甚至能够长到 25 米。

水中沉浮

滑齿龙除了捕食猎物，还会吃小石块。石块不仅可以帮助它们消化食物，而且有调节滑齿龙重力的作用。滑齿龙会在水中通过吞吐石块的方式控制沉浮。另外，古生物学家认为滑齿龙的前后鳍有不同的作用：前鳍负责拍动，而后鳍可以踢打和旋转。这种运动方式使体形庞大的滑齿龙依然拥有较快的游速。

终极杀手

滑齿龙的身体腹部为浅色，头背部为深色，使得位于其上方的猎物很难发现它们。滑齿龙可以算得上侏罗纪海洋中的“头号杀手”。考古学家发现不少动物化石上有滑齿龙的咬痕，其中甚至包括大型鱼龙和蛇颈龙。

滑齿龙的运动方式

滑齿龙头背部为深色，腹部为浅色

灵敏的嗅觉

滑齿龙的内鼻管呈“S”形，和外鼻孔上的特殊凹陷相连接，使得其运动的时候可以通过压力将水流排出鼻腔。这个结构还与其嗅觉器官相连接。特殊的鼻腔结构使滑齿龙有着灵敏的嗅觉，在很远的地方就能发现猎物的行踪。这项特殊技能成为其捕食的关键。

你知道吗？

滑齿龙是卵胎生动物：卵在雌性滑齿龙体内受精并发育。在发育的过程中，雌性滑齿龙可以为卵提供保护。不少鱼类用这种方式繁殖后代，以适应危险的海洋环境。

海王龙 *Tylosaurus*

海王龙是巨大而凶残的水生蜥蜴，被人们称为“巨型沧龙”。它们的身体细长，光是尾巴长度就能占据体长的一半。白垩纪晚期，海王龙和其他沧龙类动物成为海洋世界的顶级掠食者。

时　　期	距今 8500 万 ~7800 万年前
大　　小	15~17 米
栖息环境	浅海
食　　物	海龟、鱼类和其他沧龙类动物
化石发现地	北美洲、新西兰、日本等

辨认要诀　海王龙 >>>

海王龙的头部较大但结构轻巧，尾巴较长，四肢呈鳍状，嘴里长满尖锐的牙齿。海龙王的颅骨结构使其能够轻易吞下大型猎物。

长疙瘩的瘤龙

海王龙身上长着密密麻麻的疙瘩，因此也被叫作“瘤龙”。虽然海王龙在海洋中的存在时间很短，但是它们是那个时期非常具有代表性的食肉动物。

装备精良

海王龙的长尾巴是它们的“发动机”，可以推动其身体在水中游动，桨般的四肢则帮助它们控制方向。海王龙的鼻子非常灵敏，就像精准的定位仪，可以帮助它们准确搜寻猎物的位置。

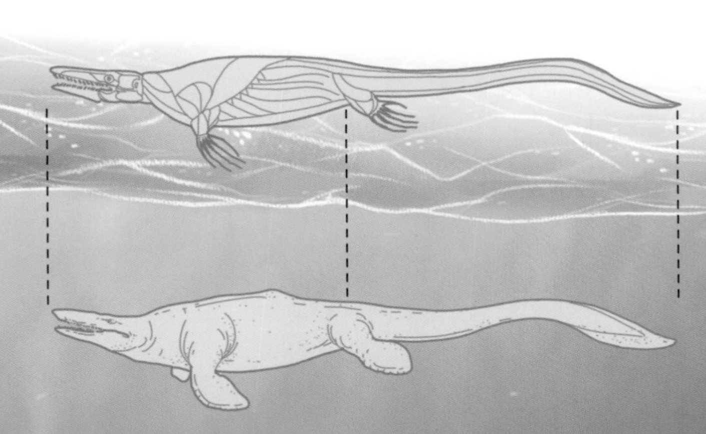

海王龙的尾巴占体长的一半

海王龙袭击猎物

可怕的猎手

海王龙是非常凶猛的猎手，其上下颌布满了尖利的牙齿，鼻拱顶端长有坚硬的骨头。在袭击猎物的时候，海王龙会用鳄鱼一样的吻部撞击对方。一旦锁定目标，海王龙便会对猎物实施“横冲直撞、穷追猛打”的策略，直到对方束手就擒。海王龙的残暴让同时期的海洋动物闻风丧胆。

薄片龙 *Elasmosaurus*

薄片龙是蛇颈龙科的典型代表，同时是这个长颈家族的“末代帝王”。薄片龙的脖颈占身体长度的一半以上，以至于在其化石刚刚被发现时，人们把其长长的脖颈骨架当成了尾巴。

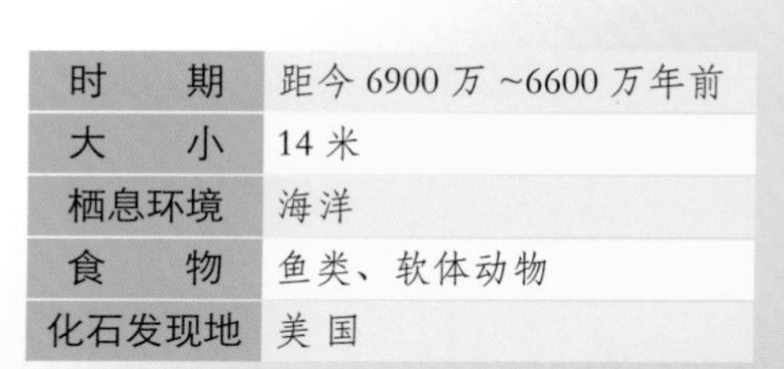

时　　期	距今 6900 万 ~6600 万年前
大　　小	14 米
栖息环境	海洋
食　　物	鱼类、软体动物
化石发现地	美 国

辨认要诀　薄片龙 >>>

薄片龙头颅细小，脖子很长，颌部长满尖利的细齿。其身体两侧长着桨一样的鳍，前鳍比后鳍略长，短而紧绷的身体后面拖着细细的短尾巴。

脖子灵活吗?

直到今天，薄片龙仍然是被发现的最长的蛇颈龙。薄片龙颈部有 71 节颈椎，长度占身体的一半以上。有些人认为如此特殊的结构使薄片龙的脖子像蛇一样柔软，可以盘旋或扭转。不过，还有一些人认为薄片龙的脖子虽然长，但是只能左右弯曲。

捕鱼高招

薄片龙的头又小又轻，因此其脖颈可以轻松将头托出海面，以便从高处搜寻猎物。一旦发现猎物，薄片龙就会把头扎进水里。也许因为它们的脖子不够灵活，所以薄片龙会慢慢靠近猎物，等猎物进入捕食范围，才会突然出击，咬住猎物。

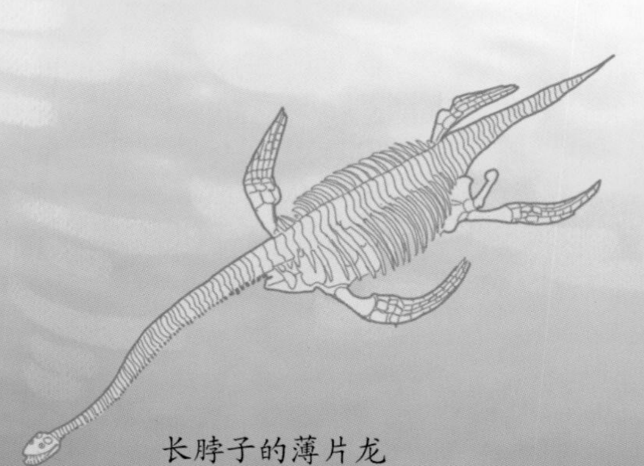

长脖子的薄片龙

薄片龙捕食

行动缓慢的薄片龙

薄片龙长着类似桨叶的四肢，但是这并没能使其成为游泳高手。它们的游速很慢，比海龟快不了多少。因此，薄片龙是沧龙、克柔龙等大型海生恐龙的美食。

被其他大型海生恐龙捕食

菱龙 *Rhomaleosaurus*

菱龙是侏罗纪海洋中非常可怕的动物。1848 年，几名矿工在英国约克郡的采石场发现菱龙巨大的骨骼遗骸。由此，这种海生爬行动物的神秘面纱终于被揭开。考古学家通过研究菱龙的胃容物，发现其以乌贼、鱼类等为食。

时　期	距今 2 亿 ~1.95 亿年前
大　小	5~7 米
栖息环境	沿海
食　物	乌贼、海洋爬行类、鱼类等
化石发现地	英格兰、德国等

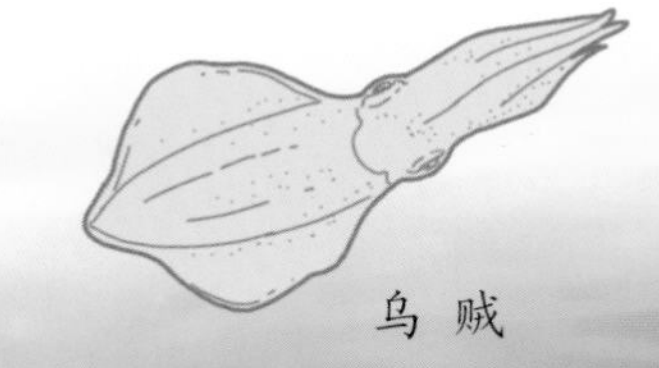

乌贼

鱼

辨认要诀　菱龙 >>>

菱龙的外观已经有了上龙科动物的特征：颈部变短，头骨变大，身体粗壮有力。在水中时，4 个鳍状肢像翅膀一样推动菱龙在水中游动。

致命一击

侏罗纪时期，恐龙在陆地上不断扩张势力，称霸陆地，而海洋则是鱼龙和蛇颈龙的天下。菱龙是蛇颈龙家族的一员。菱龙没有灵活的脖子，取而代之的是锥子状的尖牙。它们会将牙齿刺进敌人的身体，然后猛烈地扭动头颅，将敌人的身体撕成碎片。

保护色

科学家猜测，体形庞大的菱龙可能和许多现存的海洋动物一样，有浅色的腹部和深色的后背。这种叫作“反荫蔽”的保护色在自然界十分常见，可以使菱龙很难被敌人发现，成为其纵横海洋的一大利器。

菱龙的尖牙

菱龙的“反荫蔽”保护色

捕食高手

良好的视力和敏锐的嗅觉器官使菱龙成为海洋中的捕食高手。菱龙特殊的鼻腔结构使菱龙能够利用水流嗅出猎物的方位。菱龙让海水流经嘴巴和鼻孔，一旦发现猎物的气息，就会立即锁定，然后以闪电般的速度攻击对方。菱龙能够捕食和其体形相当的鱼类，甚至捕食其他蛇颈龙家族的成员。

上龙 *Pliosaurus*

上龙科动物普遍拥有硕大的脑袋和布满牙齿的颌部，是侏罗纪海洋中的高级掠食者。上龙科动物中最先被发现的是上龙，不过上龙在正式被命名前，一直被称作“妖怪”。

时　　期	距今约 2 亿 ~1.45 亿年前
大　　小	10~16 米
栖息环境	海洋
食　　物	鱼类、鱿鱼以及其他海生爬行动物
化石发现地	英格兰、墨西哥、澳大利亚以及接近挪威的北极地区、南美洲等

上龙身体粗壮，呈水滴状，颈部和尾巴都很短，并且长有长长的吻部，钉子一样的尖牙交错突出，鳍状肢大而有力。

“钢铁粉碎机”

上龙颌部的肌肉粗壮有力，咬合力十分强大。而且，它们的大嘴里长着弯刀一样的牙齿，猎物一旦落入其口中就会被撕成碎片。人们推断，成年上龙的咬合力足以把小汽车咬成两半。

海中“霸王龙”

除了超强的战斗力，上龙还具备出色的追捕能力。翅膀状的鳍和巨大的尾巴使上龙可以在海洋中高速前进。因此，上龙常常像龙卷风一样闯进鱼群，并趁乱捕食猎物。

弯刀一样的牙齿

翅膀状的鳍和巨大的尾巴

大眼鱼龙 *Ophthalmosaurus*

鱼龙是著名的海生爬行动物，有着大大的眼睛和良好的视力。大眼鱼龙是鱼龙家族的一员，拥有整个家族中最大的眼睛。

时　　期	距今 1.65 亿 ~1.5 亿年前
大　　小	5 米
栖息环境	海洋
食　　物	鱼类、乌贼和贝类
化石发现地	欧洲、北美洲、阿根廷等

辨认要诀　大眼鱼龙 >>>

大眼鱼龙长着巨大的眼睛，拥有宽扁的侧鳍和尾鳍，外形和海豚很像。它们分布广泛，适应能力很强。其化石曾在很多曾为浅海的地方被发现。

大眼睛爬行动物

大眼鱼龙的眼球直径可达220毫米，足有一个柚子那么大。大眼睛使大眼鱼龙拥有绝佳的视力，即使在深海中也能准确定位猎物的位置。人们猜测大眼鱼龙瞳孔的形状可能和猫差不多，是竖条状的，也可能像企鹅那样是方形的。大眼鱼龙的眼睛四周包裹着骨质的巩膜，可以保护眼部的软组织不受伤害。

游泳健将

早期的鱼龙体形很大，不过到侏罗纪时期，鱼龙就演化得跟海豚差不多大。身体变小的大眼鱼龙更加灵活，宽大的鳍和强有力的尾巴使其可在水里快速前进，几乎成为海洋中游速最快的捕食者。当时，即便游速很快的鱼类也难以逃脱大眼鱼龙的追捕。

你知道吗？

大眼鱼龙不需要爬到陆地上产卵，而是在浅海直接生下鱼龙宝宝。就像海豚一样，大眼鱼龙会先将幼崽的尾部排出体外。

沧龙 Mosasaurus

在白垩纪时期，陆地上的恐龙演化到了巅峰，海洋中的猛兽也不甘落后。沧龙就是白垩纪海洋中顶级的掠食者。

时　　期	7900 万 ~6500 万年前
大　　小	18~21 米
栖息环境	浅海
食　　物	鱼类和软体动物
化石发现地	世界多地

辨认要诀　沧 龙 >>>

沧龙身体呈圆筒状，又尖又长的吻部和鳄鱼很像，上下颌长满尖牙。沧龙尾巴长而有力，桨状的四肢起到控制方向、保持平衡的作用。

潜伏杀手

巨大的体形让沧龙看上去很显眼，使其不容易追上那些行动敏捷的猎物。不过，沧龙可是聪明的猎手，会隐藏在海藻、礁石后面，一旦有猎物接近，就会冲上去将其死死咬住。

广泛的食谱

沧龙的头骨很大，里面长着弯曲的呈倒钩状的牙齿。这种牙齿可以使猎物被咬住后难以逃脱。沧龙还可以利用强大的咬合力压碎硬壳动物的外壳，所以其食谱非常广泛，包括鱼类、海龟、菊石，甚至还有异常凶猛的金厨鲨等。

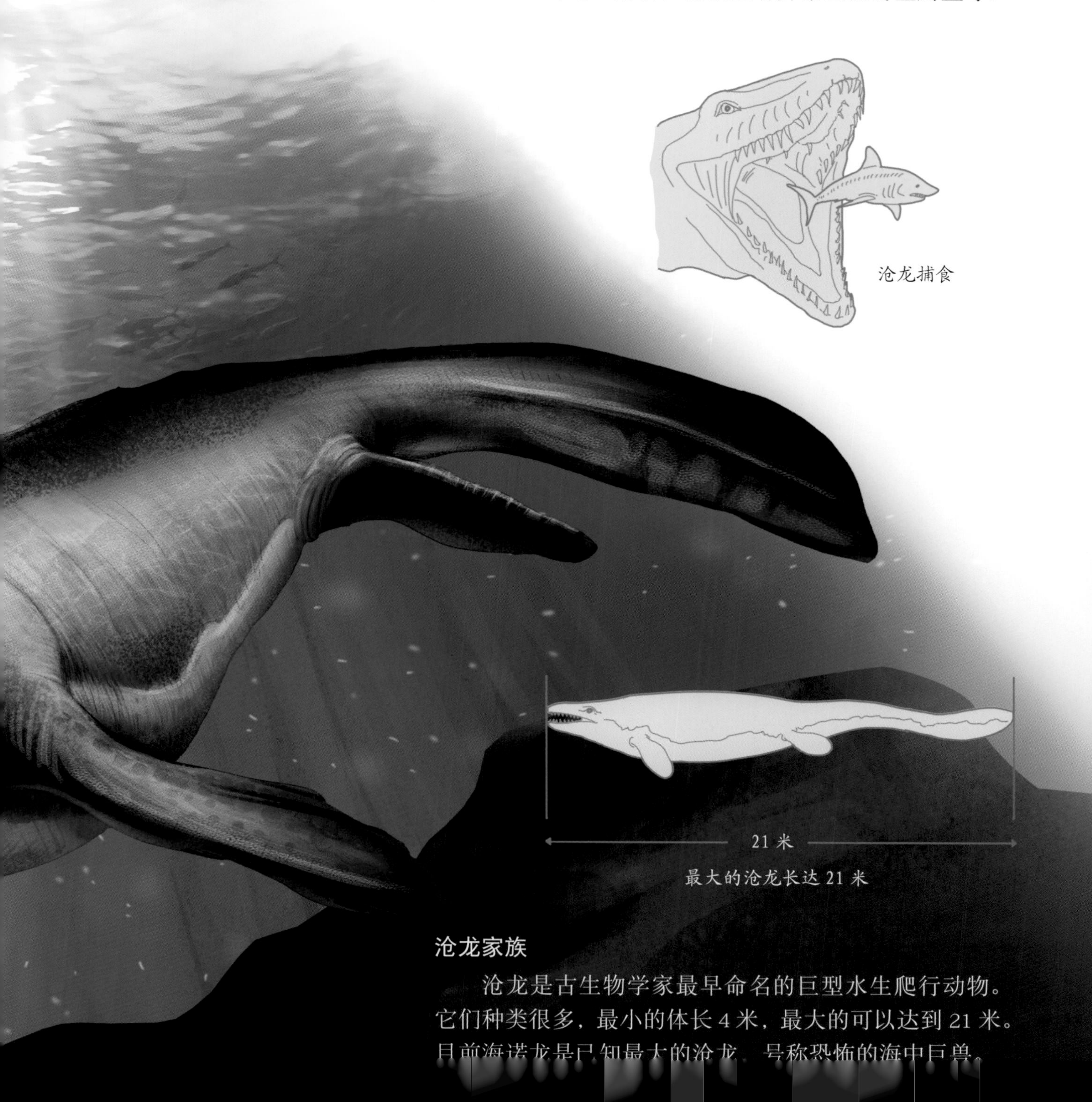

沧龙捕食

最大的沧龙长达 21 米

沧龙家族

沧龙是古生物学家最早命名的巨型水生爬行动物。它们种类很多，最小的体长 4 米，最大的可以达到 21 米。目前海诺龙是已知最大的沧龙，号称恐怖的海中巨兽。

克柔龙 *Kronosaurus*

克柔龙也是上龙家族的重要成员，拥有典型的短而粗的颈部和长满利齿的大嘴。克柔龙是白垩纪早期海洋中凶猛的捕食者，同时期几乎没有生物能够与之抗衡。

时　　期	距今约 1.35 亿年前
大　　小	可达 12 米
栖息环境	海洋
食　　物	海生鳄类、鱼类及小型上龙等
化石发现地	大洋洲、澳大利亚、南美洲等

辨认要诀　克柔龙 >>>

克柔龙头部巨大，几乎占据了身长的 1/4；吻部修长，里面长满尖牙；鼻孔长在头顶上，可以在深水中呼吸。

被遗忘的化石

1931 年，一具保存非常完整的克柔龙化石在澳大利亚被发现。考察人员用了 86 个箱子才将其全部装完。不过，之后爆发的世界大战让这个巨大的发现被遗忘。直到近 30 年后，古生物学家才将这具布满灰尘的化石复原，克柔龙终于出现在世人面前。

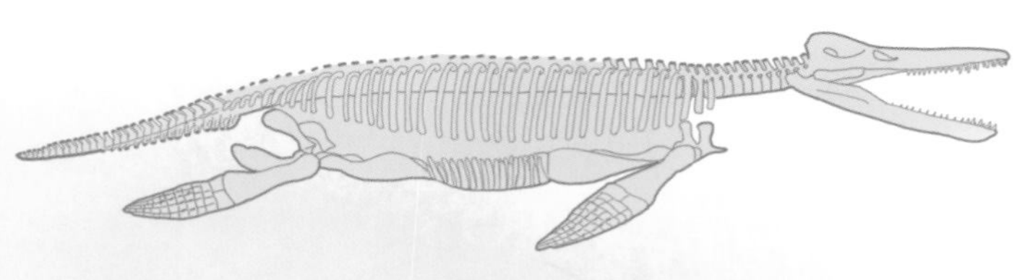

克柔龙化石

海洋暴龙

克柔龙生性凶猛，行动迅速，猎物很难逃脱其追捕。克柔龙的嘴超级大，里面长着长而弯曲的尖锐牙齿，不仅能咬碎菊石、箭石等动物，还能轻松切断蛇颈龙的脖颈。克柔龙的拉丁文名就来自希腊神话中残暴的统治者——克洛诺斯。

肖尼鱼龙 *Shonisaurus*

肖尼鱼龙是鱼龙家族中的大个子，平均体长达到 15 米。与绝大多数动物不同，肖尼鱼龙在幼年期长有牙齿而成年之后牙齿消失。因此，人们推断肖尼鱼龙在不同的成长时期食性不同。

时　　期	距今 2.25 亿 ~2.08 亿年前
大　　小	可达 20 米
栖息环境	海洋
食　　物	鱼类、乌贼
化石发现地	北美洲

辨认要诀　肖尼鱼龙 >>>

肖尼鱼龙有着庞大的身躯和细长的吻部。除了肚子，肖尼鱼龙个体的 4 个鳍也非常大，而且几乎是等长的。

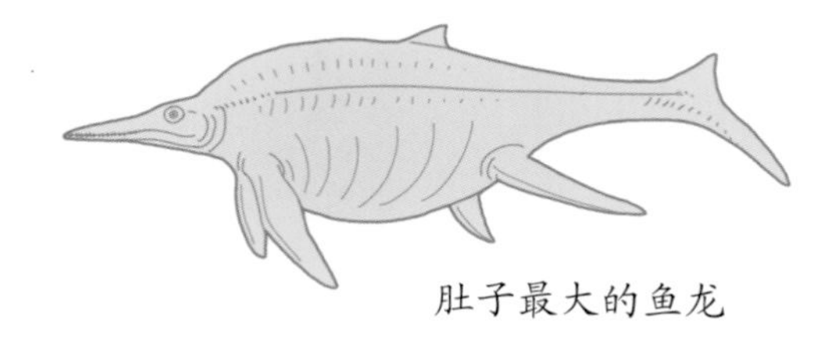
肚子最大的鱼龙

大肚子鱼龙

肖尼鱼龙最显著的特征就是拥有又短又圆的大肚子，看上去就像充满气的皮球。肖尼鱼龙也因此被人们称为“肚子最大的鱼龙”。它们是深海中的乌贼猎手，有时也以蛇颈龙类为食。

灵活的“胖子”

灵活的“胖子”

肖尼鱼龙大腹便便的样子实在不像是行动灵敏的捕猎者。不过，肖尼鱼龙的四肢非常大，而且很强壮，能驱动巨大的身体快速向前游动。所以，肖尼鱼龙算是灵活的“胖子”。

内华达州的州化石

肖尼鱼龙得名于美国内华达州的肖尼山脉。1953 年，考古学家查尔斯·坎普在此发现了 37 具鱼龙遗骸。后来，内华达州将肖尼鱼龙的化石定为州化石。要知道，在肖尼鱼龙的化石被确认之前，采石场的矿工一直用其脊椎骨当脸盆用。

旋齿鲨 *Helicoprion*

鲨鱼一般长有五六排尖利的牙齿，看上去很恐怖。不过，鲨鱼家族也有另类存在，它们的牙齿看起来就像螺旋状的锯，竖立着长在下颌。它们就是生活在史前的旋齿鲨。

时　　期	3.1 亿 ~2.5 亿年前
大　　小	7.5~15 米
栖息环境	海洋
食　　物	鱼类、软体动物
化石发现地	世界多地

辨认要诀　旋齿鲨 >>>

旋齿鲨最与众不同的地方就是从下颌突出而成的下巴——上面长满尖利的牙齿并卷成螺旋状。

神秘的锯齿

当旋齿鲨的螺旋齿化石首次被发现时，科学家甚至想象不到其应该长在鱼体的哪个部位。直到与之相连的颌骨化石被发现，科学家才意识到这个奇怪的锯齿竟然是旋齿鲨的牙齿，而且位于下颌中央。

如何吃东西?

旋齿鲨的外形看上去很吓人，但是这样的嘴使其不能捕获大型猎物。因此，旋齿鲨的食物只是一些小型鱼类和软体动物。圆锯形的牙齿不仅可以切割，在咬合的同时也能把食物送进嘴里。它们先用最前面的牙齿勾住猎物，随着嘴巴的合拢，食物向里运送。同时，中间的牙齿扎住食物进行固定，里面的牙齿将食物分解后进入旋齿鲨的腹中。

旋齿鲨用螺旋齿进食

巨齿鲨 *Megalodon*

巨齿鲨是大白鲨的近亲，体形却比大白鲨大得多，杀伤力也更加强悍。它们拥有地球历史上最强悍的咬合力，撕咬力量甚至超过了霸王龙。

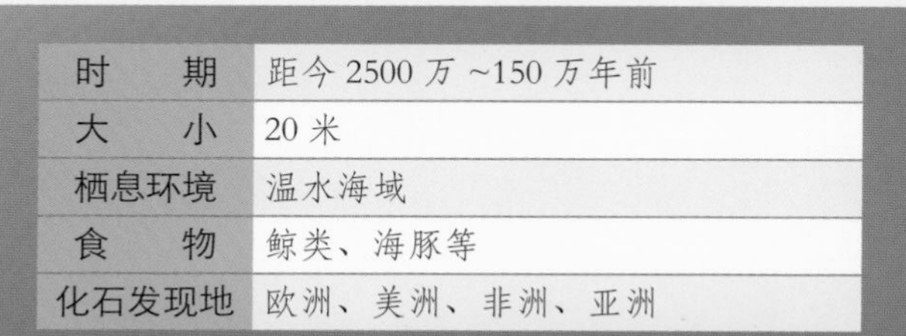

时期	距今 2500 万 ~150 万年前
大小	20 米
栖息环境	温水海域
食物	鲸类、海豚等
化石发现地	欧洲、美洲、非洲、亚洲

辨认要诀 巨齿鲨 >>>

巨齿鲨身体呈流线型，巨大的双颌完全张开可以达到 2 米以上，尖刀般的牙齿能够让猎物粉身碎骨。

巨大的牙齿

巨齿鲨个体长着超过 250 颗巨大的牙齿，其长度可以达到 17 厘米，外形就像尖锐的匕首。这些牙齿的构造跟大白鲨的牙齿十分相似。尖锐的锯齿状边缘使这些大牙齿成为撕碎猎物的理想工具。

凶狠的怪物

巨齿鲨是世界上非常可怕的掠食动物，也是体形最大、最凶狠的海中霸主。它们的爆发力很强，能够在短距离内快速游动。一旦遇到大型猎物，巨齿鲨就会从其下方冲出，攻击对方的尾部或者鳍。这时，猎物早已丧失了游泳能力，只能等着被巨齿鲨撕成碎片。

巨齿鲨的牙齿

最可怕的掠食动物之一

梅尔维尔鲸 *Livyatan melvillei*

梅尔维尔鲸生活在中新世时期，可能是一种已经灭绝的抹香鲸。梅尔维尔鲸和巨齿鲨生活在同一时期，都是当时海洋的主要掠食者，同时也是彼此的竞争对手。

时　　期	距今 1200 万 ~1300 万年前
大　　小	13~18 米
栖息环境	海洋
食　　物	鲸类、鲨鱼等
化石发现地	南美洲

辨认要诀　梅尔维尔鲸 >>>

梅尔维尔鲸外貌与现代抹香鲸相似，头部又方又大，颌部长有蕉形鲸齿。梅尔维尔鲸个体身体强壮，两侧有一对胸鳍，背上有一个小背鳍。

大脑袋里有什么?

梅尔维尔鲸的头颅上有巨大的凹陷——脑油器，里面存储着大量的油脂和蜡质，可以帮助梅尔维尔鲸潜入海洋深处。这与现代的抹香鲸非常类似。另外，古生物学家猜测梅尔维尔鲸的脑油器还可以作为共鸣器发出声音帮助其求偶。

巨嘴利牙

梅尔维尔鲸的大脑袋下有宽大的嘴。嘴里长着两排粗大的牙齿，牙齿有 40 厘米长，看上去十分恐怖。强大的梅尔维尔鲸对食物有广泛的选择性。它们会捕食乌贼、须鲸，甚至鲨鱼。强壮的颌骨和尖利的牙齿让梅尔维尔鲸拥有巨大的咬合力，可以轻松咬碎猎物的骨头。

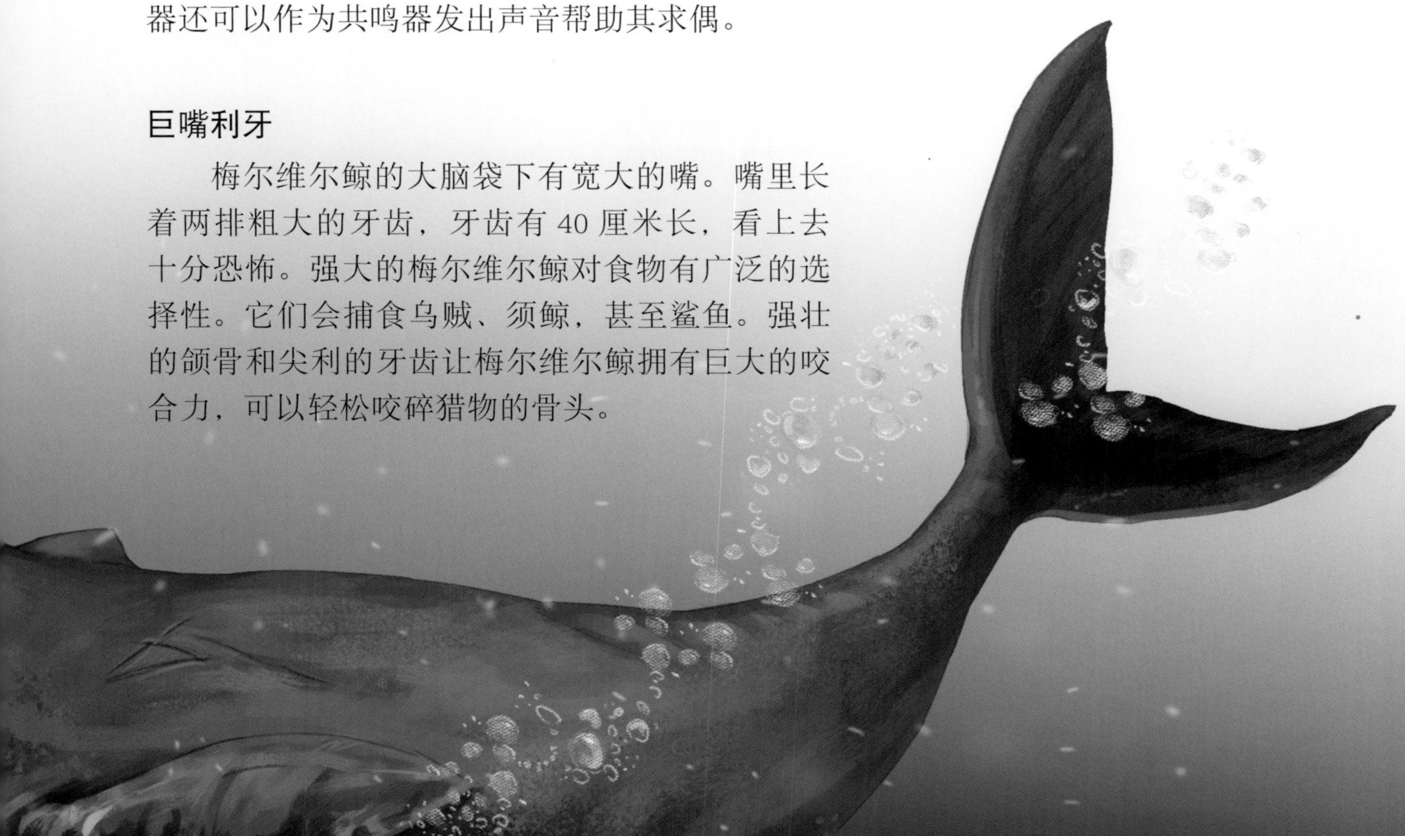

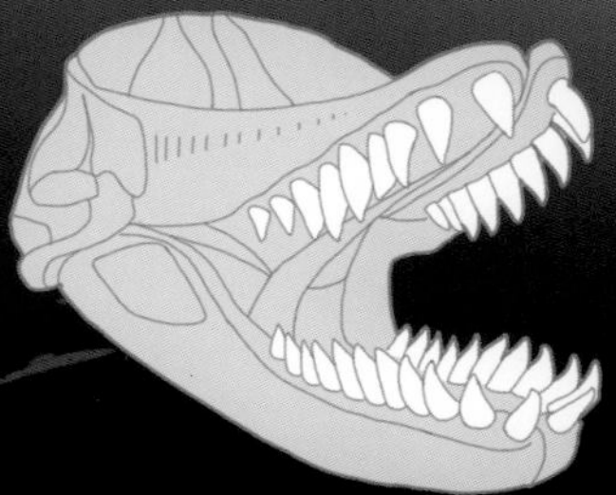

凹陷的头颅和两排粗大的牙齿

2008 年，在秘鲁的皮斯科－伊卡沙漠，梅尔维尔鲸的化石被发现。2010 年，梅尔维尔鲸正式与世人见面。《白鲸记》的书迷研究者就以这部小说的作者赫尔曼·梅尔维尔的名字为该物种命名，以此向偶像致敬。

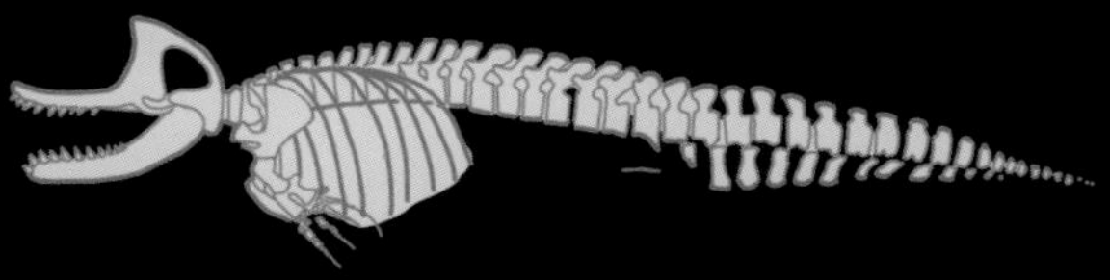

梅尔维尔鲸化石

古巨龟 *Archelon*

古巨龟不仅食用水母和枪乌贼，就连植物和腐肉也来者不拒。这些食物大多存在于海面或浅海，因此慢性子的古巨龟不需要下潜到海洋深处就能享用美食。古巨龟有锋利而强大的喙，足以咬开菊石等硬壳动物。

时　期	距今 7500 万年前
大　小	3~4 米
栖息环境	海洋
食　物	鱼类、水母、软体动物
化石发现地	美国中西部

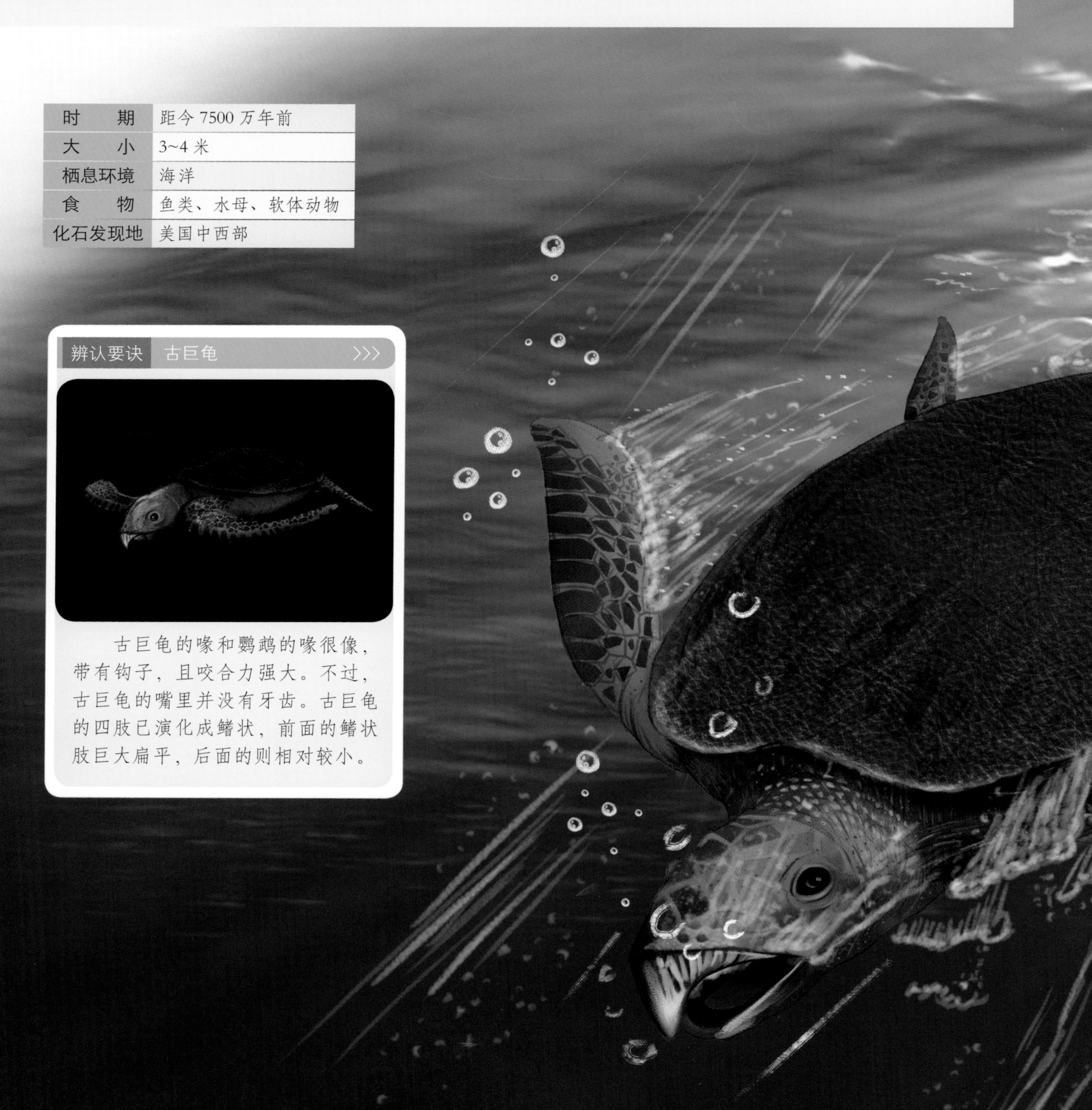

辨认要诀　古巨龟 >>>

古巨龟的喙和鹦鹉的喙很像，带有钩子，且咬合力强大。不过，古巨龟的嘴里并没有牙齿。古巨龟的四肢已演化成鳍状，前面的鳍状肢巨大扁平，后面的则相对较小。

巨大的海龟

古巨龟是家族中的大个子，体形比现存的海龟大不少。20 世纪 70 年代，现存最大的古巨龟化石在南达科他州被发现。它的体长超过 4 米，鳍状肢间距达到 5 米，是当之无愧的“帝王海龟”。人们猜测它的体重约有 2.2 吨。

皮革铠甲

古巨龟和棱皮龟是亲戚，身体构造相似度较高。古巨龟身上覆盖的并不是龟类的硬壳，而是由长出体外的肋骨所构成的宽阔背甲：最下面一层是骨板，上面包裹着皮革质的表层。

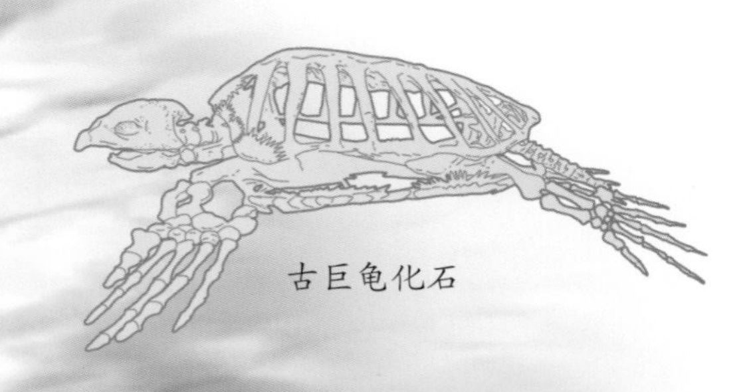

古巨龟化石

海王龙

白垩刺甲鲨

天敌来袭

古巨龟虽然体形较大，还有坚硬的外壳保护，但在“怪兽”横行的白垩纪海洋中，这样的装备并不足以令其安枕无忧。体形庞大的海王龙和长有锋利牙齿的白垩刺甲鲨都是古巨龟的天敌，这些狡猾的猎手会专门攻击古海龟没有外壳保护的鳍状肢以及比较脆弱的腹部。看来，古海龟在史前海洋中的生存也并不容易。

胸脊鲨 *Stethacanthu*

胸脊鲨是早期出现的鲨鱼，以特殊的鳍状物闻名。它们常常潜伏在沿岸的浅海中，四处搜寻小鱼和甲壳类动物。不过，它们还要躲避当时的海洋霸主——邓氏鱼的追捕。

时　期	距今 3.7 亿 ~3.45 亿年前
大　小	0.7~2 米
栖息环境	浅海
食　物	鱼类、甲壳类和头足类动物
化石发现地	亚洲、北美洲、苏格兰

辨认要诀　胸脊鲨 >>>

胸脊鲨长相奇怪，最显著的特点就是背部有突出的鳍状物，像烫衣板一样。其顶端还覆盖着牙齿一样的鳞片，与头部密密麻麻的齿状物相呼应。

胸脊鲨和现代鲨鱼

特别的背鳍

如果不看背鳍，胸脊鲨和现存的鲨鱼外形区别不大。胸脊鲨状如烫衣板的背鳍高高耸起，上面布满细小的鳞，就像放大版的现代鲨鱼的盾鳞。这样的鳍有什么用呢？有人认为胸脊鲨靠其吸引异性，因为只有雄鲨才有这样的背鳍；有人认为胸脊鲨将其当作武器，毕竟上面的棘鳞看上去并不好惹。

奇怪的鞭子

胸脊鲨长相怪异，除了特殊的背鳍之外，侧鳍后方长着形似鞭子的细长分支，里面包含至少22块软骨。这些特殊的器官只出现在雄性胸脊鲨身上，除了具有恐吓潜在掠食者的作用，很有可能还能帮助胸脊鲨求偶。

胸脊鲨化石

游速缓慢

胸脊鲨的背鳍体积很大，在游动过程中可能会产生阻力。因此，人们推断在同时期的鱼类中，胸脊鲨的游速不算太快，甚至只能在浅海缓慢游动。大多数胸脊鲨化石是在美国蒙大拿州的一处石灰岩中被发现的，人们猜测这是其繁殖地，说明胸脊鲨会迁徙到特定的地点繁殖。

剑射鱼 *Xiphactinus*

剑射鱼是游速很快的大型硬骨鱼类，生活在白垩纪时期。它们能跃出水面捕食，甚至能捕捉飞鸟和贴着岸边飞行的小型恐龙。

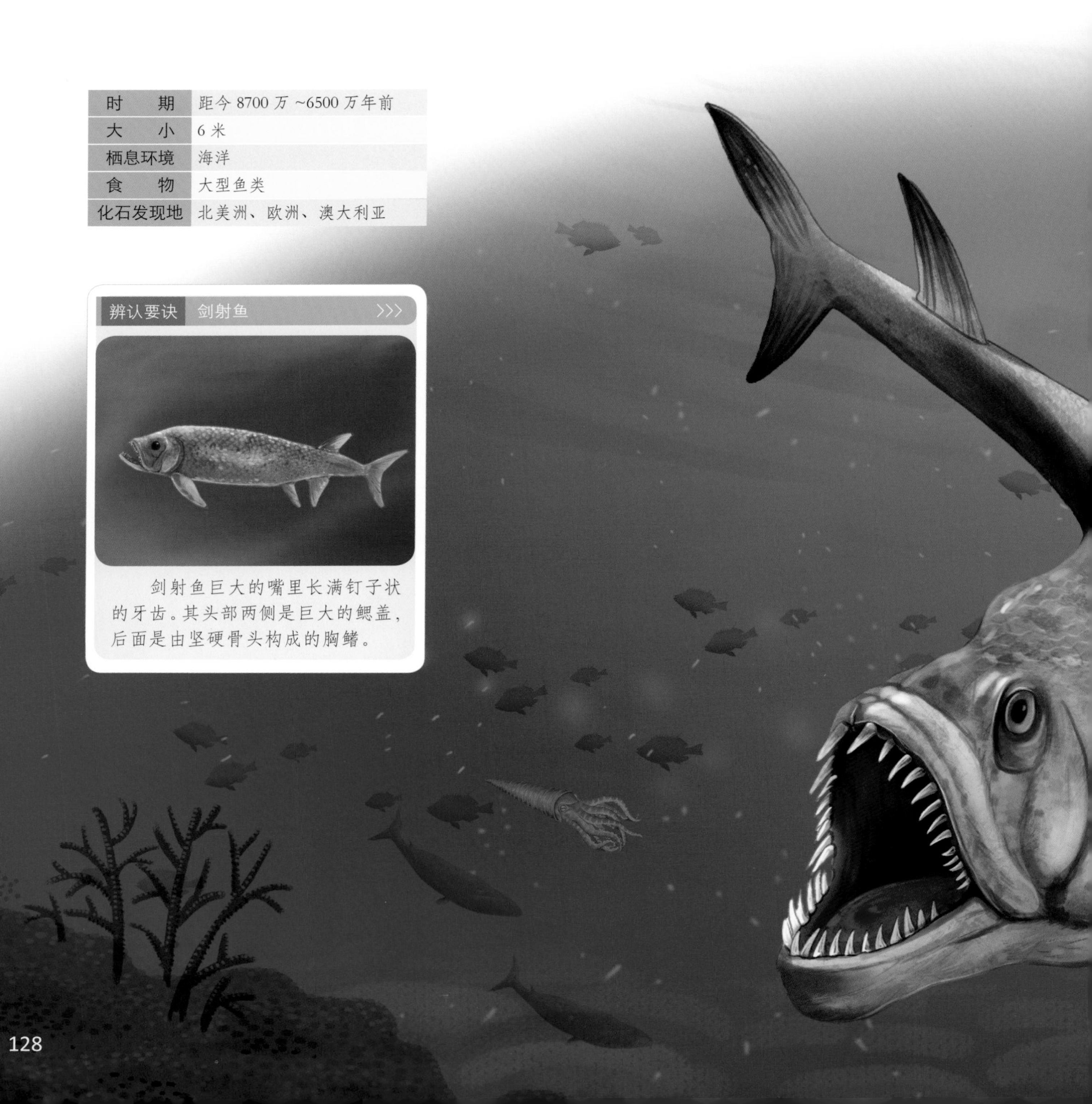

时　　期	距今 8700 万 ~6500 万年前
大　　小	6 米
栖息环境	海洋
食　　物	大型鱼类
化石发现地	北美洲、欧洲、澳大利亚

辨认要诀　剑射鱼 >>>

剑射鱼巨大的嘴里长满钉子状的牙齿。其头部两侧是巨大的鳃盖，后面是由坚硬骨头构成的胸鳍。

追击型猎人

剑射鱼自带“伪装”，深色的背部和浅色的腹部使其不管是在上方还是下方都很难被发现。剑射鱼的身体呈流线型，有紧绷的外部肌肉和强有力的尾部，因此可以保持长时间、高速度的游动。这些装备让剑射鱼成为当时海洋中著名的追击型猎手。

“鱼中鱼”化石

在美国堪萨斯州的自然历史博物馆中有这样一具化石：身长 4 米的剑射鱼体内，竟然有一条长达 1.8 米的完整鱼类骨骼。这具“鱼中鱼”化石足以说明剑射鱼粗暴的进食方式。它曾经一口吞下整个猎物，但是由于猎物太过庞大而且不断挣扎，最后因为内脏受损而死。

剑射鱼化石

剑射鱼捕食

内陆海猛兽

剑射鱼终日在海中巡游，追捕鱼类、蛇颈龙类甚至是小型沧龙，就连靠近海面的无齿翼龙和夜翼龙都可能会成为其食物。不过，剑射鱼并不是当时的海洋霸主，一旦遇到更加凶猛的白垩刺甲鲨和大型沧龙，同样会沦为“腹中餐”。

白垩刺甲鲨 *Cretoxyrhina mantelli*

在白垩纪的海洋中生活着许多可怕的鱼类和爬行类动物，白垩刺甲鲨是当时的顶级掠食者。白垩刺甲鲨是非常著名的原始鲨鱼。化石显示，不管是形态特征还是生存方式，白垩刺甲鲨都跟现存的灰鲭鲨很像。

时　　期	1 亿 ~8200 万年前
大　　小	5~7 米
栖息环境	海洋
食　　物	鱼类和爬行动物
化石发现地	世界多地

辨认要诀　白垩刺甲鲨 >>>

白垩刺甲鲨的身体呈流线型，巨大的脑袋上长着大眼睛，嘴里长满锋利的牙齿，背鳍呈三角形，胸鳍很长，尾鳍呈弯刀状。

白垩纪的咽喉

白垩刺甲鲨是白垩纪晚期体积最大的鲨鱼，体长可以达到 7 米。它们十分凶狠贪婪，会攻击很多海洋生物，包括海龟和鳄鱼，就连大型蛇颈龙类和会飞的翼龙都难逃厄运。人们甚至曾经在海王龙身上发现其被白垩刺甲鲨攻击的痕迹，要知道，可怕的海王龙体长达 17 米。难怪白垩刺甲鲨被称为“白垩纪的咽喉”。

海龟　鳄鱼

大型蛇颈龙

海王龙

白垩刺甲鲨

“厨房刀具”

白垩刺甲鲨个体有多达 7 排牙齿，上颌每排有 34 颗，下颌每排有 36 颗，每一颗都像剃刀一样弯曲平滑，能够将猎物切成碎块。因此，白垩刺甲鲨还有一个别名——金厨鲨，得名于其满嘴像厨房刀具一样尖锐的牙齿。保留下来的撕咬痕迹表明，白垩刺甲鲨在吞食猎物时十分残暴。

白垩刺甲鲨牙齿化石

完美的化石

鲨鱼的化石往往很难保存下来，考古学家只能通过牙齿来判断其长相和习性。不过在 1890 年，一位化石猎人发现了完美的白垩刺甲鲨化石，其脊柱和牙齿保存得很完整，揭开了这种海洋巨兽神秘的面纱。白垩刺甲鲨的化石分布在世界不同地区，在北美洲西部的内陆海槽地区最常见。

白垩刺甲鲨牙齿

第四章
热闹的海洋生物聚居地

多姿多彩的珊瑚礁

如果说海底也有花园的话，那么非珊瑚礁莫属。当阳光照进海面，五彩斑斓的珊瑚礁非常耀眼。美丽的珊瑚礁是无数海洋生物栖身的家园。它们构成了多姿多彩的珊瑚礁生物群落。

珊瑚礁的建设者

珊瑚的美丽要归功于坚持不懈的“园林工程师”——珊瑚虫。珊瑚虫是一种群居动物，死后的骨骼形成了珊瑚礁岩。更多的珊瑚虫在此基础上继续生长形成了珊瑚。

虫黄藻

当然，并不是所有的珊瑚都有造礁本领。海洋生物学家研究发现，造礁珊瑚是建设珊瑚礁的主力军，其软体组织内生活着名叫“虫黄藻”的藻类。珊瑚虫在白天会努力伸展身体，让虫黄藻接受更多阳光的照射以进行光合作用。光合作用产生的能量绝大部分会供给珊瑚。有了虫黄藻，造礁珊瑚不仅有了充足的生长能量，色彩也变得很绚丽。

珊瑚礁的分布

造礁珊瑚对生活环境的要求比较严格，水温、盐度、光照、风浪、地形等都要满足其生长需要。珊瑚礁通常存在于热带和亚热带的浅水区，分布的深度从海水表层延伸到水下 50 米左右。

珊瑚礁

“珊瑚大厦”

在形成过程中，珊瑚礁一边不断积累碳酸钙扩大规模，一边受到力的冲击和破坏，形成一栋栋分层的“珊瑚大厦”。“珊瑚大厦”里面布满多样的网状“客房”，珊瑚礁“居民”会依据自己的喜好选择“客房”入住。当然，“珊瑚大厦”永远不会“完工”，一直不停地扩大建筑面积，为更多的“居民”提供优质的“住房”。

珊瑚礁的居民

珊瑚礁里的居民可以称得上“五花八门”。它们以不同的方式生活在这里，装点着美丽的海底花园。珊瑚礁尽管略显拥挤，却为海洋生物提供了食物、住所和庇护地。大部分生物会在白天活动，珊瑚礁在白天非常热闹。还有一部分生物为了安全，会在白天躲藏起来，晚上才出来觅食。

当水温达到 20℃时，海参就开始准备夏眠。珊瑚礁是其优先选择的夏眠地点。夏眠的海参会在珊瑚礁中度过漫长的夏季，到凉爽的秋后再出来活动。

海葵的触手柔软而美丽，但上面却遍布有毒的刺丝囊。不过，小丑鱼并不害怕。它们身上厚厚的黏液能起到很好的保护作用，使其可以在海葵的触手间自由穿梭。

镰鱼是珊瑚礁忠实的居民。它们造型独特，非常漂亮。镰鱼通常结成小群在珊瑚礁中寻找海藻或海绵作为食物。

鹦嘴鱼并不受欢迎。它们游荡在珊瑚礁中，挑选合胃口的珊瑚，然后用坚硬的牙齿在珊瑚表面啃食。

石笔海胆栖息于珊瑚礁洞穴内，一般动物并不怎么敢碰它，因为与普通的海胆相比，它们的棘刺更加粗壮，看起来很有威慑力。

狮子鱼也叫“蓑鲉”，色彩美丽，身体上还长着带有毒性的鳍棘，可以帮它们捕食和防御。

砗磲的体长超过 1 米，是体形最大的双壳贝类。

石斑鱼是珊瑚礁中比较凶猛的大鱼。它们的嘴很大，会以突袭的方式捕食多种小型鱼类和头足类。
黑鳍礁鲨是珊瑚礁中的猎食者，会捕食多种鱼类。
珊瑚礁中有许多天然的洞穴，深受玳瑁的喜爱。这里不仅能为玳瑁提供休息的场所，还有其喜爱的食物——海绵。

奇妙的红树林

红树林是一种以红树植物为主体的常绿灌木或乔木组成的潮滩湿地木本生物群落。红树林常常出现在热带、亚热带的江河入海口和开阔的海岸，不仅成为海岸独特的风景线，还担负起守卫海岸的重要任务，同时为海洋生物提供重要的栖息场所。

大有用处的根

红树林的根系异常发达。每当落潮的时候，其密集的根就会露出水面，看上去错综复杂。支柱根和板状根牢牢地扎在淤泥中，让红树林在海浪的冲击下屹立不倒，同时保护海岸免受风浪的侵袭。呼吸根上密布皮孔，可以让红树林直接吸收空气中的氧气。

红树林的根会呼吸

海岸卫士

红树林被誉为“海岸卫士”，可不是徒有虚名。盘根错节的发达根系使红树林能深深扎根于松软的泥沼中，促进土壤的形成，过滤海洋垃圾。它们在海陆之间筑起茂盛稳固的“绿色长城”，保护陆地不受巨浪的侵袭。依靠红树林，海岸带也建立起稳定的生态平衡。

红树林生物群落

红树林具有很强的包容性，从林间到水底，都有海洋生物活动的身影。树根“迷宫”之间生活着很多鱼类和无脊椎动物，树冠上栖息着鸟儿、蛇和一些哺乳动物。大大小小的生物似乎很乐意生活在这里，形成了复杂的食物链关系并稳定地维持下去。红树林为海洋生物提供了环境优雅的居所，动物们的排泄物也能为红树的生长提供养料。同时，红树腐烂的枝叶也成为一些小型生物喜爱的饵料。

苍鹭个体将颈部缩在两肩之间，一只脚抬到腹部下方，另一只脚保持直立，等待猎物出现。苍鹭的耐力很好，可以保持单脚站立的姿势达数小时之久。

褐翅翡翠是红树林中的老住户。它们非常淡定地观察水面，一旦发现小鱼和螃蟹的身影就迅速出击，一举拿下。

弹涂鱼将红树林视作乐园，即便是潮水退去也不害怕。它们甚至可以爬到红树林的树枝上玩耍，不过时而也要大口喝水来帮助呼吸。

寄居蟹有时也会大摇大摆地到树根和淤泥海滩上爬一会儿，锻炼锻炼身体，顺便寻找一些食物。

长鼻猴最有辨识度的地方就是鼻子。红树林中的嫩芽和嫩叶是长鼻猴最爱的食物。

白鹭非常喜欢红树林，因为这里的水下一定有其最爱的小鱼、小虾等美食。

红树树干下部和根部是牡蛎等底栖动物的天堂。

成群的小雀鲷在树根间游来游去，这是它们生长期的避难所。

红树树皮的阴面常能发现紫红带绿色的鹧鸪菜。可别小瞧这种红藻，它们可以驱蛔虫。

趣味十足的潮间带

大海的涨潮和落潮造就了潮间带。潮间带是从海水涨至最高时所淹没的地方开始到潮水退至最低时露出水面的范围。潮间带生物需要面对这里复杂、多变的生态环境。

从上到下看

海水涨潮几乎淹没不到的地带是潮上带，潮上带以下是潮间带，再向下就是潮下带。潮上带只会在高潮期被海水淹没，这里的生物耐受力很强。潮间带每天被海水淹没两次，通常比较湿润，足够让很多滨海生物存活。潮下带平时会被海水覆盖，只有在大潮落潮时会短时间露出水面，大多数近海生物生活在这里。

潮涨潮落

潮汐是由月亮和太阳的引潮力引起的周期性运动，一般每天会涨落两次。潮间带生物的活动深受潮汐的影响：涨潮时，它们会藏到沙滩或岩石下，或者附着在石头上，等待一波波浪潮消退；退潮后，沙滩上会留下一层层沙浪，低洼处会有积水，小鱼、海蛎、水母、海藻等未及时跟随潮水返回大海的生物被留在沙滩上，吸引海鸟前来就餐，躲过这次涨潮的生物也会钻出来。

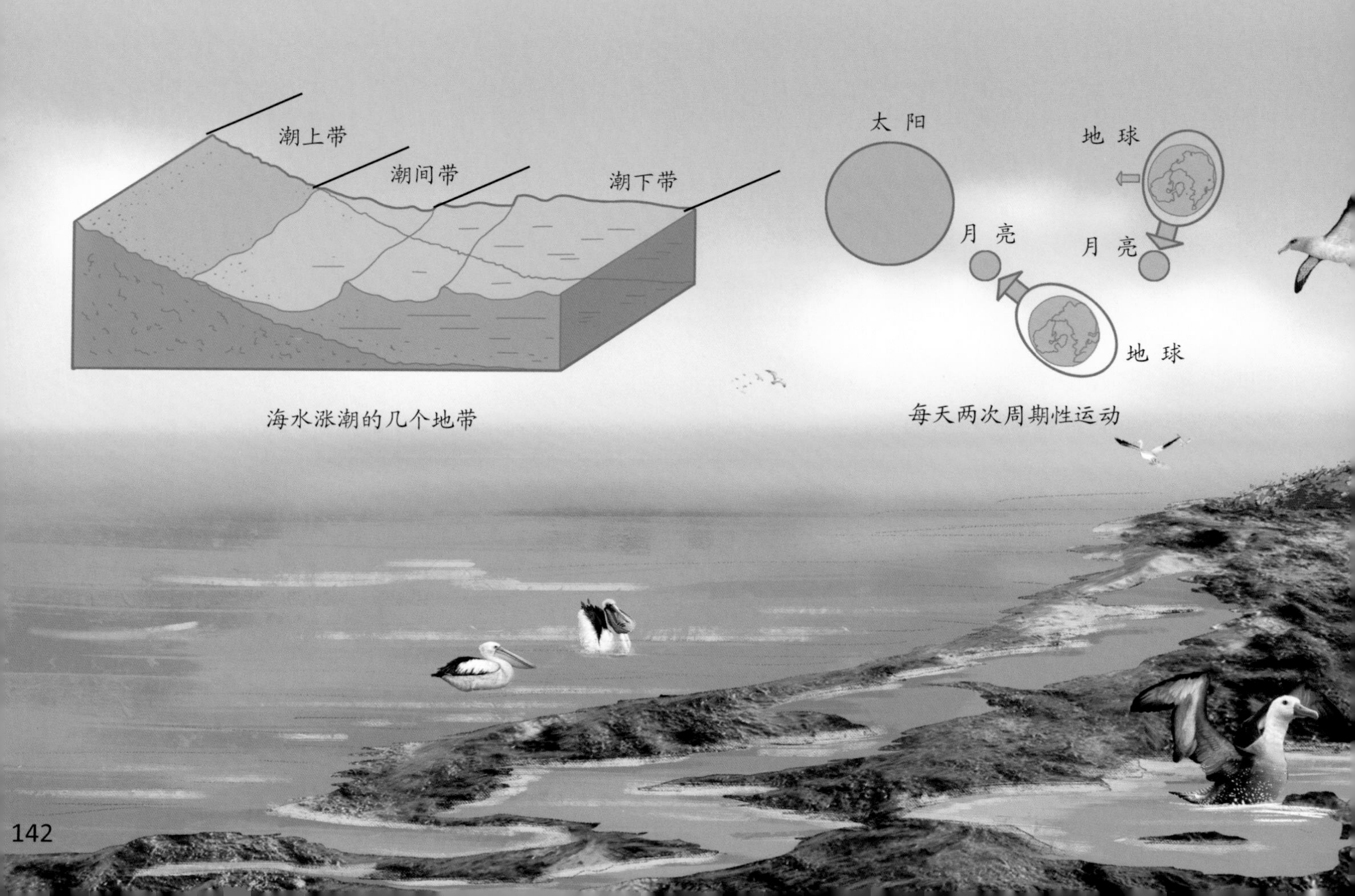

海水涨潮的几个地带

每天两次周期性运动

艰苦的环境

生活在潮间带的生物需要面对多种困境。海浪的冲击要求它们必须快速找到藏身之所，否则就会被海水冲走或吞没；潮水的退去需要它们能够应对日晒、干燥和缺氧的环境；岸边和水下的多种捕食者更随时对它们虎视眈眈。

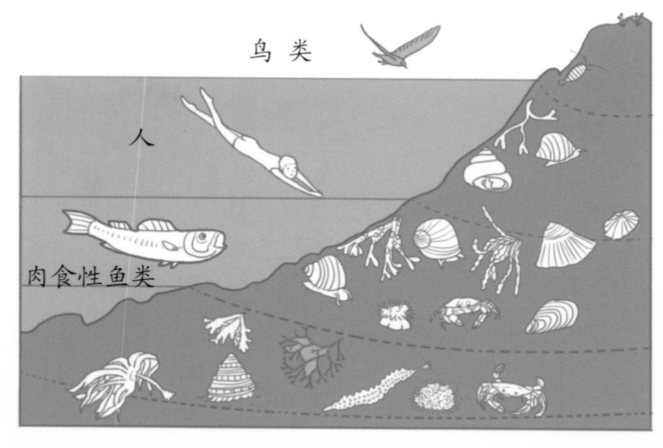

潮间带生物受到的威胁

各出奇招

为了应对复杂多变的环境，生活在潮间带的生物练就了多种生存技能，在潮间带上各显神通。藤壶不会游泳，也不会爬行，但它们每次蜕皮都能分泌出黏性强大的胶状物，让自己稳固地附着在礁石上。在涨潮时，藤壶还可以把自己封闭在壳里。弹涂鱼用胸鳍和尾柄在海滩上爬行、跳跃，皮肤和尾巴都是它们辅助呼吸的器官。

藤壶

弹涂鱼

潮间带上的生物

潮间带被海水淹没的时间比潮下带少，比潮上带多，我们在这里很容易发现一些有趣的小家伙。它们大多已经适应了潮涨潮落，能同时生活在水里和退潮后被暴露的海岸上。

贻贝喜欢藏身在潮间带的岩石下。为了安全，它们在早期就懂得用足丝将自己牢牢固定在岩石上。

角叉菜整体呈紫红色，触感类似软骨，韧性十足。

海星多数时候喜欢趴在海底，伺机捕猎一些小鱼和无脊椎动物。

蓝藻是最早的光合放氧生物，对地球从无氧环境到有氧环境做出了巨大贡献。

退潮后，蛎鹬会在淤泥或沙中搜索软体动物、甲壳类和蠕虫。

藤壶看起来与软体动物很相似，但实际上是一种有着石灰质外壳的节肢动物。

滨蟹即使离开海水也能生活很长时间。

招潮蟹挥舞着自己颜色鲜艳的“大钳子”，等潮水退去就在淤泥里左翻翻，右找找，寻找可以填饱肚子的食物。

玉螺需要通过前足锄沙来帮助自己爬行，因此常常在沙滩上留下爬行过的痕迹。人们经常通过它们留下的“足迹”轻而易举地找到它们。

沙蟹喜欢在潮间带打洞生活。它们的洞穴呈螺旋状，一般比较深。但是，沙蟹的洞穴很容易被发现，这是因为它们有筑巢习惯——在洞口堆积高高的沙塔。

斧蛤的身体小小的，是非常活泼的小家伙，最喜欢跟着潮水在海滩上来来去去，会在每一次涨潮前重新寻找合适的地方钻穴。

幽灵虾的外形十分美丽。它们的身体晶莹剔透，内脏清晰可见，这种透明色使它们不太容易被发现。

冰雪覆盖的两极

南极和北极分别位于地球的南北两端，终年被冰雪覆盖，海水异常冰冷。但是，这样严酷的生存环境中也依然生活着一些海洋生物。它们在严寒中练就了高超的生存本领。

北极圈的生物

被冰雪覆盖的北极虽然环境恶劣，但是你如果仔细观察，会发现许多富有生机的画面：海豹欢快地跳入海中游泳嬉戏，北极熊则暗中潜伏，随时准备抓捕毫无防备的猎物；天空中盘旋的海鸟和水中游动的生物相映成趣，构成一幅生机勃勃的景象。

执着的“小跟班”

北极狐是北极熊忠诚的“小跟班”，它们喜欢跟在北极熊身后，随北极熊一起在冰原上跋涉，以捡拾北极熊吃剩的食物。

北极熊

北极熊体形巨大，十分凶猛，是位于食物链顶端的王者。它们没有天敌，但捕食也不是容易的事情。面对这样的强敌，生活在北极的小动物早就练就了逃命的本领。

一角鲸

一角鲸的“角”其实是一颗长牙，这颗牙的长度可达2~3米。

迁徙之王

北极燕鸥一年要度过两个夏季。它们会飞到南极越冬，然后再返回北极繁殖。北极燕鸥的往返里程达4万多千米，堪称动物界迁徙距离之最。

渡 鸦

有些渡鸦十分享受北极的生活。它们可以耐受严寒，因为不那么挑食，寻找食物并不是很难。渡鸦的“语言能力”很强，可以发出许多不同的叫声。

西瓜雪

你也许会在北极看到红色的雪——西瓜雪。西瓜雪的红色是由雪衣藻引起的。绿色的雪衣藻在太阳的照射下会产生很多种红色色素，从而改变自身的颜色。

海 鹦

海鹦个体长着一张五彩斑斓的嘴，可以一口叼住很多小鱼。

海 象

长牙是海象的“名片”，既可以帮助海象掘冰，还可以用来自卫和争斗。

鞍纹海豹

鞍纹海豹也叫“竖琴海豹”，背部有明显的黑色条带。

爱嬉戏的白鲸

白鲸经常成群地生活在一起。它们时不时就会嬉戏玩要一会儿，生活得非常快乐。白鲸是天生的“乐天派”，即使是一片海草都可以让它们开心地玩很久。

南极圈的生物

你如果身处南极腹地就会发现，那里非常荒凉，只有少数动物能够在这样极寒的环境中生存下来。但是，南极的海洋中却热闹喧嚣、生机勃勃。海洋动物在海中追逐嬉戏，尽情捕食。

韦德尔氏海豹

韦德尔氏海豹在结冰的海面上维护着自己好不容易啃出来的气孔。如果气孔再次结冰封住，它们就没有多余的力气和牙齿再啃出新的气孔了。

贼鸥

贼鸥是企鹅“黑名单”中的头号敌人。尤其是在企鹅繁殖季的时候，贼鸥经常会偷袭企鹅，叼走企鹅的蛋或者幼崽。

蓝鲸

蓝鲸是世界上最大的哺乳动物，主要食物是磷虾。

虎鲸

虎鲸是非常聪明的海洋动物，懂得群体合作，将鱼群赶到一起，然后大快朵颐。海豹和企鹅等动物潜入海里后要时刻保持警惕，一旦落单被虎鲸盯上，就很有可能沦为它们的美餐。

南极冰鱼

南极冰鱼体内含有独特的抗冻蛋白，可以防止被冻伤。

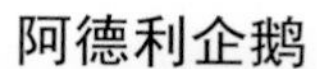

阿德利企鹅

阿德利企鹅是南极非常常见的企鹅。它们是游泳高手，时速可以达到70千米。

帝企鹅

帝企鹅生活在南极，是企鹅中体形最大的物种，身高可达1.2米，体重可达50千克。

南极磷虾

南极磷虾数量惊人，含有丰富的营养，是生活在南极的海洋生物直接或间接的“营养宝库”。

食蟹海豹

食蟹海豹并不以螃蟹为食，最爱的食物是南极磷虾。食蟹海豹的食量很大，堪称“大胃王”。

浅海中的乐土

从海岸延伸到大陆架外部边缘的浅海区域阳光充足，海水被阳光照得温暖又明亮。海藻和浮游生物沐浴着阳光，在水下舒展身体，积蓄能量。许多鱼类和海洋哺乳动物也乐于在浅海区域活动，因为这里的环境让它们感到非常舒适。当然，最重要的是，大部分海洋动物能在这里找到适合自己口味的美味食物。

阳光带来的食物

可以说，充足的光照是浅海区生物赖以生存的基础。藻类等光合作用生物吸收太阳能，经过一系列反应生成有机物。它们在每一个阳光明媚的日子里都要重复这项活动。位于食物链上层的动物可以直接或间接地从它们身上汲取营养。

你知道吗？

海洋植物吸收、利用太阳能生成有机物的过程叫作“光合作用”。植物组织中含有的大量叶绿素可以吸收太阳光，然后利用光能将水和二氧化碳转化成碳水化合物，同时释放出氧气。光合作用不完全是植物的专利，一些微小的浮游生物也可以进行，只是它们没有叶绿体，大多只能通过自身细胞来完成。

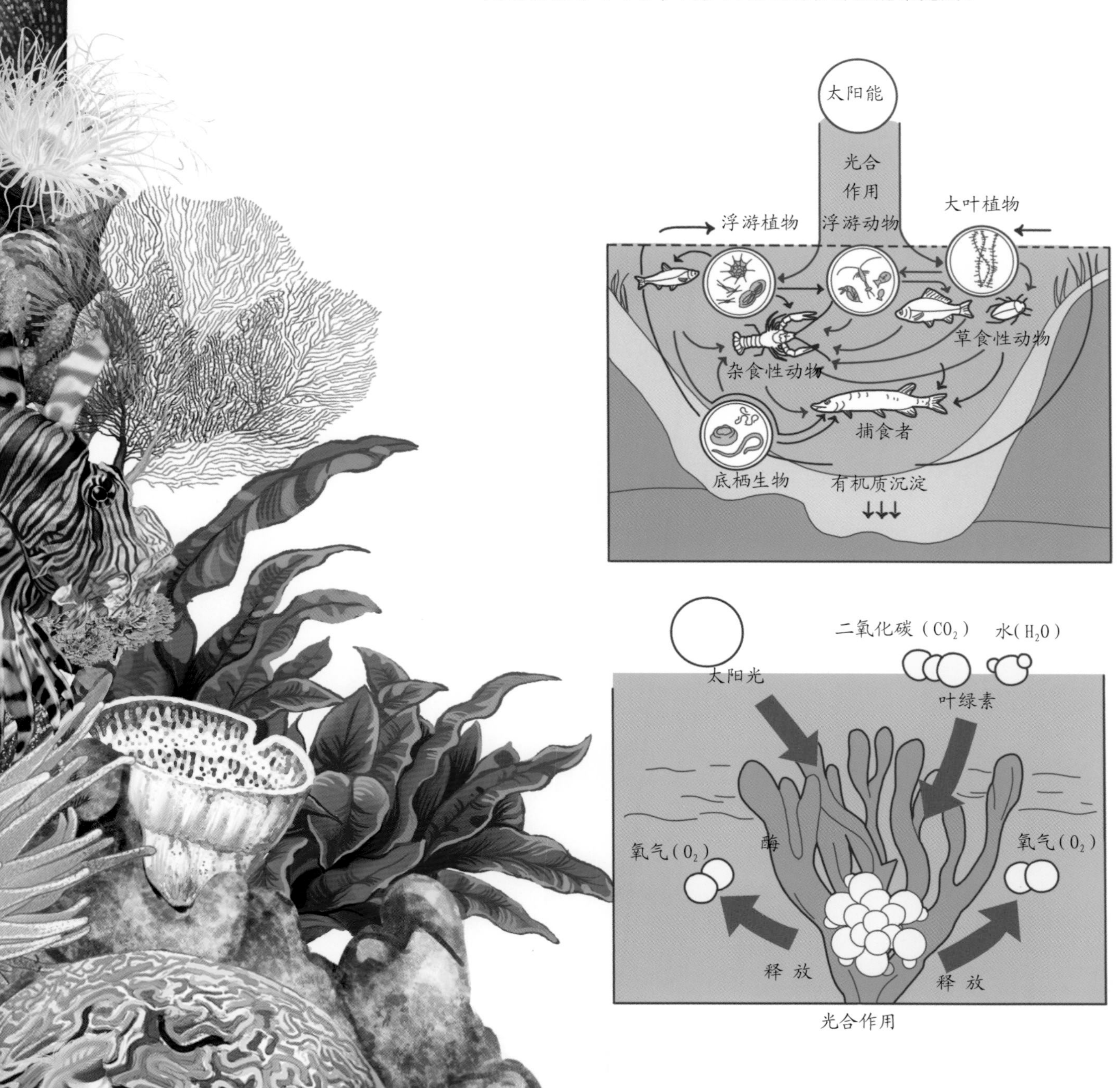

光合作用

多种多样的浅海生物

美丽绽放的珊瑚、自由游弋的水母、夺人眼球的砗磲、聪明友善的海豚……这些可爱的生物构成美妙的海洋画卷。

飞行的强盗

海洋中的美味让军舰鸟眼馋不已。它们有时会抓住机会捕捉来海面透气的小鱼。因为不能下水寻找食物，它们想出来一条很不“地道”的“计策”——抢夺其他海鸟捕捉到的猎物。这种行为让其他海鸟深恶痛绝，但无计可施。

珊　瑚

绝大多数珊瑚生活在热带海洋的浅海，是海洋中不可或缺的一部分。它们不仅将浅海的海底装点得美轮美奂，还具有守护海岸的作用。

不离不弃

宽吻海豚之间有着深厚的情谊，喜欢结伴同行。如果同行的伙伴中有个体受伤，其他海豚不会放弃同伴，而会不离不弃地守护同伴。

美丽的“伞”

浅海区有些缓缓游动的“小伞”叫水母。它们有的洁白晶莹，有的色彩斑斓，看起来十分漂亮。很多水母体内含有毒素，一些品种体内的毒素甚至可以致命。因此，你如果看到水母，还要尽量远观，不要“亵玩”。

海　牛

海牛体形很大，行动迟缓。它们喜欢吃水草。

潜入水下

鸬鹚是优秀的潜水员，有一项让许多鸟类无法企及的本领——可以用翅膀协助脚蹼划水，让自己在水下游得更快。

跳水健将

鹈鹕是跳水健将。它们喜欢盘旋在空中观察海面上的动静，一旦发现猎物的踪影，就将翅膀向后收，摆好姿势，身姿优美地俯冲入水，将猎物一举擒获。

海洋中的“大蝴蝶”

蝠鲼看起来像“巨型蝴蝶”。别看体长能达到七八米，它们却是性情温和的动物。

鹦鹉螺

鹦鹉螺虽然经历了数亿年的演变，但外形和习性却变化不大，被称为“海洋活化石”。

章 鱼

章鱼个体有一个“大脑袋”和8条触腕，触腕上通常有两排肉质的吸盘。章鱼能够利用触腕在礁岩和海床间爬行，也能借着腕间膜伸缩游泳。

梭子鱼

梭子鱼也叫“海狼鱼”，个性凶狠而且富有攻击性。

黑暗之地

浅海地带因为有阳光的照射而比较温暖，但是随着深度的增加，海水的温度会逐渐下降，当到达 1000 米左右的深处时，阳光就已经很难照射进来了。深海区域黑暗而寒冷，只有少数生物能生存下去。为了适应极端的环境，生活在那里的生物大多长相怪异，有独特的生活习性。

垂直洄游

海洋中层位于浅海和深海之间，只有少量太阳光能照射进来，但是，有不少生物能在这里“安居乐业”。毕竟相对于浅海，这里要安全得多，只是食物相对匮乏。一些聪明的小家伙找到了完美的生活方式——白天生活在中层，夜幕降临后再到浅海寻找食物，形成昼夜垂直洄游的习惯。

嘴变大了

生活在深海区域的鱼类大多是肉食性鱼类。深海的生存条件恶劣，食物非常短缺，要想在这样的环境中生存下来，必须具备较高的捕食效率才行。显而易见的是，深海鱼的嘴越大，就越容易捕捉到猎物。经过长期演化，深海鱼的嘴变得越来越大。

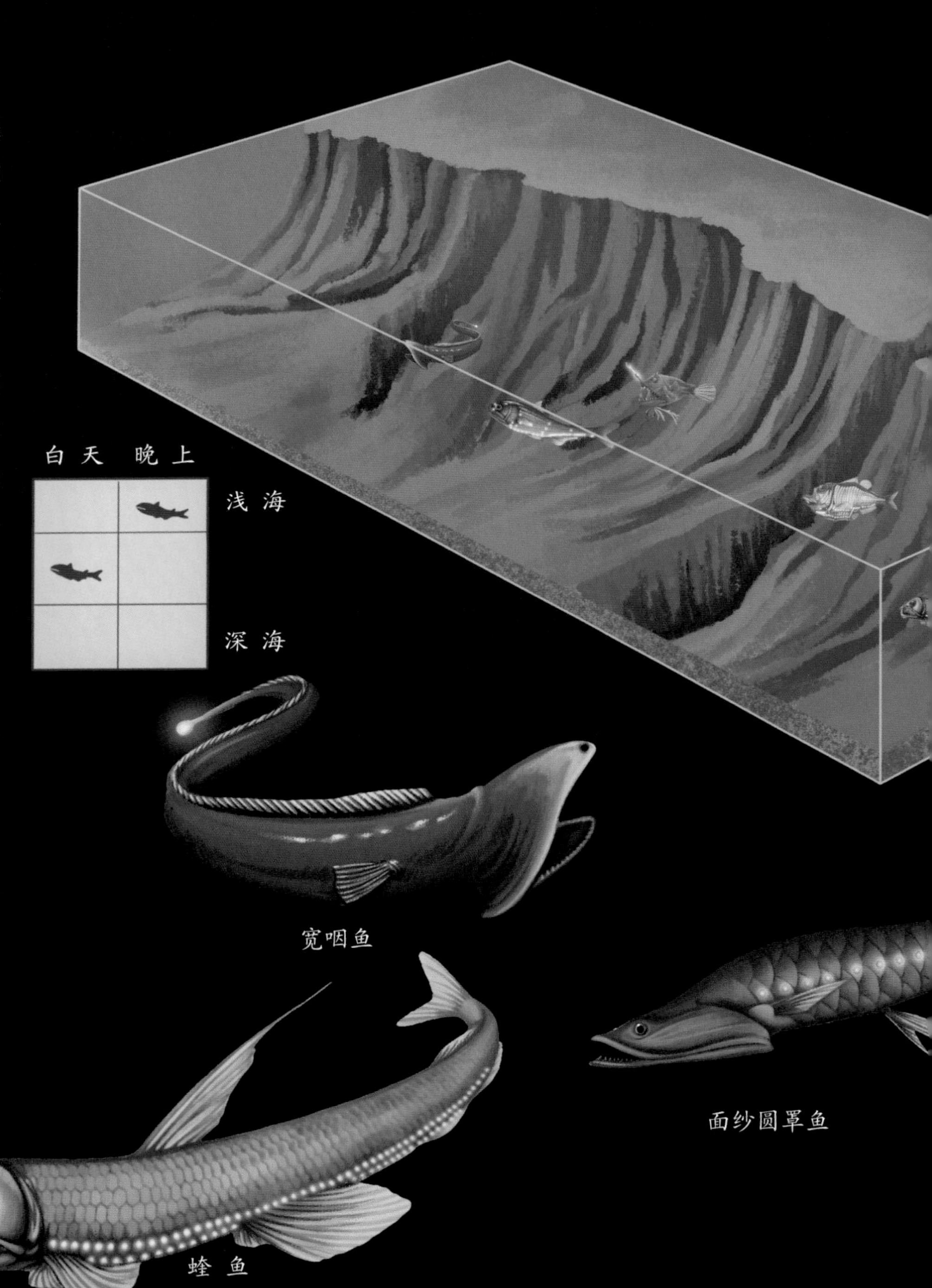

宽咽鱼

面纱圆罩鱼

蝰鱼

你知道吗？

海水深度每增加10米，就增加一个大气压。也就是说，当水深达到1000米时，生活在这里的海洋动物仅仅1平方厘米的皮肤就要承受100个大气压。可想而知，深海生物的抗压能力有多么强大，难怪它们都长得那么奇怪。

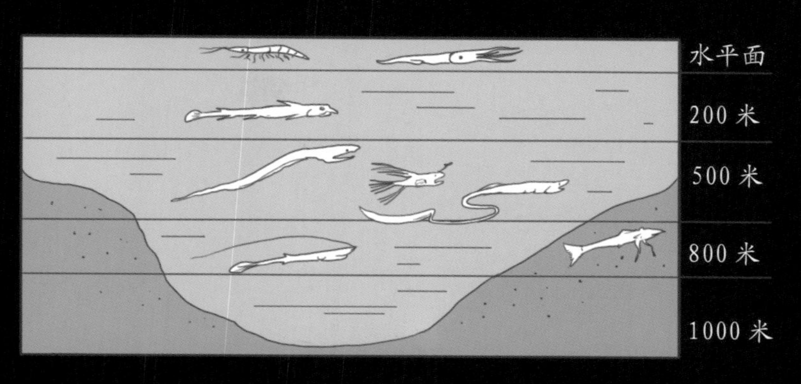

深海抗压能力图

制造光线

深海中没有光线，但这改变不了动物对光的向往。于是，为了吸引猎物，一些动物的身体长出了发光器。这个发光器要么是动物自己进化出的光源，要么是靠寄生在自己身上的细菌发出的光。光线虽然微弱，但在漆黑的深海中已经足够了。发光生物利用自己的“小灯”寻找伴侣、吸引猎物、欺骗敌人。

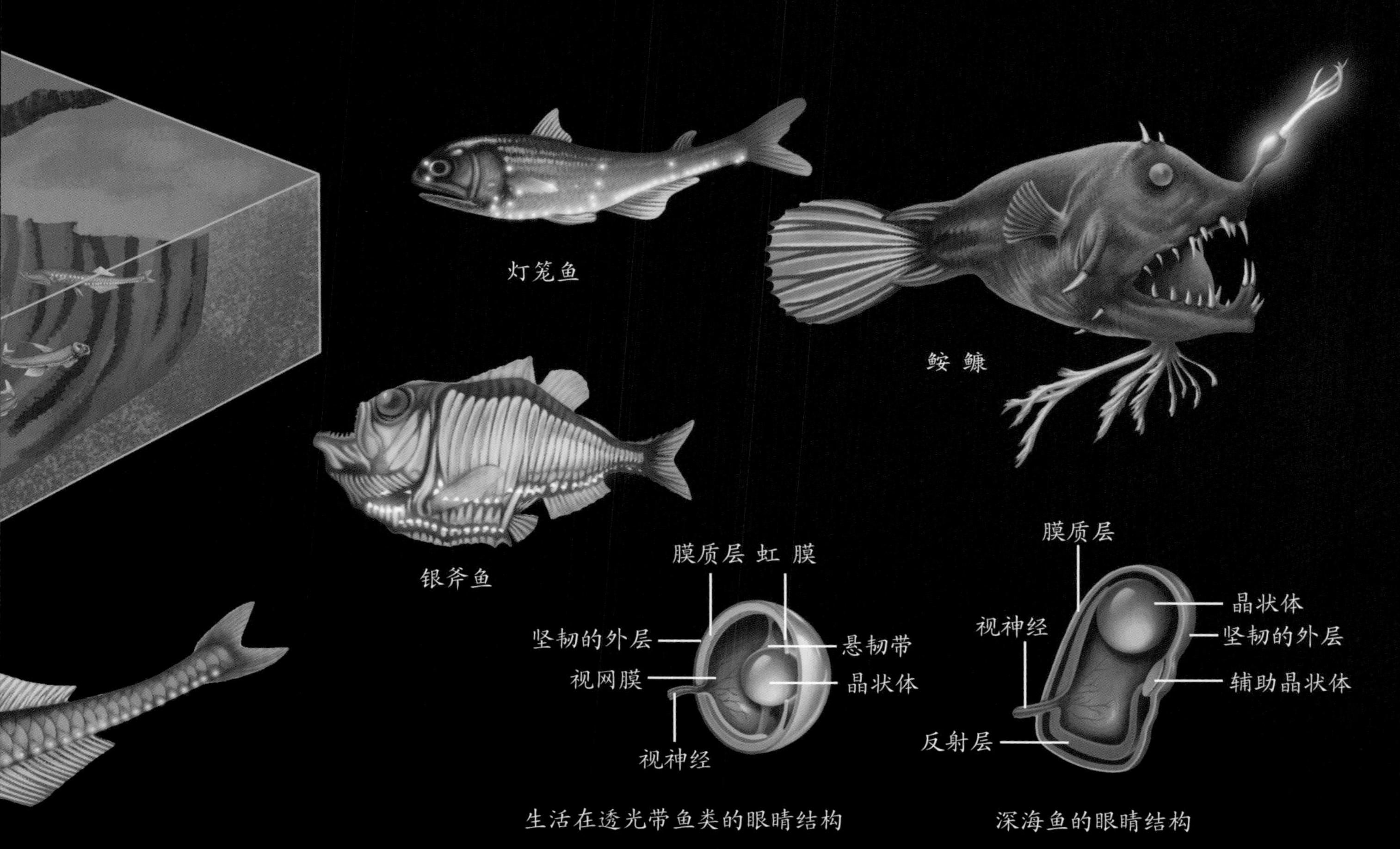

生活在透光带鱼类的眼睛结构

深海鱼的眼睛结构

与众不同的眼睛

生活在透光带的鱼类，眼睛的视网膜和晶状体大小适中，而一些深海鱼为了最大限度地看清物体，眼睛生成了管状结构。它们的眼睛晶状体很大，视网膜也高度分化。当然，还有一些生物觉得眼睛在漆黑的环境中没什么大用处，便退化了视觉功能，只靠触觉和听觉生活。

海底热泉

你相信吗？在黑暗的深海中也有温泉，这就是海底热泉。热泉是海底的地层裂口，形状像烟囱，喷出来的滚滚热水使冰冷的深海多了些温暖，但同时也造成周围环境出现氧气缺乏、温差较大、有毒物质过量等问题。这样恶劣的生存条件下仍生存着虾、蟹、红蛤、巨型管虫、水螅生物等动物。

擅长“绝食”的生物

大王具足虫又叫“深海大虱”，是深海中难得的体形较大的动物。它们的食物主要是海洋生物的尸体。当然，它们也会捕食一些行动缓慢的生物。没有食物也没关系，大王具足虫可以长期忍受饥饿。

硫黄铁矿

黄铁矿　闪锌矿

铜

铁的硫化物

发光的鱼

黑巨口鱼长着大大的脑袋和满嘴尖牙，看上去十分具有攻击力。它们的下颌长着发光器，穿梭在漆黑的海里时，既能为自己探路，又能吸引猎物。

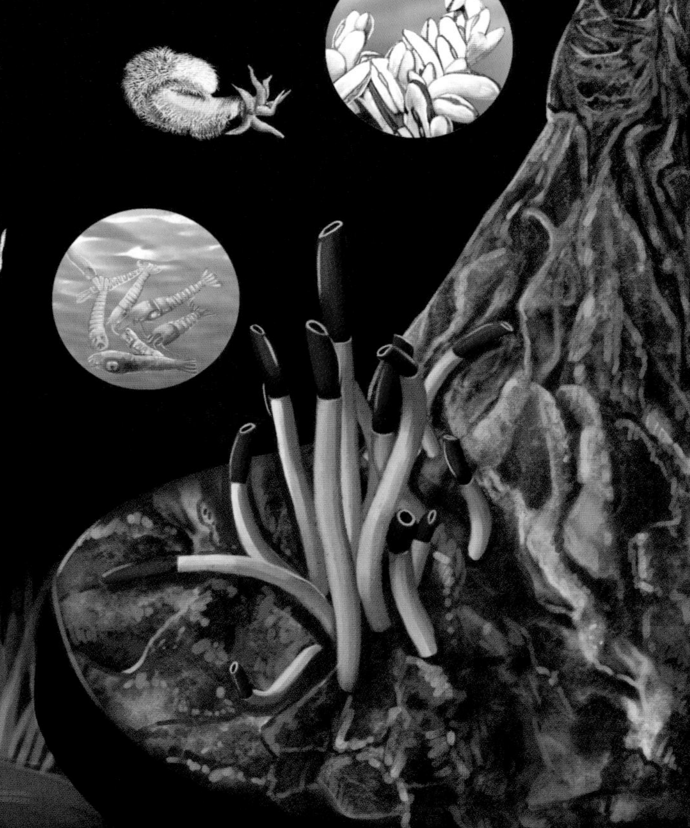

抹香鲸

巨大的抹香鲸是优秀的“潜水员”，能适应跨区域的生活：它们有时会到海面上睡上一觉补充体力，等到睡醒了就潜入深海，寻找大王乌贼等动物来填饱肚子。

大王乌贼

大王乌贼生活在深海中，被认为是传说中的“海妖”。

幽灵蛸

幽灵蛸又叫“吸血鬼章鱼”，眼睛非常大，大鳍长得像大耳朵。

潜入深渊

角高体金眼鲷的长相实在让人不敢恭维，张大的嘴和尖细的牙让它们看上去十分恐怖。角高体金眼鲷的抗压能力非常强，最深可以潜入 5000 米左右的深渊地带。

皇带鱼

皇带鱼是海洋里最长的硬骨鱼，拥有银亮的身体和红色的背鳍，被称为“龙宫使者”。

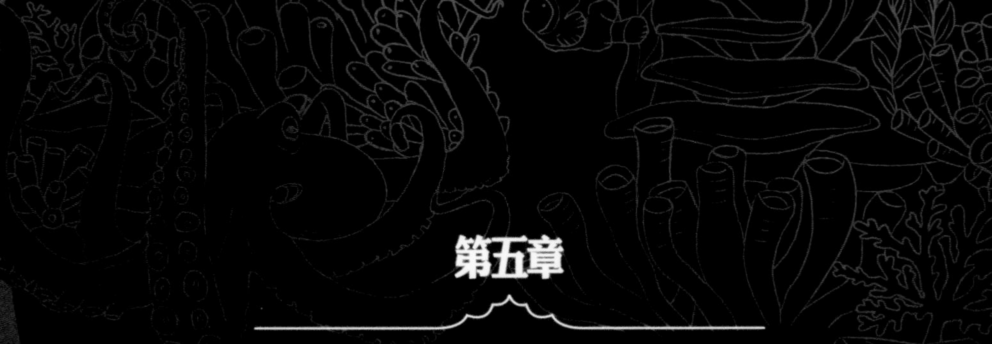

第五章

不可不知的海洋生物档案

紫菜 *Porphyra*

紫菜是红藻的一种，也是人们餐桌上常见的海产食物之一，通常生长在海岸的岩石上。我们经常在人工设置的木桩或网帘上看到一条条悬挂着的养殖紫菜。

大　小	野生紫菜长为 30 ～ 40 厘米；人工养殖品种菜长达 1 ～ 2 米
生长环境	浅海潮间带的岩石上
特　征	紫色、盘状固着器、丝状假根
分布地区	中温带海洋的沿海地区

辨认要诀　紫 菜 >>>

紫菜由盘状固着器、柄和叶片 3 部分组成，因为叶绿素、胡萝卜素、藻红蛋白等色素的含量比例有差异，所以紫菜有的是紫红色，有的是棕绿色，其中紫色的紫菜居多。

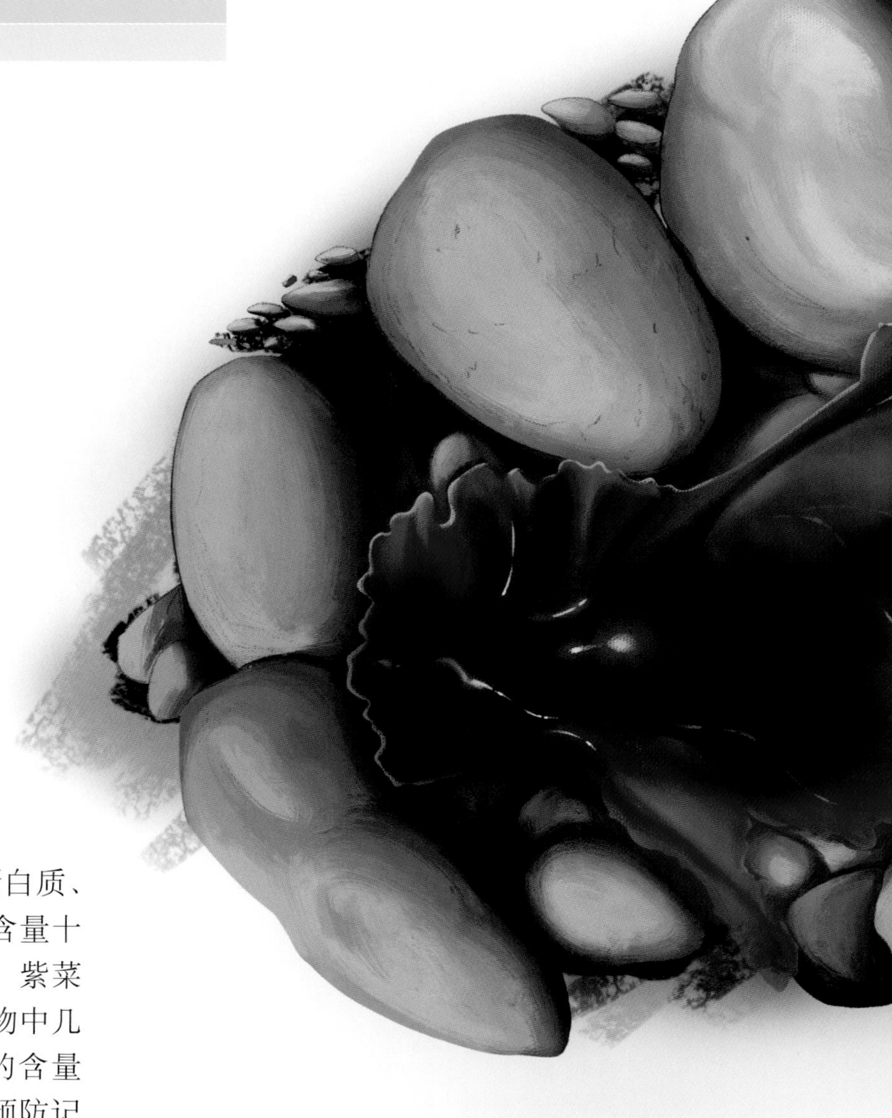

营养丰富

紫菜有“营养宝库”的美称，蛋白质、铁、磷、钙、核黄素、胡萝卜素等含量十分丰富，远远高于一般蔬菜。另外，紫菜中还含有大量的维生素，在陆生植物中几乎不存在的维生素 B_{12}，在紫菜中的含量却很高。紫菜具有利尿、降血脂、预防记忆力衰退、改善贫血等功效。

紫菜的生活史

紫菜的一生由较大的叶状体和较小的丝状体两个阶段构成。当紫菜的叶状体生长到繁殖期，藻体前端或边缘的营养细胞会转化为精子囊和果胞。精子囊的精子和果胞相遇后，经过不断分裂形成果孢子。果孢子成熟后会离开藻体，随海水漂流到合适的地方继续生长，形成丝状体。丝状体再不断生长，形成壳孢子，并将其扩散出去。分散的壳孢子会附着在岩石上，逐渐萌生出紫菜的叶片，即叶状体。

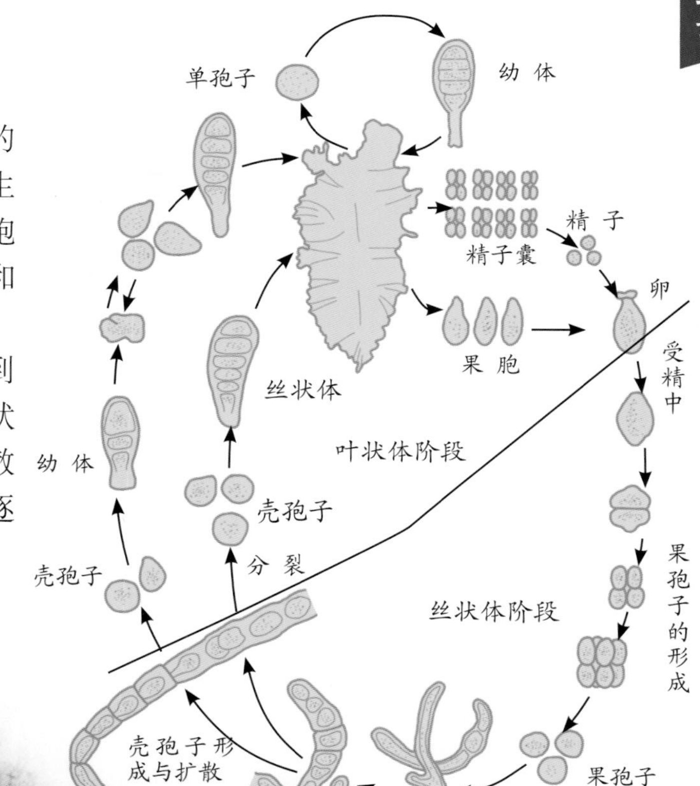

紫菜生长史

人工养殖的紫菜品种主要有坛紫菜、条斑紫菜和甘紫菜。值得一提的是，条斑紫菜经干燥烤熟、添加调味料后，可做成薄脆美味的海苔。

人工养殖

人们食用的紫菜大多来自人工养殖。目前，紫菜的栽培技术包括丝状体的培养和叶状体的栽培两部分：丝状体在陆地上的育苗室里培育，育成壳孢子后进行采集，下放到自然海区，张挂在木桩的网帘上，培植叶状体；叶状体经过半年的培育，在第二年的春季就能长成新鲜的紫菜了。

石花菜 *Gelidium amansii*

石花菜又叫“海冻菜”“凤尾”等，广泛分布于东亚国家的沿海地区。口感脆嫩的石花菜经常被做成凉菜或凉粉。也许你从未见过石花菜，但可能早已品尝过其味道。

辨认要诀 石花菜 >>>

在水质清澈、水流湍急的海区的岩石上，那一丛丛紫红色或棕红色羽状分枝的藻体就是石花菜。新鲜的石花菜色泽鲜艳，但将其用清水浸泡后再晒干，红色的藻体就会变得透明无色。

大　　小	高为 10~30 厘米
生长环境	浅海海底
特　　征	丛生红色羽状分枝的藻体
分布地区	韩国、中国、日本、新加坡等浅海岸

生长条件

石花菜常见于亚热带海域，一般生长在温暖又遮阳的浅海海底，用假根固着在岩石上生长。在水质清净、潮流畅通、盐度较高的海区，石花菜就能健康而茁壮地生长，藻体大而且干净。但是，石花菜如果生长在水流缓、水质浊的海区，藻体不但会变小，还会被苔藓虫类附生。

多样的繁殖

石花菜的繁殖方式主要有孢子繁殖和营养繁殖两种形式。其中，孢子繁殖分为有性繁殖和无性繁殖：有性繁殖是通过果胞受精形成果孢子体，果孢子体成熟后产生果孢子而进行的；无性繁殖则是通过四分孢子体产生四分孢子而进行的。营养繁殖是石花菜的另一种繁殖方式：当石花菜幼体长到一定大小时，便会从基部的水平方向生出匍匐枝，匍匐枝会不断生长，生出假根，长成新的石花菜。

孢子繁殖

营养繁殖

制作零食

石花菜经过加工可以被制成琼脂。琼脂是由海藻内的多糖提炼制成的明胶制品。色泽白亮、洁净透明的琼脂一般用于食品加工，果冻、软糖、冰激凌等零食里都含有琼脂。

制作的零食

石花菜在被加工提取琼脂的过程中不需要加碱，加工成本低，不会造成污染，而且凝胶效果好，因此被广泛生产，应用于食品制造、医药、科研等多个领域。

江蓠 *Gracilaria*

江蓠是生产琼脂的主要红藻之一，是一种“特立独行”的红藻。一般红藻的颜色多是红色、粉色、紫色或者暗紫红色，可江蓠居然有黄褐色和绿色的种类，很容易让人怀疑其红藻血统。

大　　小	高为 5~60 厘米，最高可达 1 米以上
生长环境	潮间带到潮下带的石块、沙砾和贝壳上
特　　征	藻体呈圆柱形、线形分支
分布地区	热带、亚热带和温带海洋均有分布

辨认要诀 江 蓠 >>>

江蓠通常为紫褐色，也有黄褐色和绿色的种类。藻体为软骨质，呈圆柱状或线状，一般附着在砂石上成丛生长。

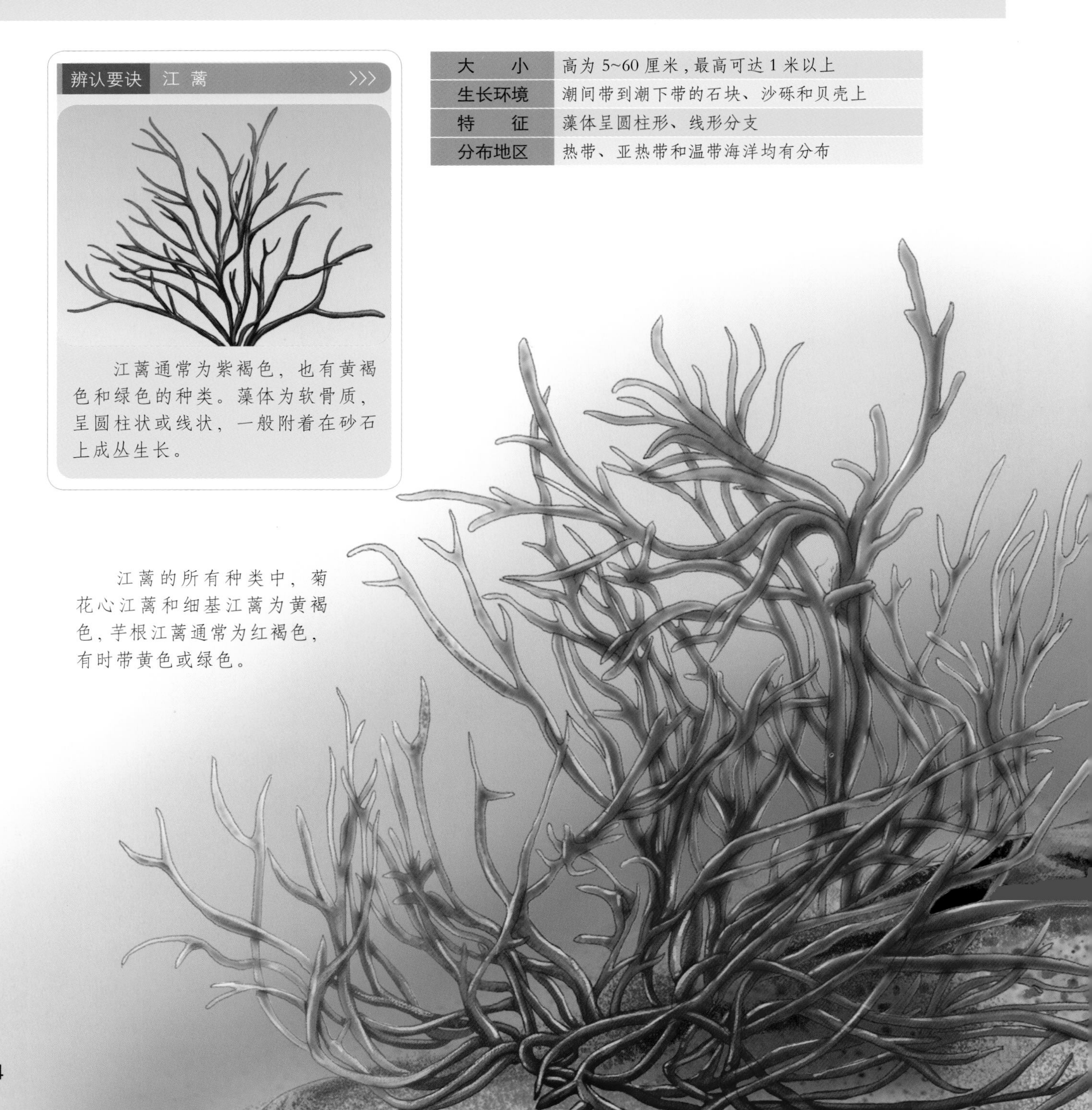

江蓠的所有种类中，菊花心江蓠和细基江蓠为黄褐色，芋根江蓠通常为红褐色，有时带黄色或绿色。

周而复始

孢子体、配子体和果孢子体构成了江蓠的生活史。江蓠的孢子体成熟后会产生四分孢子，四分孢子进而萌发出雌、雄配子体。雌、雄配子体产生的卵和精子相结合，就形成了果孢子体。果孢子体内有许多果孢子，当果孢子溢出萌发，就会形成新的孢子体。江蓠的生活史就这样周而复始地循环下去。

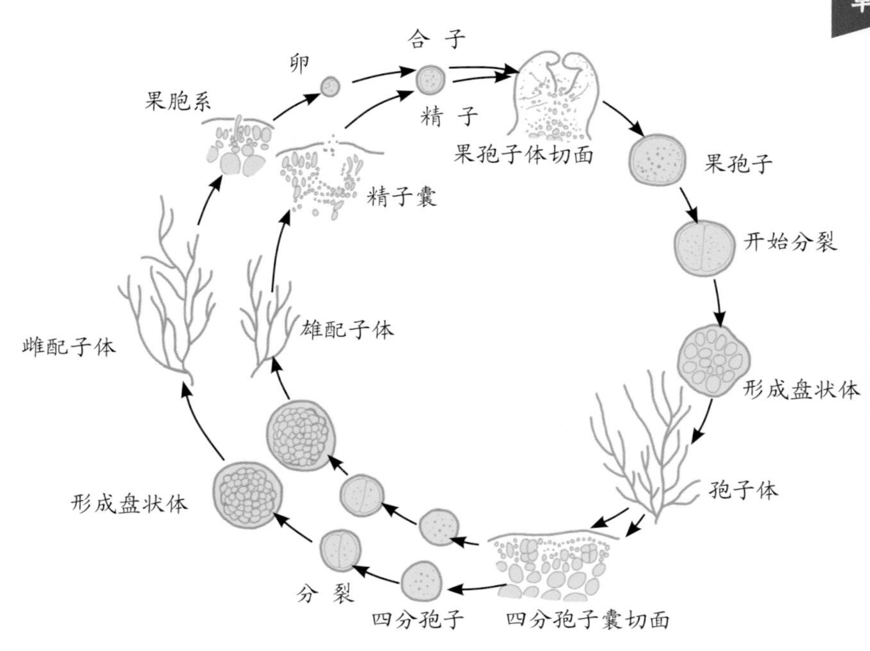

江蓠生活史

切断再生

江蓠的独特之处不仅体现在色彩上，还体现在其特殊的“天赋”——切断再生。将江蓠的藻体切断，你猜会发生什么？江蓠不但不会死，在经过 1~2 周后，藻体的断面上皮层细胞还会增多，继而变圆、膨大，形成锥状的突起，生出新的枝条，甚至在一个断面上能生出多个新枝。因为江蓠能够进行营养繁殖，所以被切掉的部分经过细心栽培，也可以长出新的江蓠。

江蓠切断再生

养殖要点

江蓠是我国重要的大型经济类海藻，人工养殖的品种一般用来加工成琼脂或制成鲍鱼的饵料。养殖江蓠要选择地势平坦、退潮后能露出广阔面积且有积水的潮间带，底质最好为硬砂，海区风浪小、水质清、潮流通畅，还要有少量淡水经过。这样的海区营养盐含量高，能够提高江蓠的品质和产量。

海带 *Laminaria japonica*

海带得名于其带状宽大的叶片，是一种大型海洋褐藻。虽然海带是“海生海长”的海洋藻类，但海带却有一个听起来像淡水植物的别称——江白菜。

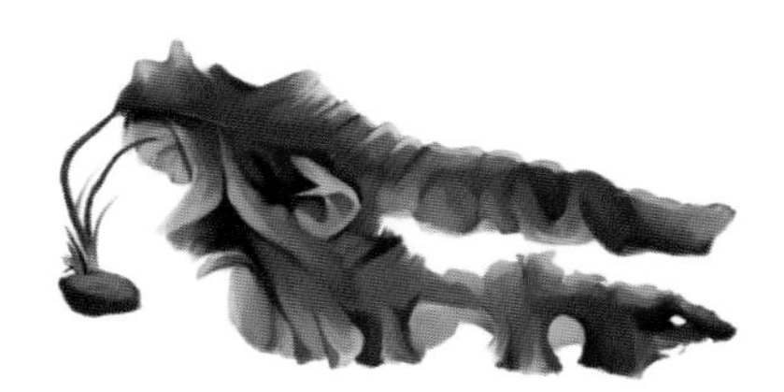

海带由叶片、叶柄和固着器构成，短柱状叶柄与树状分支的固着器相连，带状的叶片边缘薄软，呈波浪褶状，从底部向上叶片逐渐变窄。

大　小	一般长为 2~5 米，宽为 20~30 厘米
生长环境	低潮线下 2~3 米深的岩石上
特　征	橄榄褐色的带状叶片
分布地区	韩国、中国、日本、俄罗斯和法国的冷水海域

巨型海带

巨型海带是世界上最大的海藻，成熟的个体有 70~80 米长，最长可以达到 500 米。它们也是世界上生长最快的植物之一。在合适的条件下，巨型海带一天就可以生长 30~60 厘米。你如果走进巨型海带的领地，就如同进入一片“海底森林”。许多海洋动物喜欢到“水下森林”活动，鱼、虾、海参、海豹等动物是那里的常客。

白色粉末

当海带干燥后，表面常会出现白色的粉末，这是高品质海带的特征。海带富含多种营养元素，经过晾晒后，海带中的甘露醇会呈白色粉末状附着在海带表面。海带中的碘含量非常丰富，经常食用海带具有预防甲状腺肿大、促进新陈代谢的作用。

“堂兄弟”昆布

海带是从日本传入中国的。在日本，海带被统称为“昆布”。海带与昆布非常相似，很多人以为海带和昆布是同一种生物，但其实两者之间是有差别的。在颜色上，海带为橄榄褐色，而昆布为纯褐色；在形态上，昆布的叶片边缘有小齿，而海带没有；按生物学的分类划分，海带属于“海带科”，昆布属于“翅藻科”，它们同属于“海带目”。因此，海带与昆布其实是血缘亲近的“堂兄弟”。

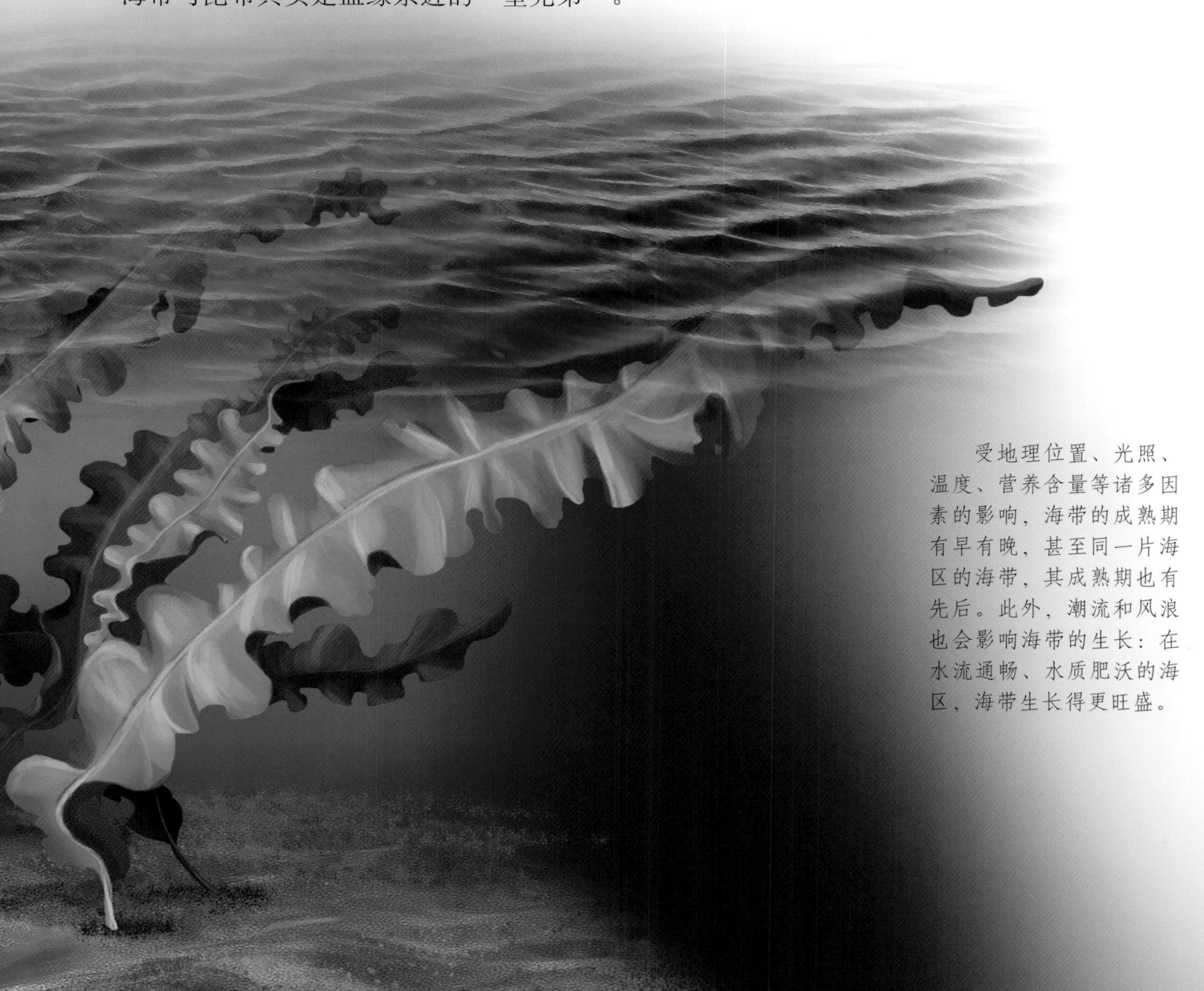

受地理位置、光照、温度、营养含量等诸多因素的影响，海带的成熟期有早有晚，甚至同一片海区的海带，其成熟期也有先后。此外，潮流和风浪也会影响海带的生长：在水流通畅、水质肥沃的海区，海带生长得更旺盛。

马尾藻 *Sargassum*

马尾藻是一种多年生大型褐藻。与其他藻类不同，马尾藻能够随着洋流到处旅行，一些栖息在海藻里的海洋生物也随着马尾藻到处游荡，在新的海域繁衍生长。

马尾藻的叶子分为叶片、固着器、茎与气囊 4 部分。叶子呈黄褐色，披针叶形，像是快要枯萎的宽大柳叶。气囊长在连接叶状体的柄上，是马尾藻漂游的关键。

大　小	温水海域高达 12 米
生长环境	中、低潮间带岩石上或石沼中
特　征	大型藻体、辐射分枝、圆形或倒卵形气囊
分布地区	温带和热带海洋

藻类航海家

马尾藻生于近海岸的石沼中。每逢夏季或繁殖季节，马尾藻就会从岩石上脱落，顺着洋流到处游荡。气囊是马尾藻漂游的“秘密武器”，可以帮助马尾藻漂浮于海面并促进光合作用。马尾藻的身体坚固且柔韧，即使遇到强大的风浪也不会被淹没。

马尾藻海

大西洋有一个没有岸的“海”，那里漂浮着大量的马尾藻，被称为“马尾藻海”。马尾藻海围绕着百慕大群岛，那里风平浪静，海水碧青湛蓝，大片大片的马尾藻覆盖着海面，但凡经过那里的航船，没有几艘能够顺利地航行出去，人们因此称马尾藻海为“海上坟地”和“魔藻之海”。

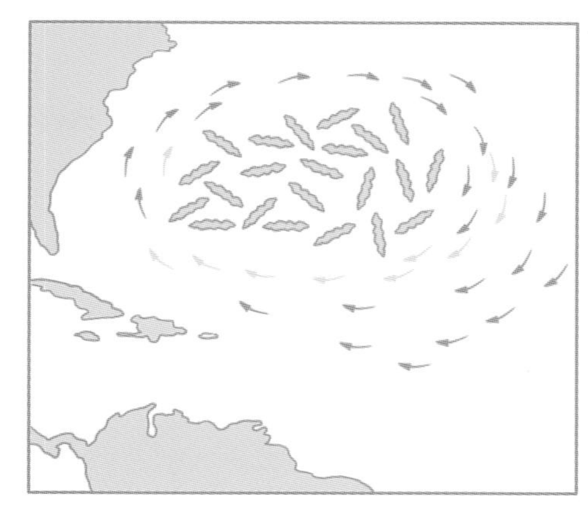

马尾藻海

你知道吗？

哥伦布是最先进入马尾藻海的航海家。他在航海日记中写道，自己的船队在马尾藻海被困了3个多周。成片漂浮的马尾藻和平静无风的海面使船队寸步难行。幸好他们只是在马尾藻海的外围打转，最终才得以脱离危险。

石莼 *Ulva lactuca L.*

石莼又名“海白菜”，是一种常见的绿藻。石莼的叶片在阳光的照射下像碧玉一样晶莹剔透，所以也被称为“玉藻”。

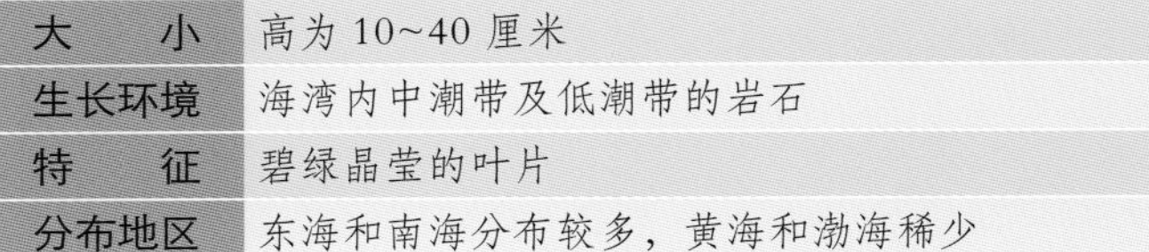

大　小	高为 10~40 厘米
生长环境	海湾内中潮带及低潮带的岩石
特　征	碧绿晶莹的叶片
分布地区	东海和南海分布较多，黄海和渤海稀少

辨认要诀　石莼 >>>

石莼的构造十分简单，碧绿的叶片近似卵形，边缘略有波状，基部以固着器固定在岩石上。当海水波动，柔软的叶片也会随着一起起伏。

长得快

石莼开始繁殖时，种子会以孢子的形式存在于海中。只要条件适宜，孢子就会在潮间带的岩石或其他基质上发芽生长，并且每天生长 20%~30%。只需 3 天，石莼就能完全长成。

海岸变菜地

石莼全年生长，且在夏天的时候生长得最旺盛。泛滥的石莼会蔓延整个海岸，使美丽的碧海金沙变成绿油油的“菜地”。不过，肆意生长的石莼并不会对海洋环境造成恶劣的影响，反而还有净化水质的作用。

“潜力股”

石莼其实有着广阔的开发潜力。例如：石莼具有颇高的药用价值，可以用来治疗甲状腺肿，降低胆固醇。石莼有着耐高温、生长快、不易腐败等优点，在有些地区被当作夏季养殖鲍鱼的优质饵料。

石莼富含蛋白质、粗纤维、维生素、矿物质等多种营养成分，是草食性鱼类和海兔等无脊椎动物非常喜爱的食物之一。

浒苔 *Enteromorpha*

浒苔广泛分布在世界不同地区的海洋中，有时也在半咸水或江河中被发现。浒苔的藻体呈鲜绿色，由单层细胞组成。

大　　小	高达1米以上
生长环境	中潮带的滩涂或沙砾上
特　　征	绿色细丝状的藻体
分布地区	广泛分布在世界不同地区的海洋中

辨认要诀　浒苔 >>>

浒苔又叫“苔条”，藻体为鲜绿色的细条。有的浒苔藻体有分枝，分枝的浒苔主枝明显，分出的枝条又细又长；有的浒苔只有孤零零一条藻体，没有分枝。浒苔基部为假根丝组成的盘状固着器，使浒苔可以牢牢地附着在岩石上。

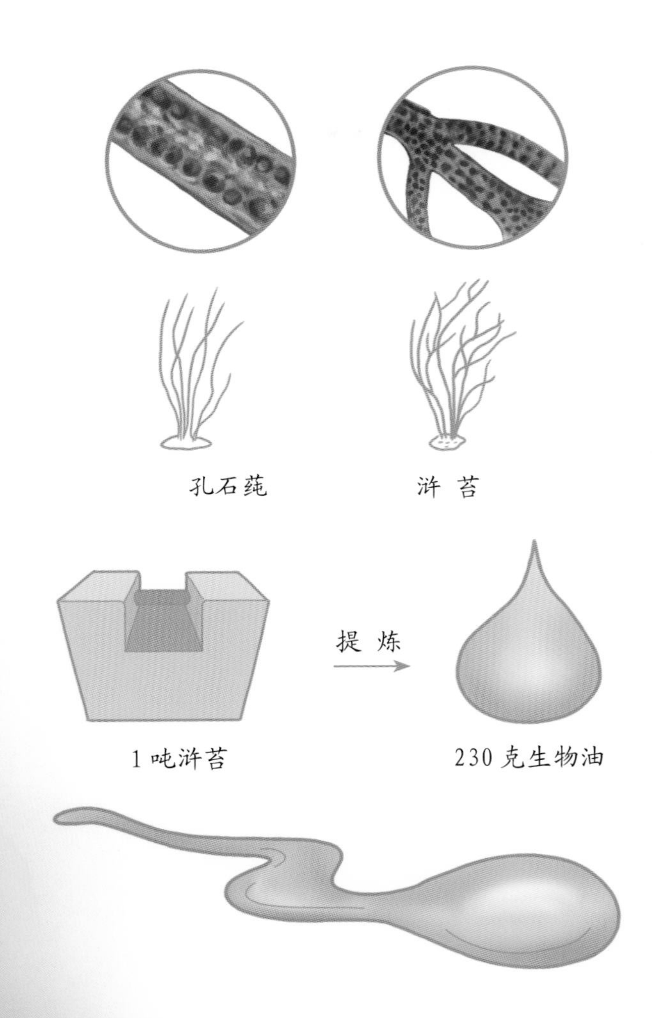

撞脸孔石莼

同属石莼科，浒苔与孔石莼的幼体十分相似，不过仔细观察，差别就显现出来了：孔石莼的幼苗呈条带状，而浒苔则有许多分枝；如果将浒苔和孔石莼放在解剖镜下观察，可以发现浒苔的藻体内有许多小气囊，而孔石莼没有。

绿潮“元凶”

繁殖是浒苔的“毕生使命”，只要条件充足，浒苔就会快速吸收养分并不断繁殖。在特定条件下，如果浒苔出现暴发性增殖或高度聚集，就会引起绿潮。绿潮会遮挡光线，使水下植物无法正常生长。腐烂死亡的藻体也会消耗大量氧气。不仅如此，大量浒苔漂浮在海面，还会阻塞航道，破坏海洋景观，给渔业和旅游业造成严重的威胁。

新型能源

浒苔来袭怎么办？不用怕，人类有多种方法“打浒”。打捞出的浒苔不仅可以加工成食物或动物饲料，还可以加工成生物油。科学家通过研究发现，浒苔可以经过一系列反应转化成生物质油，成为新型能源。1 吨浒苔在特定条件下能转换成 230 千克生物油。生物油既可以用作低级燃料，也可以当作化工原料。

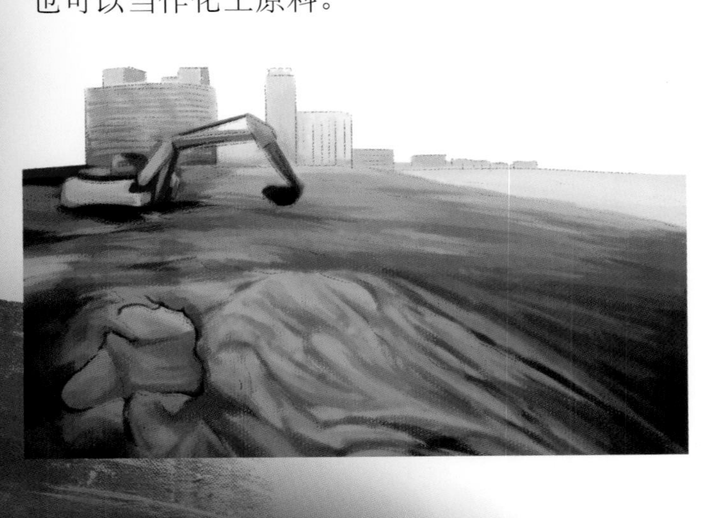

从 2007 年起，浒苔每年都会侵袭山东半岛，使海洋上出现大片绿色的“草原”。目前，机械打捞和除藻剂是最主要的治理浒苔的方法，但控制海水氮、磷等元素的含量，防止海水富营养化仍是最根本的治理方法。

海草 *Sea grass*

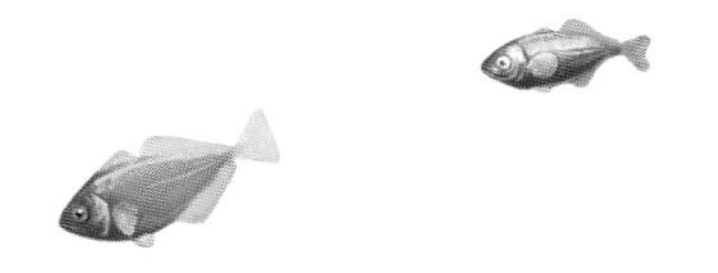

海草是生活在热带、温带浅海的单子叶草本植物。它们像陆地上的草一样，在海洋里形成辽阔的绿色草场，为海洋生物提供理想的栖息地，并维护着海洋生态的平衡。

大　小	长为 30～150 厘米，宽为 0.7～1.6 厘米
生长环境	沿潮下带形成海上草场
特　征	带状或线状的柔软绿叶
分布地区	热带和温带的海岸附近的浅海中

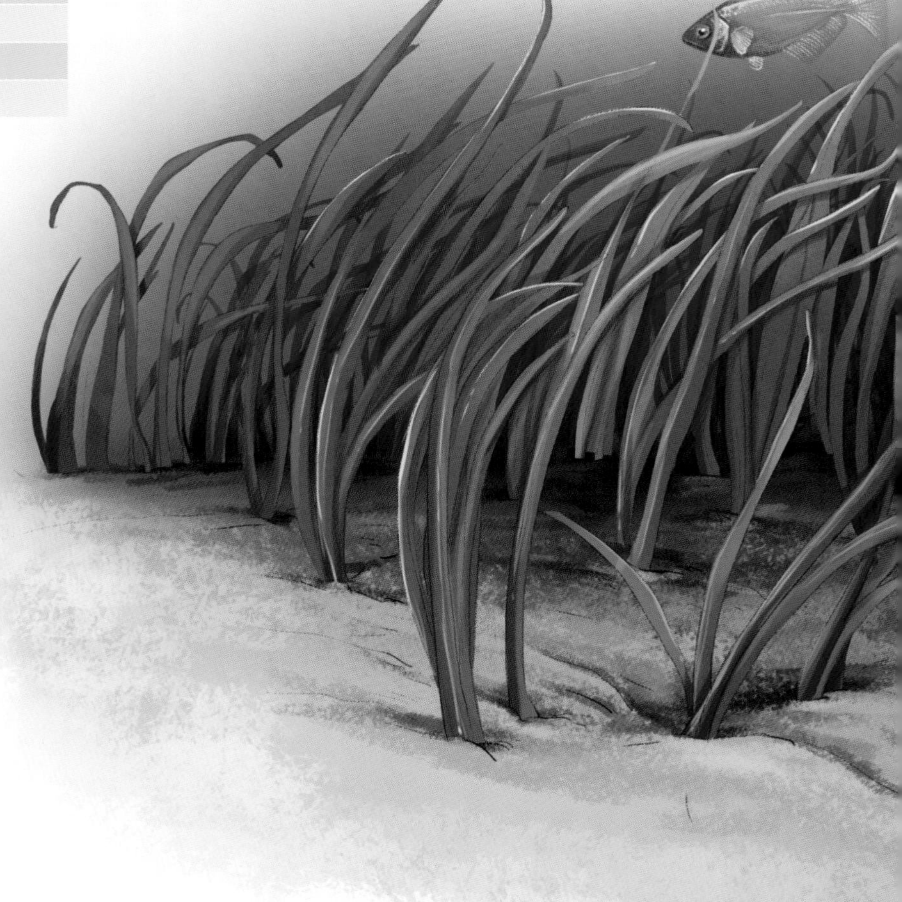

辨认要诀　海 草

海草在演化上也被认为是再次下海的植物。它们有着发达的匍匐根状茎与柔软的细叶，看起来与陆地上的草差别不大。

海底草原

海草常大面积地聚集生长在潮下带、浅滩、潟湖或河口，形成广阔的海草场，面积之大堪比陆地上的草原。在维护海洋生态环境上，海草场具有广泛的作用，既能减缓海浪对海岸的侵蚀，又能吸收营养盐和重金属，净化水质。

海底草原

理想家园

在海平面 25 米以下，众多海洋生物在海草场和谐地生活着。丰富的浮游生物和腐殖质保证了海草场的食物资源，繁茂的海草叶为小鱼、小虾等小型生物提供了庇护所，美味的海草是许多食草生物的最爱。

无阳光，不成活

与陆上的植物一样，海草的生长也离不开阳光。海草需要通过光合作用来转换养分合成有机物。阳光是光合作用的基础，但只能透入海水表层。因此，海草也只能追随阳光，生长在浅海或大洋表层。

海草的光合作用

海草通过光合作用，可以吸收二氧化碳，并释放出氧气，提高海水的溶氧量。此外，海草能提升海水的自净能力，改善渔业环境。

大叶藻 *Zostera marina*

在众多海草中，有一种名为“大叶藻”的多年生沉水草本植物，与人类的生活息息相关。在山东沿海地区，大叶藻是人们建造房屋时不可或缺的建筑材料。

大　小	长为 30~50 厘米，宽为 3~5 毫米
生长环境	海滩中潮带
特　征	顶端钝圆的长条绿叶
分布地区	广泛分布于北半球的凉爽海域

辨认要诀　大叶藻 >>>

大叶藻的茎为根状匍匐茎，有须根和疏分枝；叶子细长，顶端钝圆，叶缘平整，托叶膜质，与叶片基部分离，看起来就像是叶子更长的海草。

喜爱凉爽

大叶藻在北大西洋和北太平洋生活，喜欢凉凉的海水。大叶藻能在北极圈内被冰川覆盖的海水里生存，因此成为冰岛海域唯一存在的海草。

会开花

被子植物大都具有开花能力，生活在海里的大叶藻也不例外。大叶藻花单性，雌雄同株，雌花和雄花沿花序轴一侧交错相间，排成两列，每两个雌花之间有两个雄花，雄花为淡黄色。每年的3－7月份为大叶藻的花果期，大叶藻会在这个时期结出椭圆形的褐色果实，果实内含有暗褐色的种子。

在山东胶东半岛最东端，有一处名叫“天鹅湖”的潟湖，每年冬季，来自西伯利亚和新疆、内蒙古的天鹅就会成群结队来到这里过冬，而天鹅湖里的大叶藻就是这些远道的来客最喜爱的食物。

果实

大叶藻花

建造海草房

海草房历史悠久，早在秦朝时期，人们就已经用海草来建造房屋了。用来建造海草房的“海草”可不是普通海草，在5~10米浅海生长的大叶藻是建海草房良好的材料。鲜绿的大叶藻晒干后呈紫褐色，叶片十分柔韧，将其苫成厚厚的屋顶，能够防虫蛀、防霉烂，并且不易燃烧，冬暖夏凉，百年不毁。

盐地碱蓬 *Suaeda salsa*

盐地碱蓬是一种盐生植物，具有耐盐碱、耐贫瘠的特性。在一些适合盐地碱蓬生长的地区，海滨会被染成火红色。

大　小	高为 20~80 厘米
生长环境	盐碱地
特　征	圆柱状直立茎，绿色的细长叶或紫红色的短粗肉质叶
分布地区	欧洲、亚洲，我国东北、西北、华北及沿海各省均有分布

辨认要诀　盐地碱蓬 >>>

盐地碱蓬有红色和绿色两种形态。红色形态的植株较矮，叶子短粗；绿色形态的植株较高，叶子细长。

立于盐碱

盐地碱蓬的名字就说明了其生长环境。它们生长在海滩、河岸等盐碱荒地，是一种典型的盐碱地指示植物。绝大多数植物无法在盐分过高、碱化严重的土壤上扎根生长，而盐地碱蓬不但在盐碱地扎下了根，还顽强地破土而出、傲然挺立，用火红的枝叶晕染了满地荒芜。

变色魔法

盐地碱蓬拥有变色的魔法。当生长在盐分较低的堤岸时，它们叶子是翠绿色的；当生长在盐分较高的潮间带时，翠绿的叶子就会变成红色，而且盐分越高，叶子越红。为了克服在高盐土壤中的缺水问题，盐地碱蓬会缩小自己的身体，细长的叶子也会肉质化，变得又短又粗。

其实，盐地碱蓬对土壤含盐量的忍受能力是有限度的。当土壤含盐量为 1.6%～2% 时，盐地碱蓬的叶子就会枯黄。当含盐量超过 2% 时，盐地碱蓬就会枯萎。

盐分高，叶子变红并肉质化

盐分低，叶子翠绿且细长

红海滩

在东北地区，人们将盐地碱蓬称作“翅碱蓬”。在辽宁省盘锦市境内，辽河三角洲的入海口处，成千上万的翅碱蓬殷红如火，形成壮美的“红海滩”景观。“红海滩”的潮水每日涨落两次，避免了蒸发作用引起的土壤积盐，再加上地表径流水与自然降雨稀释了土壤中的盐分，使翅碱蓬能够像不熄的火焰一样，一直茂盛地生长。

红树林 Mangrove

在海洋与陆地的交界处，有的地方生长着以红树植物为主，由常绿灌木和乔木组成的绿色丛林——红树林。红树林是海洋中独具特色的湿地生态系统，也是保卫陆地不受海洋侵害的“绿色长城”。

大　小	最矮不足 1 米，最高可达 30 米
生长环境	陆地与海洋交界带的滩涂、浅滩
特　征	根系发达，能在海水中生长
分布地区	热带和亚热带海湾、河口泥滩上

辨认要诀 红树林 >>>

红树林很大一部分身体会埋在海水中，纵横交错的树根是红树林最鲜明的特点。细长的支持根从主干分出扎根在泥滩，指状的气生根从根部生出并露出水面，在潮起潮落时用来呼吸。

“胎生”繁殖

特殊的生长环境使红树林演变出特殊的繁殖方法。由于松软的泥土和涨落的海水会使种子轻易被冲走，因此红树林演化出“胎生”的方式进行繁殖。红树林的种子成熟后会先在母树上吸收营养，不断发芽，直到萌发成“胎儿”幼苗。“胎儿”幼苗带着小枝叶，等到时机成熟，就会脱离母树，跳入海中，借由海水的漂流寻找合适的地方落地生根，安家生长。

“胎生”繁殖

在发育良好的红树林中，一些小型哺乳动物也在那里栖息，如长鼻猴、伪沼鼠、侏三趾树懒等。它们以红树林的果实、树叶和滩涂里的虾、蟹、贝类为食。

红树的叶片可分泌盐分

奇妙的叶

仔细观察红树的树叶，你会发现上面有层白色的晶体，那是红树分泌出来的盐分。红树林长期生长在高盐环境中，为了生存，叶片具有奇妙的泌盐功能。

富饶的栖息地

茂盛的红森林为多种多样的动物提供了理想且富饶的栖息环境，除了浮游生物、贝类、甲壳类、鱼类等海洋生物在红树林栖息，每年的迁徙季节，大批的候鸟也会选择红树林作为休息的驿站或过冬的栖息地。生物的多样性构成了复杂且稳定的食物链，维持着红树林生态系统的平衡。

扇形海绵 *Ianthella basta*

扇形海绵是海绵家族中很普遍的一类成员。它们看起来很像植物，事实上是一类结构十分简单的海洋“居民”，已经在广阔无垠的海洋中生活了数亿年。

大　小	不详
生长环境	在海洋的潮间带到 8500 米深处营固着生活
食　物	海水中的有机碎屑、微生物等
分布地区	印度洋、太平洋及其附近海域

辨认要诀　扇形海绵 >>>

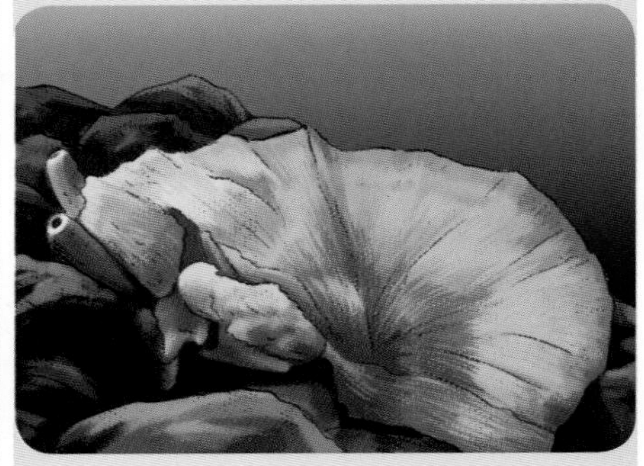

与其他种类海绵相比，扇形海绵的体形较大。它们的身体柔软，呈扇形，体表有褶皱，体壁上分布着很多小孔。

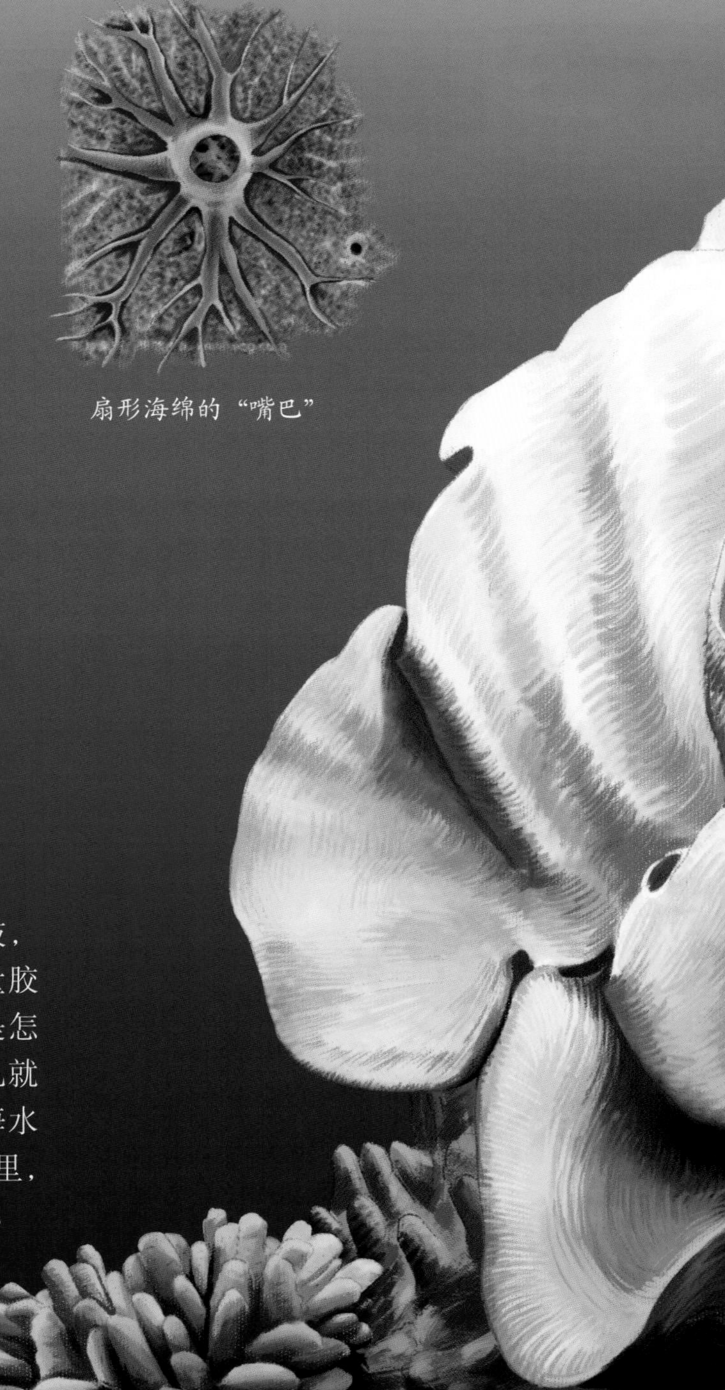

扇形海绵的“嘴巴”

“六无”动物的进食方法

扇形海绵既没有头和尾，也没有躯干和四肢，更没有神经和器官。碳酸钙、碳酸硅以及大量胶原蛋白是构成海绵的主要成分。那么，它们是怎样进食的呢？原来，扇形海绵布满全身的小孔就是其“嘴巴”。扇形海绵会通过这些小孔把海水吞进体内，将海水里的有机物、微生物留在肚子里，然后将食物的残渣碎屑通过顶端的出水口排去。

起舞的海绵

扇形海绵的骨骼十分松软。当一波又一波的水流涌进时，它们往往会随水而动，如同跳起欢快的舞蹈。其实，它们这么做一方面是为了摄食，补充营养；另一方面是为了最大限度地避免洋流对身体的冲击，保护自身的安全。

扇形海绵随波“起舞”

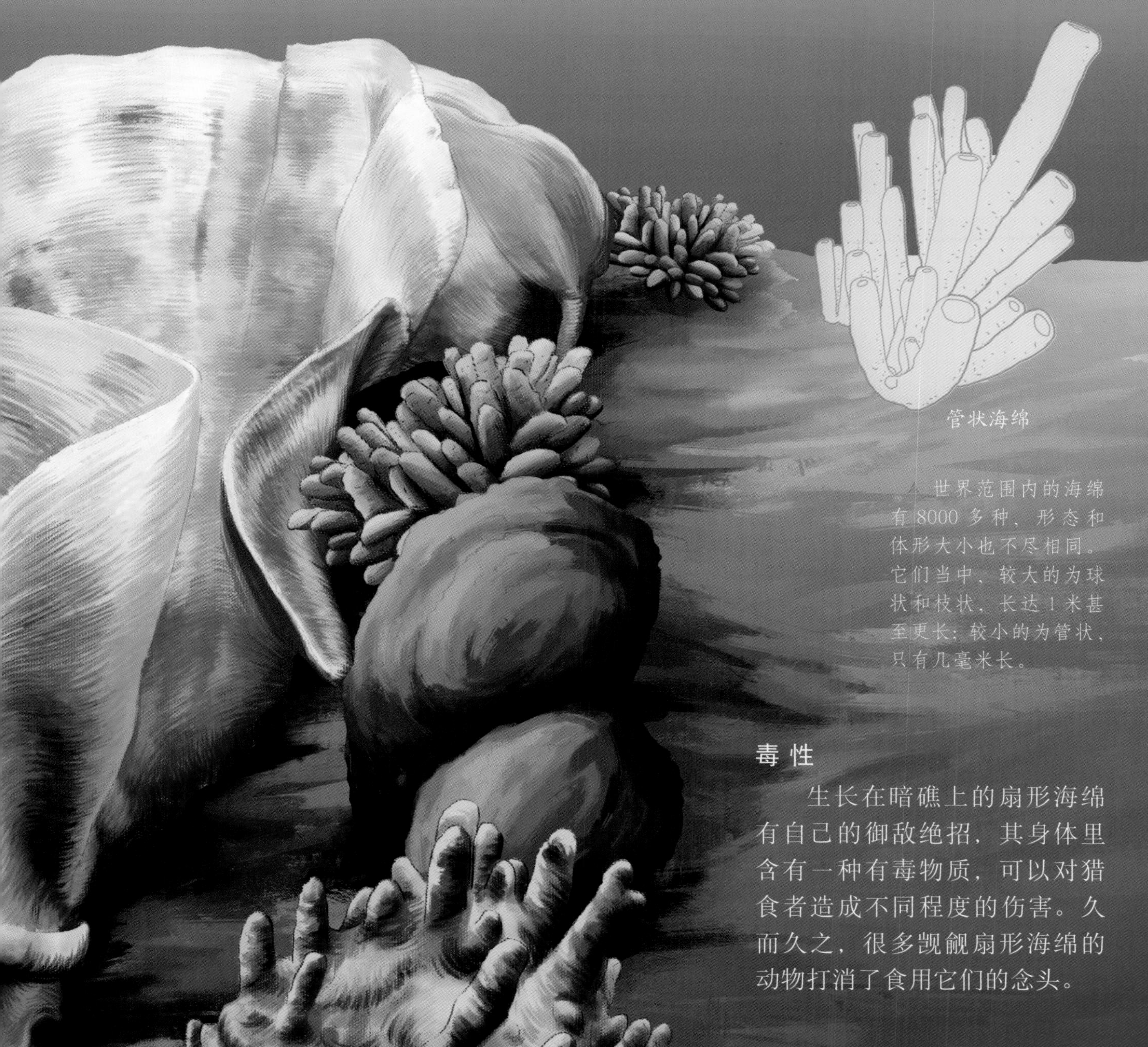

管状海绵

世界范围内的海绵有8000多种，形态和体形大小也不尽相同。它们当中，较大的为球状和枝状，长达1米甚至更长；较小的为管状，只有几毫米长。

毒性

生长在暗礁上的扇形海绵有自己的御敌绝招，其身体里含有一种有毒物质，可以对猎食者造成不同程度的伤害。久而久之，很多觊觎扇形海绵的动物打消了食用它们的念头。

公主海葵 *Heteractis magnifica*

在温暖海域的浅滩珊瑚礁，生长着一种形似花朵的腔肠动物——公主海葵。它们多姿多彩、灿烂夺目，非常符合人们对海洋之花的美好想象。不过，这些看似无害的“花朵”有时会像食肉动物一样野蛮。

大　　小	直径可达1米
生长环境	浅海珊瑚礁中
食　　物	浮游生物、鱼、虾、贝类等
分布地区	印度洋、太平洋海域

辨认要诀　公主海葵　>>>

公主海葵体形较大，身体呈圆柱状，基盘依附在岩石或其他物体上。它们的触手较大，多为黄色、黄绿色，上面分布着刺丝囊。公主海葵的种类较多，色彩艳丽。

食肉“花”

公主海葵的食物非常丰富，小鱼、贝类、浮游生物、甚至是蠕虫，都在它们的食谱上。公主海葵固着在岩石上，基本不会主动出击。不过，充满欺骗性的外表却会帮助它们吸引很多小猎物来到身边。这时，公主海葵只需用触手牢牢抓住猎物，迅速将其送进大大的口盘中就行了。之后，这些美味便会在消化腔进行消化，食物残渣由嘴排出体外。

有毒的触手

在捕食的过程中，公主海葵的触手功不可没。这些触手上布满含有毒素的刺细胞。只要目标猎物接近，刺细胞就会适时释放毒素，麻醉猎物。没一会儿，来不及逃跑的猎物就可能动弹不得。此时，它们只能无奈地接受被吃掉的命运。

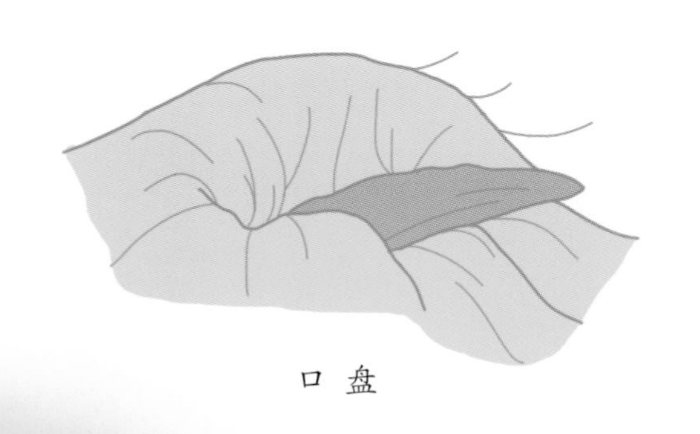

口 盘

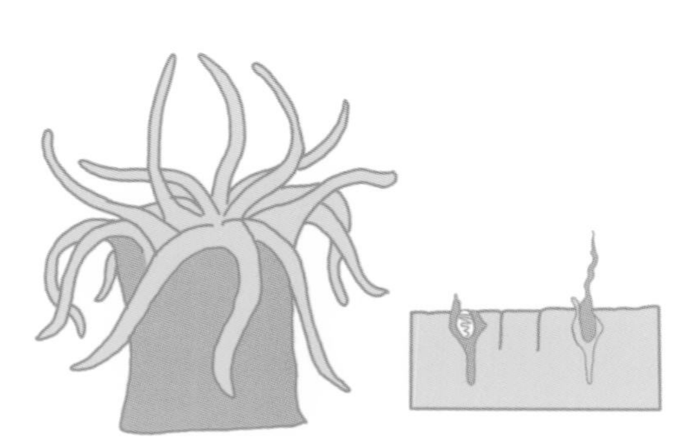

海葵刺细胞

海葵的毒素对人类同样有效，但伤害不大。你如果不小心碰到海葵的触手，就会有瘙痒刺痛的感觉。如果将海葵触手吃下，就会引起发烧、呕吐、腹痛等中毒现象。

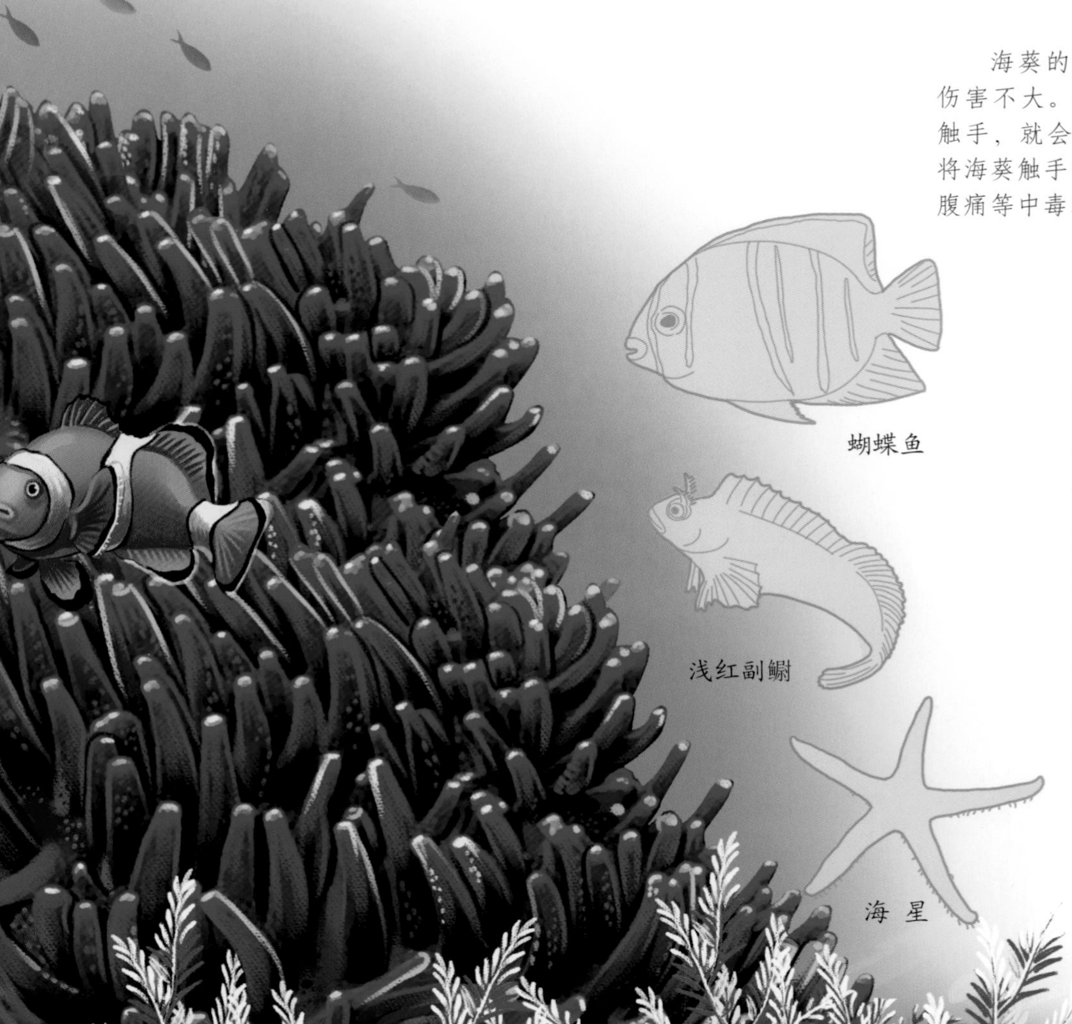

“房客”和敌人

公主海葵虽然性情凶狠，但对清洁虾、小丑鱼等“房客”十分温柔，因为它们之间保持着非常友好、和谐的协作关系。当然，强悍的公主海葵也存在天敌。海星、蝴蝶鱼和浅红副鳚就可以把这些用毒高手啃食得体无完肤。

箱水母 Cubozoa

如果将海洋里有毒的动物进行排名，箱水母绝对名列前茅。这种像箱子一样的水母体内含有剧毒，曾造成多起致人中毒伤亡的事件，被称为“最致命的水母”。

大　　小	侧面直径为 30 厘米，高为 20 厘米，触手长达 3 米
生长环境	沿海的浅水区，天气炎热时潜入深水区
食　　物	小鱼、虾及无脊椎动物
分布地区	热带和亚热带海洋

辨认要诀　箱水母 >>>

箱水母之所以叫这个名字，是因为其外形像立体的方形箱子，但却是有点微圆的“箱子”。成年箱水母的大小和足球差不多，呈蘑菇状，全身近乎透明，身后有 60 多条带状触须，触须上排列着密密麻麻的囊状物。

24 只眼睛

箱水母是最早进化出眼睛的动物之一。箱水母管状身体顶端的杯状体上分布着 4 种不同类型的 24 只眼睛，最原始的眼睛只能感知光的强弱，最复杂的眼睛能像人眼一样辨别色彩。360° 环绕分布的眼睛使箱水母拥有广阔的视野，能够在海洋中灵活地游泳，轻巧地避开障碍物。

致命毒素

箱水母被称为“十大毒王”之一，刺细胞含有剧毒。刺细胞分布在触须上的囊状物中，每个刺细胞都长有刺丝囊。刺丝囊就像一根根盛满毒液的空心的毒针。当箱水母发起攻击时，刺丝囊就会刺入敌人的体内并释放毒液，使敌人瞬间丧失战斗力甚至死亡。人类要是不小心被箱水母刺伤，4 分钟之内就有可能器官衰竭，中毒而死。

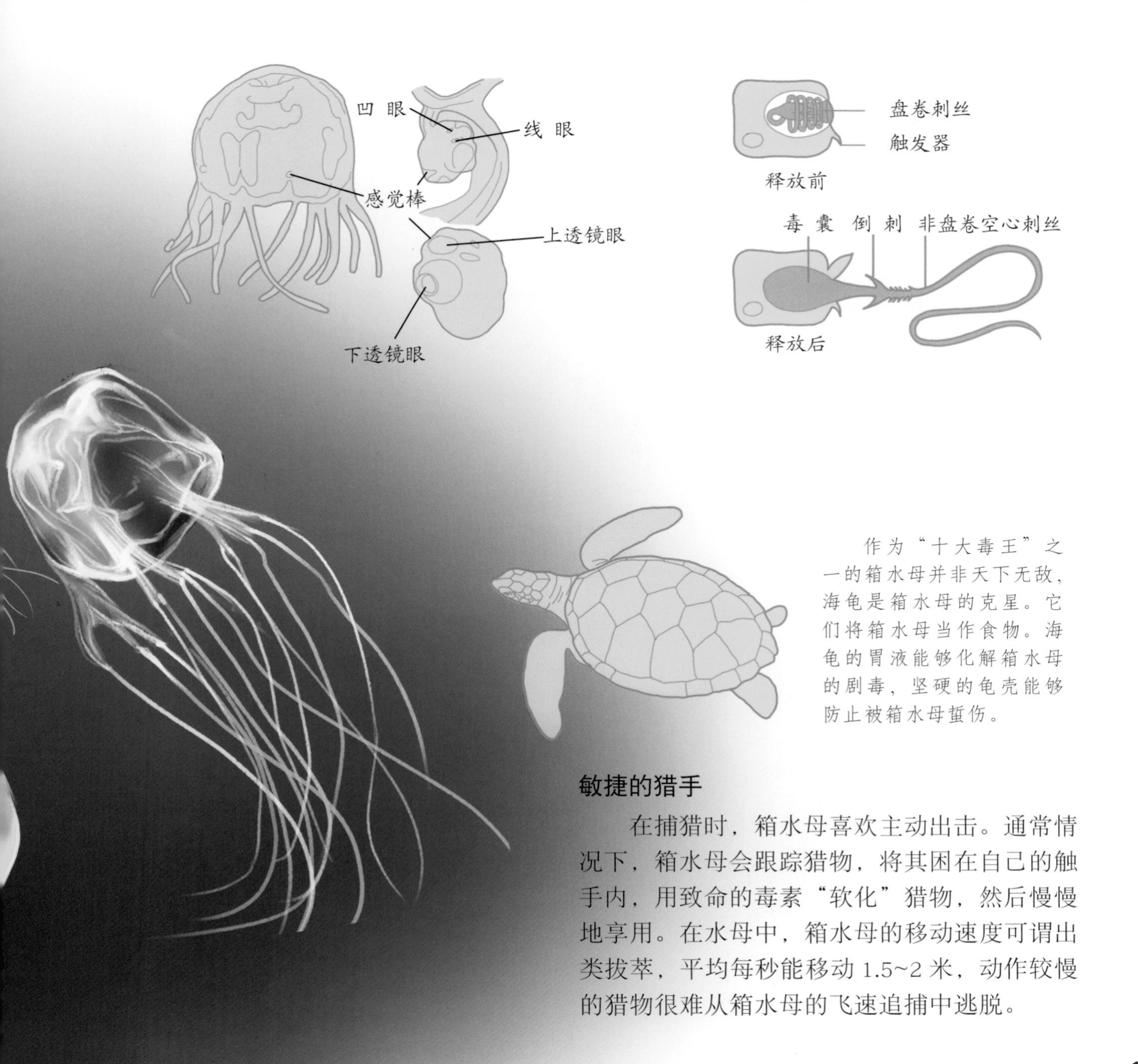

作为“十大毒王”之一的箱水母并非天下无敌，海龟是箱水母的克星。它们将箱水母当作食物。海龟的胃液能够化解箱水母的剧毒，坚硬的龟壳能够防止被箱水母蜇伤。

敏捷的猎手

在捕猎时，箱水母喜欢主动出击。通常情况下，箱水母会跟踪猎物，将其困在自己的触手内，用致命的毒素“软化”猎物，然后慢慢地享用。在水母中，箱水母的移动速度可谓出类拔萃，平均每秒能移动 1.5~2 米，动作较慢的猎物很难从箱水母的飞速追捕中逃脱。

僧帽水母 *Physalia physalis*

僧帽水母经常成群栖息在海面上，随着风、水流和潮汐到处漂游。船上的水手们如果看到僧帽水母离开水面潜到了海底，就知道暴风雨要来了。

大　　小	鳔长为 9~30 厘米，触须平均长为 10 米，最长达 22 米
生长环境	海平面
食　　物	小鱼、小虾
分布地区	太平洋、大西洋

辨认要诀　僧帽水母 >>>

僧侣帽子似的浮囊体是僧帽水母的标志，浮囊体长 20~30 厘米，呈淡蓝色，浮囊上有发光的膜冠，浮囊体下悬垂着营养体、指状体、生殖体和长短不一的触手。漂浮在海面上时，僧帽水母活像系紧的塑料袋。

军舰鱼等海鱼与僧帽水母共生。它们的黏膜不会触动僧帽水母触须上的刺细胞，因此可以自由穿梭在触须之中，得到僧帽水母的保护。同时，它们也会吸引其他小鱼，为僧帽水母提供食物。

一半海水，一半阳光

在阳光明媚的日子里，僧帽水母一般会漂浮在海面上，下半身泡在海里，上半身暴露在阳光下享受“日光浴”。僧帽状的气囊体会产生以二氧化碳为主的气体，使僧帽水母能像气球一样在海面上飘着。僧帽水母其实也怕晒，所以会经常翻动“僧帽”来保持湿润，淡蓝的色彩也能有效阻挡阳光中紫外线的伤害。

扬“帆”漂泊

在微风、洋流和潮水的推动下，僧帽水母终日漂泊在热带温暖的海洋上。浮囊顶上的膜冠充当僧帽水母的“帆”，借助风力，僧帽水母可以自行调整方向。

漂浮的僧帽水母

毫不费力地捕食

触须是僧帽水母的“化学武器”，里面含有的毒素会让被蜇伤的生物中毒麻痹，动弹不得。僧帽水母长长的触须经常令路过的鱼虾避之不及，成为倒霉的“牺牲品”。捕捉到食物后，僧帽水母触须上的收缩细胞会把猎物带到用来消化的水螅体。水螅体会包围食物，分泌出能分解蛋白质和脂肪的酶来消化猎物。

狮鬃水母 *Cyanea capillata*

水母家族里体形最巨大的当属狮鬃水母，庞大的体形和狮子鬃毛般的触手使其在海洋生物里有着非一般的存在感。

大　小	伞形躯体可达 2 米，触手最长超过 35 米
生长环境	海面以下 20~40 米、水温恒定的区域
食　物	浮游生物、小型鱼类和其他水母
分布地区	北极、北大西洋和北太平洋的寒冷海域

辨认要诀　狮鬃水母 >>>

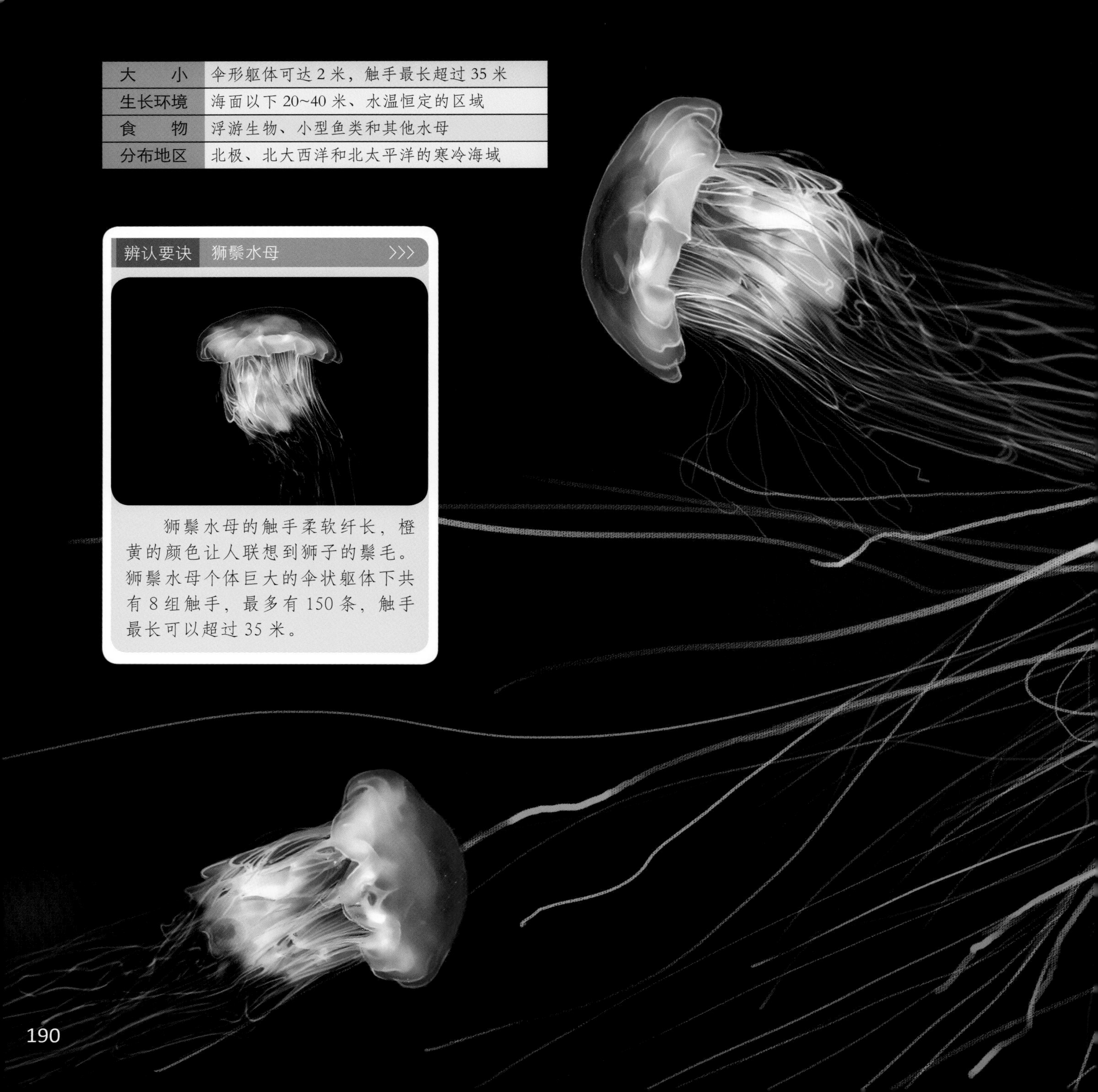

狮鬃水母的触手柔软纤长，橙黄的颜色让人联想到狮子的鬃毛。狮鬃水母个体巨大的伞状躯体下共有 8 组触手，最多有 150 条，触手最长可以超过 35 米。

华丽的“死神”

体积庞大的狮鬃水母有着华丽的外表。它们不仅色彩鲜艳，还能够发出绚丽夺目的光。当夜幕降临，在伸手不见五指的暗夜海洋里，光芒梦幻的狮鬃水母缓缓游过，使周围的小鱼纷纷被迷住，不由自主地向其靠近，这正中了狮鬃水母的“美丽陷阱”。待猎物靠近，狮鬃水母会迅速射出毒液将其麻痹，然后用触手死死缠住猎物，用伞状体下的息肉将猎物消化得一干二净。

不伤人却致命

狮鬃水母通常不会在人类出没的海域内活动。只要不去接近它们，狮鬃水母就不会主动攻击人类。不过，狮鬃水母的触手中含有剧毒，一旦被狮鬃水母蜇到，人类就会迅速麻痹甚至死亡。

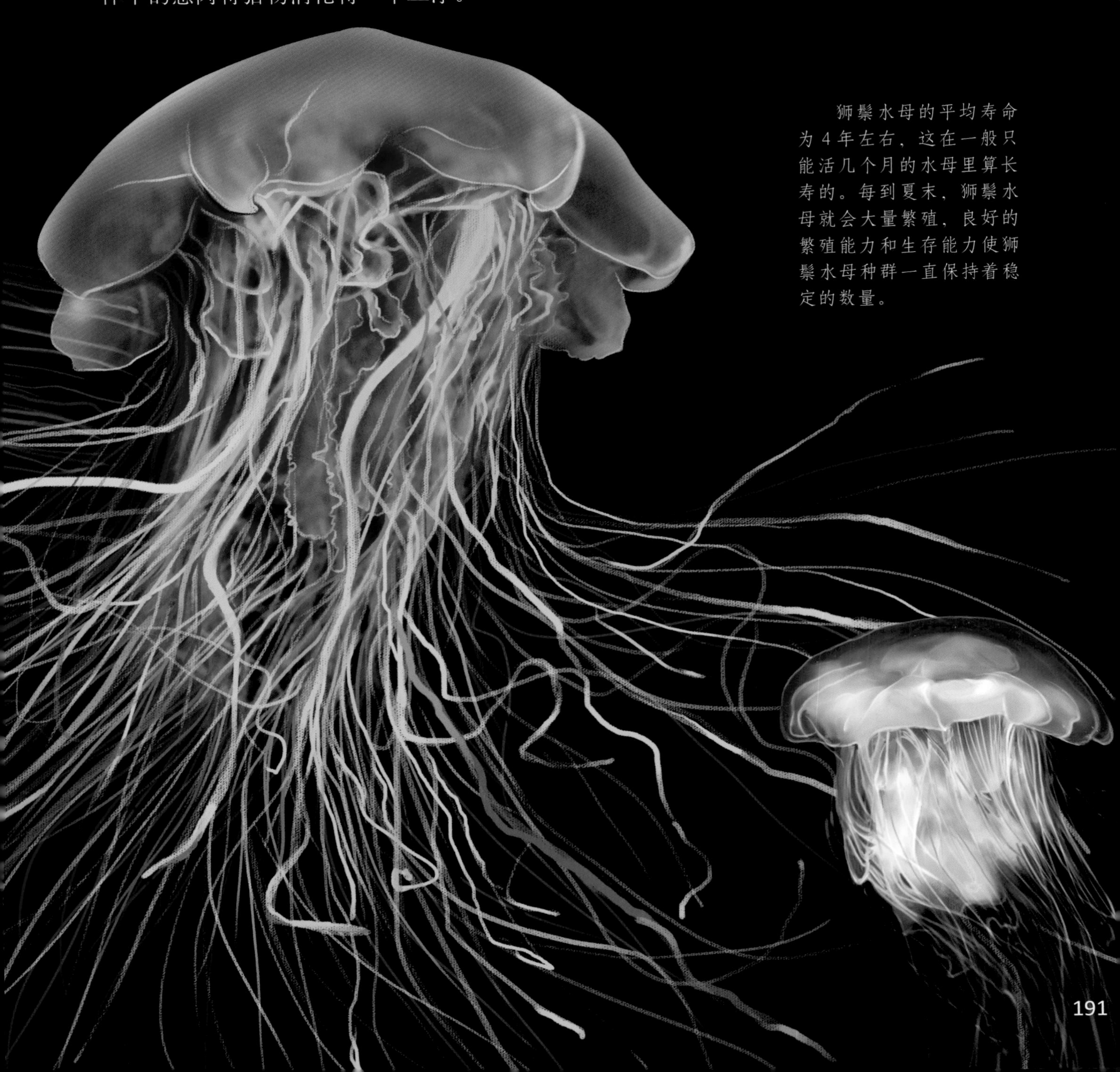

狮鬃水母的平均寿命为4年左右，这在一般只能活几个月的水母里算长寿的。每到夏末，狮鬃水母就会大量繁殖，良好的繁殖能力和生存能力使狮鬃水母种群一直保持着稳定的数量。

越前水母 *Nemopilema nomurai*

由于全球变暖和海洋污染等问题，一种名为“越前水母”的巨型水母从中国的黄海和东海一直泛滥到日本海，而且数量有越来越多的趋势。我们在担忧海洋生态平衡可能会被打破的同时，不得不佩服越前水母顽强的生命力。

大　　小	直径为 2~3 米，体重达 200 千克
生长环境	随浮游生物在海面和深海之间移动
食　　物	浮游生物，鱿鱼、鲑鱼、鳀鱼等
分布地区	长江三角洲到日本海

辨认要诀　越前水母 >>>

越前水母的体形可媲美狮鬃水母。它们的伞状体直径一般超过 1 米，部分个体最大可以达到 2~3 米。

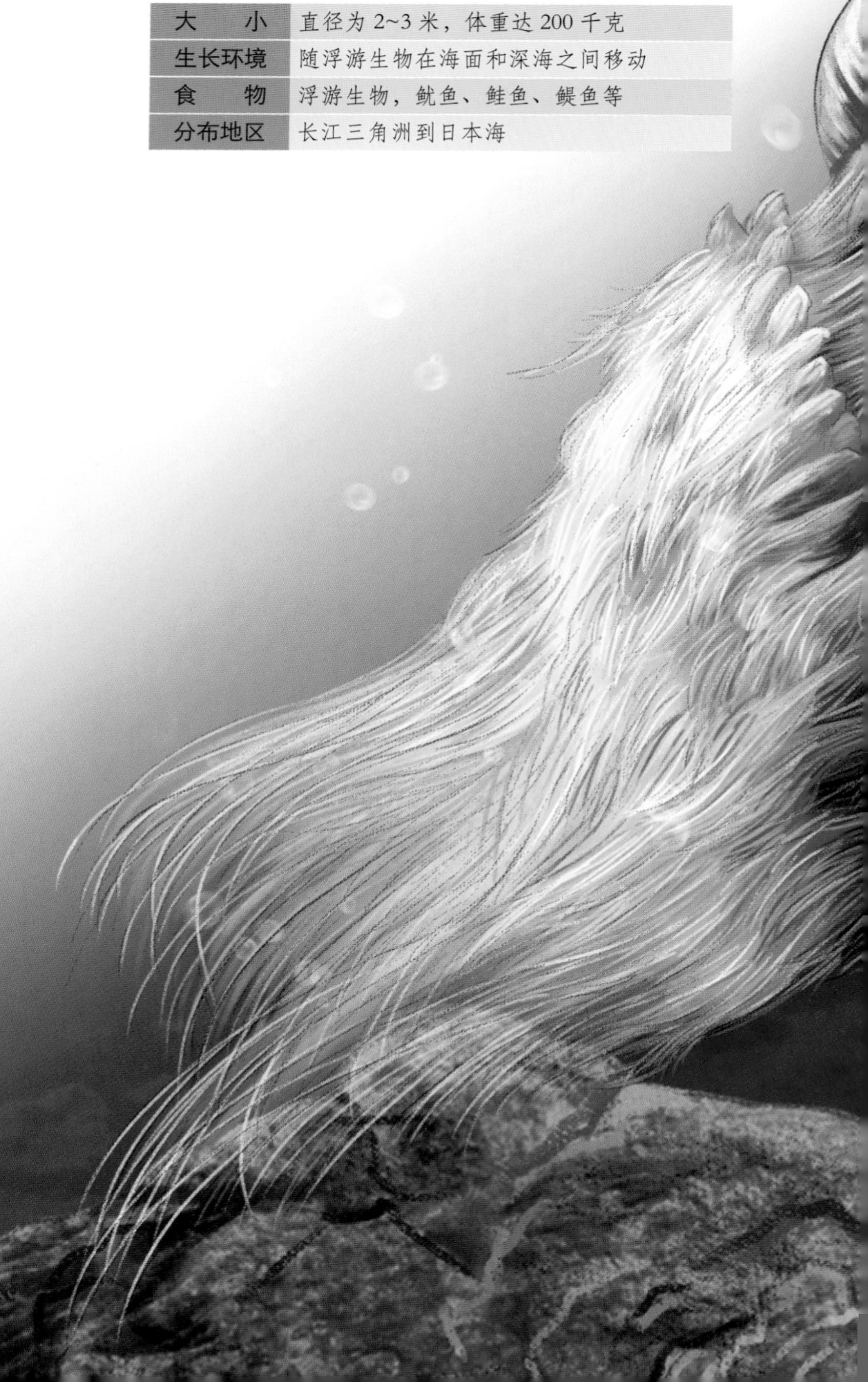

快速成长

幼年期的越前水母伞径只有 3～5 厘米，因为小巧可爱，常被人们养在水族馆内观赏。只要温度适宜、食物充足，在半年到 1 年的时间内，越前水母就会长大，伞径可以超过 1 米。再过不久，越前水母就能完全长成一个“庞然大物”。

分 身

越前水母会随着海水的流动而移动。每移动到一个地方，越前水母就会留下一部分身体组织。神奇的是，这些身体组织可以自行生长成水母，并且当其长到一定程度时，在特定环境下还能够层层散开，成为一个个小水母。越前水母的数量之所以会越来越多，也许就是靠这种分身能力。

越前水母成长过程

人类的反攻

体积巨大的越前水母经常偷袭渔民捕鱼的渔网，将渔民辛苦收来的鱼吃掉或压死。有时越前水母还会撞击渔船，造成伤亡事故。为了对付越前水母，人们会将其捕获，送到工厂加工。在长江沿岸，水母会被制成食用海蜇；在日本，人们将水母加工成粉，添加进饼干里增加风味。越前水母也含有毒素，但经过加工后可以安心食用。

越前水母加工的食物

一开始，人们会把捕获的越前水母直接杀死然后倒回海中，但越前水母却更为泛滥了。后来专家发现，越前水母被杀死后会立即排出精子和卵子，在海中大量繁殖，人们这才想出了加工食用的办法来减少其数量。

海蜇 *Rhopilema esculentum*

海蜇属于水母大家族的一员，在众多有毒的水母中，海蜇是少数可以食用的品种。但是，这并不代表海蜇没有危险性，充满毒液的刺丝囊是海蜇非常具有杀伤力的武器，如果不幸被蜇伤，那滋味可着实不好受。

海蜇 >>>

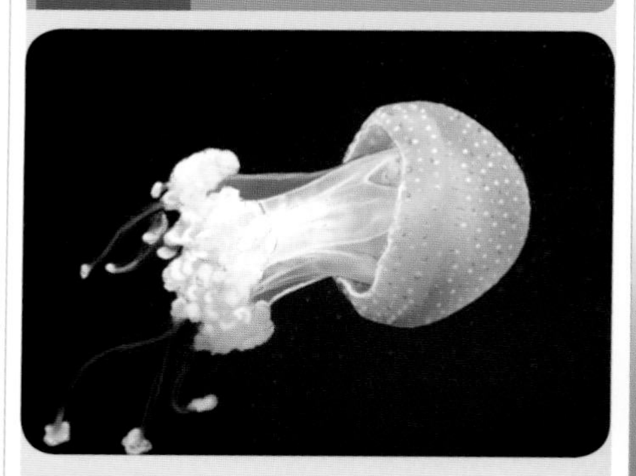

海蜇被称为“毒蘑菇”，因为其伞状体隆起浑圆，和蘑菇头十分相似。在伞面下的垂管末端有8枚口腕，每枚口腕处都缺裂出许多瓣片。通常，人们将海蜇的伞部称为“海蜇皮”，将口腕部称为“海蜇头”。

大　小	直径为50厘米，最大可达1米
生长环境	近海水域、河口附近，水深3~20米
食　性	小型浮游动物
分布地区	中国、日本、朝鲜半岛沿岸和俄罗斯远东海域

游泳能力差

作为一种浮游动物，海蜇的游泳能力很弱。平时，海蜇靠发达的内伞环状肌一伸一缩、挤压伞部下的海水获得前进的动力，在潮汐、风力和洋流的助力下缓慢游动。海蜇在静水时的浮游速度为4~5米/分钟。

海蜇的发育

海蜇的浮浪幼虫还没有发育出捕食器官，因此并不摄食，等到幼虫发育到一定程度才会长出触手，捕捉一些微小的浮游生物食用。随着进一步发育，海蜇的口腕部逐渐形成，小海蜇就会用口腕上的小吸口来摄取食物。当海蜇完全发育成熟后，它们就会将小型甲壳类、纤毛虫、硅藻等纳入自己的捕食范围。

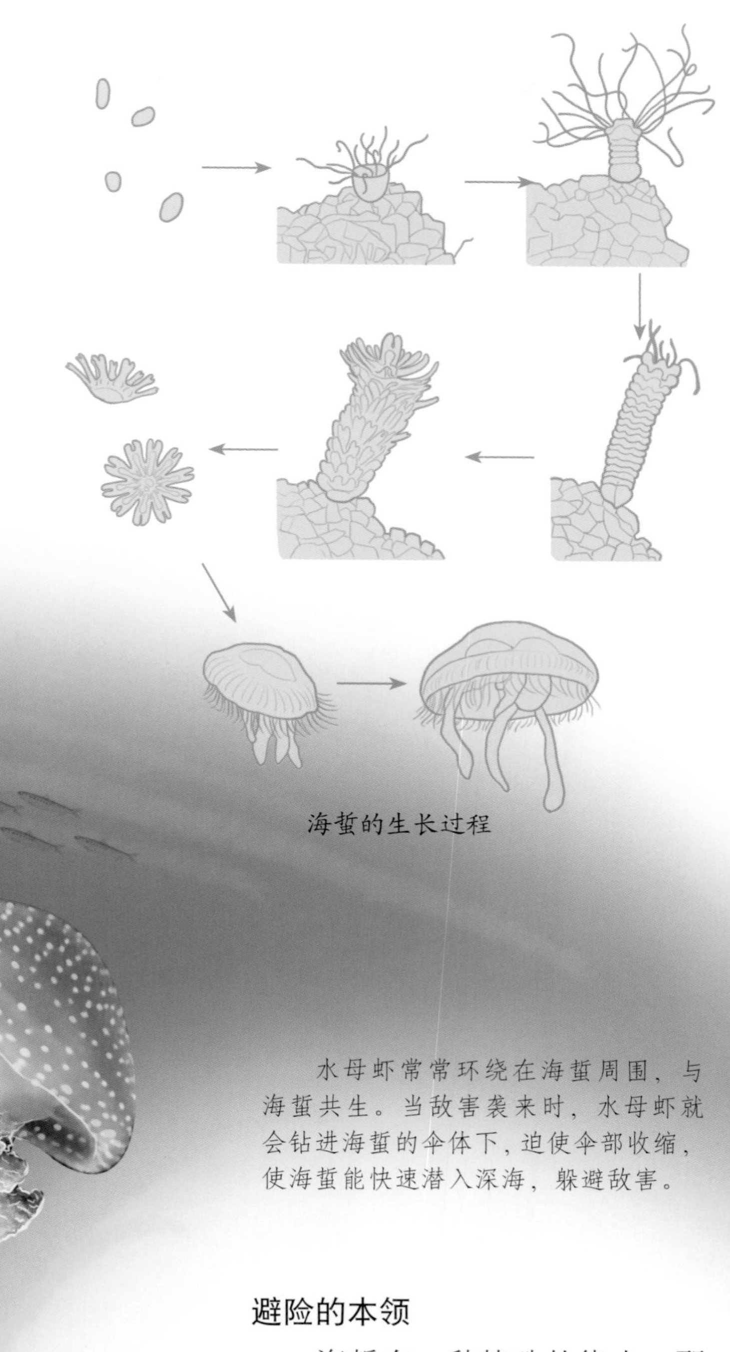

海蜇的生长过程

水母虾常常环绕在海蜇周围，与海蜇共生。当敌害袭来时，水母虾就会钻进海蜇的伞体下，迫使伞部收缩，使海蜇能快速潜入深海，躲避敌害。

避险的本领

海蜇有一种特殊的能力，那就是它们能通过感知“次声波”来预知风暴。在风暴出现前，会产生一种独特的声波——次声波，这种声波能被海蜇清晰地感知到。海蜇在风暴来临前的十几个小时就能得到消息，然后迅速从海面消失，撤离到海底。

红珊瑚 *Corallium rubrum*

姿态各异、色彩缤纷的珊瑚花园里有一种名叫“红珊瑚”的珍稀种类。它们色泽喜人，数量很少，生长周期漫长。自古以来，红珊瑚就被视为祥瑞之物。可是，近年来，随着人类的过度开采，红珊瑚的数量骤减，处境堪忧。

辨认要诀　红珊瑚 >>>

红珊瑚呈树枝状，像没有叶子的细小灌木，中间有角质骨骼中轴。它们的颜色多为深红色、火红色和桃红色。其体表常常生长着一种毛茸茸的菌落。

大　　小	体长可达 1 米
生长环境	200~2000 米的清澈海域
食　　物	浮游生物
分布地区	地中海、日本南部岛海域、中国台湾海域、夏威夷群岛周边海域

生存环境

红珊瑚对环境非常挑剔。只有在那些温度在 8℃ ~20℃之间、无沉积物、硬底的清澈海域，红珊瑚才有可能生存下来。

漫长的生长期

红珊瑚的生长速度非常缓慢，从幼虫成长为成虫，需要 10~12 年的时间。而且，它们每 20 年才能生长约 3.3 厘米，每 300 年体重才会增加 1 千克。尽管与绝大部分海洋动物相比，红珊瑚是名副其实的“寿星”，可一旦环境恶化，它们就可能集体死亡。

美丽的瑰宝

在人们眼中，红珊瑚一直被视为吉祥之物。很多航海家觉得红珊瑚可以保佑他们平安返航，所以出海时会随身佩戴。此外，红珊瑚还被列为东方佛典中的七宝之一，被用来制作佛像和佛珠。

红珊瑚制作的物品

红珊瑚具有一定的药用价值，可以明目、定惊。此外，它们还有治疗角膜炎、溃疡的作用。

大旋鳃虫 *Spirobranchus giganteus*

大旋鳃虫是一种环节动物，常常和珊瑚共生。它们颜色缤纷，经常成对出现，从侧面看上去就像圣诞树，因此也被称为“圣诞树蠕虫”。

大旋鳃虫有橙、黄、蓝、白等多种色彩，有时也带有简单的花纹，圣诞树一样的外形令大旋鳃虫很容易辨认。

大　小	体长为 1.8 厘米，宽为 3.8 厘米
生长环境	与珊瑚共生
食　物	海水中的微生物
分布地区	全球热带海洋

安家珊瑚上

在一些大型珊瑚上，我们可以找到成对栖息的大旋鳃虫。大旋鳃虫可以在身体周围分泌出钙质的管腔，然后把管腔嵌在造礁珊瑚的头上，一个安全的家就造好了。在分泌钙质管腔前，大旋鳃虫一般会先在珊瑚上钻洞，用来加强固定。

敏感胆小

大旋鳃虫十分敏感、胆小，只要受到一点惊吓或者打扰，就会连同鳃冠一起缩进管腔里，直到风平浪静再探出头来。大旋鳃虫如果不幸被捕食者抓住，就会断掉自己的鳃冠装死，不久后会重新长出鳃冠。不过，很少有生物将大旋鳃虫当作食物。

“圣诞树”

大旋鳃虫最特别的就是像圣诞树一样的鳃冠。鳃冠是大旋鳃虫的呼吸器官，也是摄食器官。色彩鲜艳的螺旋结构由像羽毛一样的辐棘组成，辐棘上有许多纤毛，可以捕捉并输送食物，并将其直接放入消化道中。由于大旋鳃虫“定居”在珊瑚上，因此它们主要靠滤食来摄取微生物。

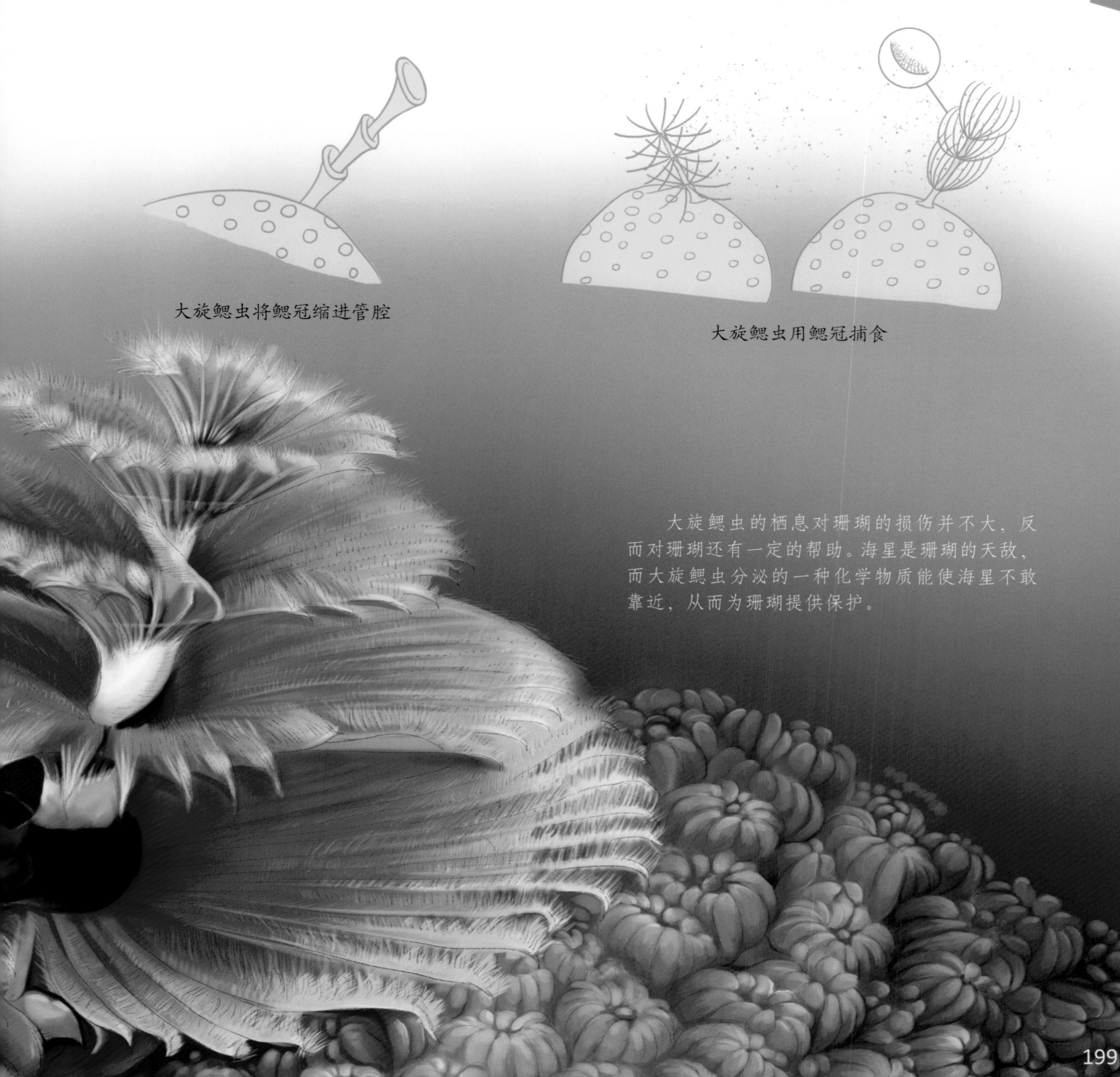

大旋鳃虫将鳃冠缩进管腔

大旋鳃虫用鳃冠捕食

大旋鳃虫的栖息对珊瑚的损伤并不大，反而对珊瑚还有一定的帮助。海星是珊瑚的天敌，而大旋鳃虫分泌的一种化学物质能使海星不敢靠近，从而为珊瑚提供保护。

海百合 *Crinoidea*

海百合是一种古老的无脊椎动物。在寒武纪早期，海百合就已经出现在海洋里了。人们曾经以为海百合已经灭绝，直到后来在深海中再次发现其踪迹，才知道海百合从来没有离开。

海百合的身体由像植物根茎似的柄来支撑，柄上有鳞茎状的身体和数十条蕨叶状的腕。这些腕使人们误以为海百合是植物。

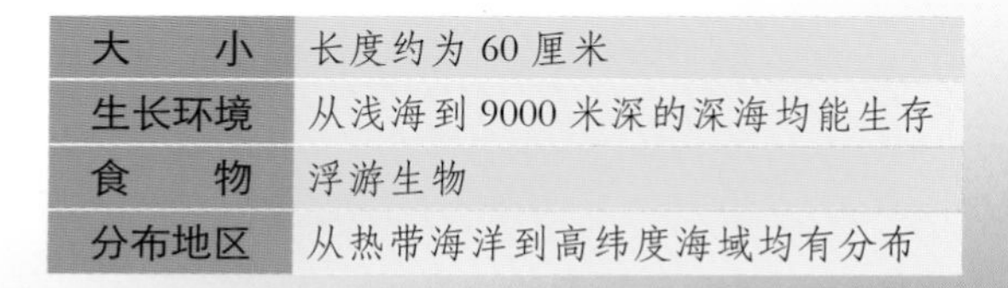

大　　小	长度约为 60 厘米
生长环境	从浅海到 9000 米深的深海均能生存
食　　物	浮游生物
分布地区	从热带海洋到高纬度海域均有分布

古老的海洋生物

海百合的历史可以追溯到 5 亿年前的寒武纪时期，那时海百合刚刚出现，种类还不是很多。到了石炭纪时期，海百合家族非常繁荣，数量庞大，在海底分布广泛。后来在二叠纪－三叠纪灭绝事件中，90% 的海洋生物灭绝，海百合也逐渐衰退。目前，人们发现的海百合化石种类有 5000 多种，现存的品种有 700 多种。

守株待兔

大部分海百合有10~50条腕，有的甚至有200条腕。这些像花朵一样的腕柔软而美丽，是海百合用来捕食的工具。当发现猎物时，它们就会把腕高高举起，腕两侧的羽枝会把浮游生物挡住，然后将其包上黏液送入嘴中。吃饱喝足后，海百合就会轻轻收拢腕枝，安然入睡。

顽强的生命力

海百合终生固定在海底，无法移动，因此经常受到鱼群的袭击，被咬断“茎”或者“花朵”。即便遭受了那么多磨难，海百合依然能顽强地生存下来。海百合不是植物，失去“茎”也不会死亡，反而还获得了“新生”。脱离海底的海百合终日在海洋里漂泊，科学家因此赋予其另一个名字——海羽星。

▲海百合四处漂荡，身体能随环境变换颜色。它们体内还含有毒素，一般鱼类不敢捕食它们，但那些不怕毒素的动物除外。为了生存，海百合白天会躲在洞里，到了夜间才会出来活动。

海笔 *Pennatula phosphorea*

海笔属于珊瑚软体类，是珊瑚的近亲。它们与珊瑚的区别是：如果没有海浪的冲击和天敌的攻击，珊瑚会不断生长并且长得很大，但海笔长到一定大小就不再生长了。

大　小	多数高为 40 厘米，少数高达 1.5 米
生长环境	独居在海底沙质或泥质的底层
食　物	海水中的有机质
分布地区	地中海、印度洋沿岸

辨认要诀　海　笔

海笔的形态正如其名字一样，像漂亮的羽毛笔。海笔个体的身体成轴对称，圆柱形的中央茎两侧长满羽毛状的羽枝，羽枝上群居着许多水螅虫，这些水螅虫的触手也是对称排列的。

饭来“伸手”

海笔的上半身由许多水螅虫组成，下半身固定在沙土里。每只水螅虫都长有触手，众多水螅虫住在一起，触手像网一样连在一起。当海水从海笔的“网”中流过，微小的食物就会被水螅虫的触手接到，送进消化腔。

会发光的“笔”

海笔因为营固着生活，无法移动，所以十分容易被当作食物吃掉。好在它们生活的地方水流大，当捕食者袭来时，海笔就会发出很强的光，使敌人头晕眼花，失去方向感，从而被强水流冲走。还有一种海笔在发现敌人后会发出能把周围环境照亮的光，使敌人的位置暴露在更强大的捕食者面前。这样一来，敌人就被间接消灭掉了。

海笔发光

◁ 除了捕食，水螅虫另一项重要的生理活动是繁殖。水螅体能产生卵和精子，然后将其排出体外在海水中结合，从而发育出新的海笔。

蓝环章鱼 *Octopusmaculose*

在浩瀚的太平洋里，生活着一种毒性很强但十分害羞的生物——蓝环章鱼。当遇到危险时，它们身上深色的环就会发出闪烁的蓝光。蓝环章鱼的毒性很强，能致人死亡。

辨认要诀　蓝环章鱼 >>>

蓝环章鱼的躯干呈卵圆形，黄褐色的光滑体表上均匀分布着鲜艳的蓝环，这是其最广为人知的标志。

大　小	体长约为 21 厘米，臂跨小于 15 厘米
生长环境	白天躲在岩石中
食　物	螃蟹、寄居蟹、虾及其他甲壳类动物
分布地区	太平洋西部和印度洋北部海域

身怀剧毒

尽管体形较小，但蓝环章鱼却是海洋里毒性非常猛烈的动物。恐怖的神经毒素存于蓝环章鱼的唾液腺中。当蓝环章鱼攻击其他生物时，神经毒素会被注入被攻击对象体内，使其神经系统遭到破坏，最终麻痹而死。

蓝色警报

蓝环章鱼从不掩饰身怀剧毒的本性，毒性可以通过身体颜色显现出来。它们可以通过收缩色素细胞改变身体颜色，也能通过收缩或伸展身体改变大小和模样。当遇到威胁时，蓝环会发出闪烁的蓝光，警告敌人自己拥有致命的武器。

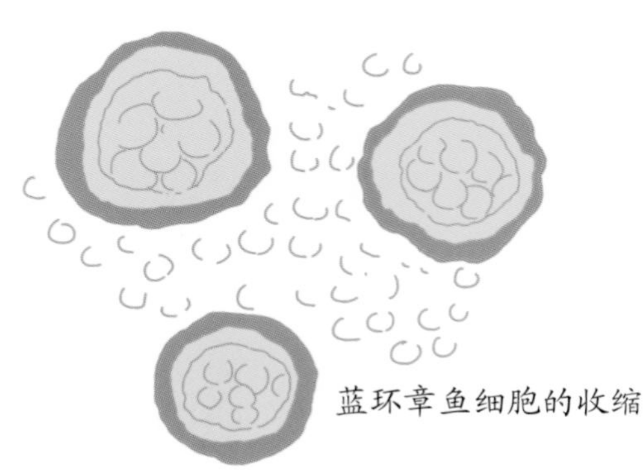
蓝环章鱼细胞的收缩

可怕的毒性

蓝环章鱼一般不会主动攻击人类，但是也出现过人被蓝环章鱼咬死的事件。蓝环章鱼的毒液会阻止凝血，使伤口大量出血并感到刺痛。澳大利亚北部海域的一名潜水员被蓝环章鱼咬伤后，出现呕吐、呼吸困难、手足痉挛等现象，最后全身麻痹而死。

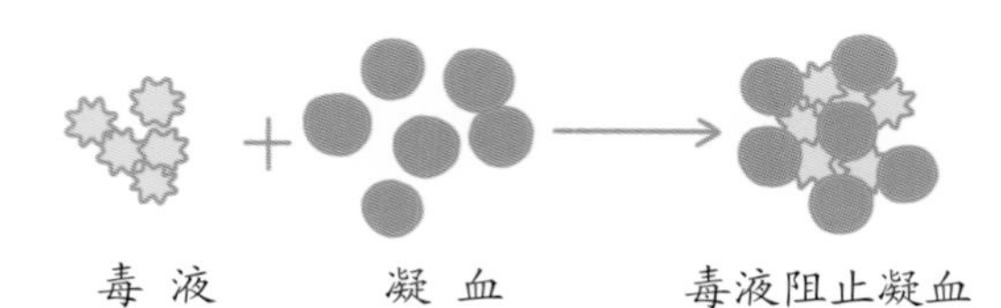

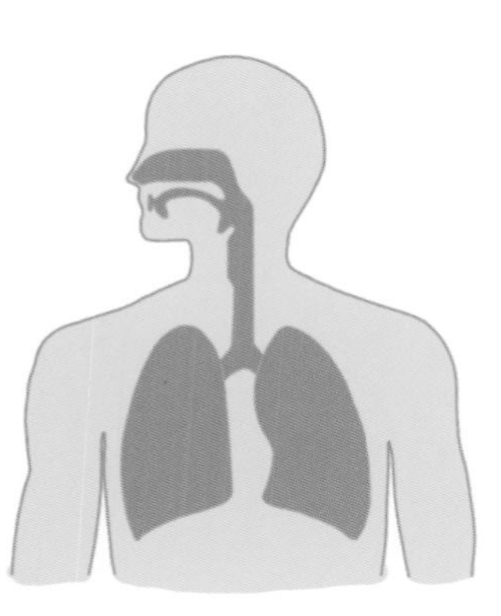
被蓝环章鱼咬伤后呼吸困难

蓝环章鱼分泌的毒素主要成分为河鲀毒素，河鲀毒素对神经有麻痹作用，会导致肌肉瘫痪，呼吸或心跳停止。

拟态章鱼 *Mimic octopus*

在海里，你也许会看到一种动物。它们看起来是章鱼，但一会儿又变成了狮子鱼，再过一会儿又变成了海蛇，再过不久又换了另一副模样。到底是什么动物这么神奇呢？它们就是海洋里的伪装大师——拟态章鱼。

辨认要诀 拟态章鱼 >>>

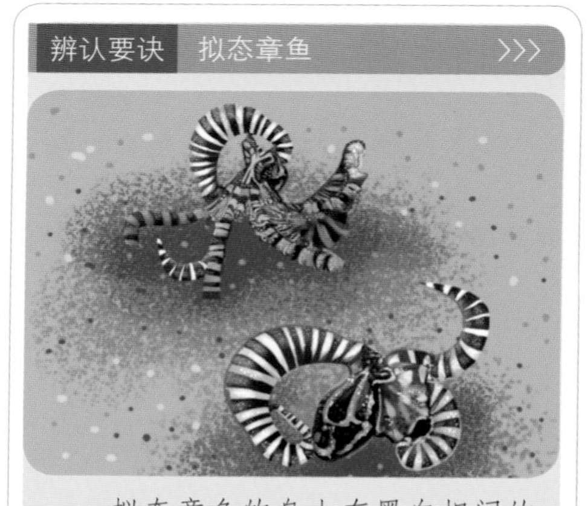

拟态章鱼的身上有黑白相间的条纹，在变身时可以模仿其他动物的花纹。不变身的时候，拟态章鱼和其他章鱼一样，都有8条腕。

大　小	体长为60厘米
生长环境	河口水域，15米以内的浅水沙地
食　物	贝类、虾蟹类
分布地区	印度洋、太平洋

保命绝技

拟态章鱼生活的海域里有其最喜欢吃的虾、蟹和贝类，但那也是鲨鱼和梭鱼等大型觅食者经常光顾的海域。拟态章鱼既没有毒性，也没有骨骼，更没有强大的武器，只有变身成其他有毒物种，才能吓退敌人，避免被吃掉。为了在弱肉强食的海洋里生存，拟态章鱼可以说是煞费苦心。

拟态章鱼眼睛

伪装大师

拟态章鱼的伪装主要靠两大秘密武器：一是眼睛上的像眼睫毛似的小角，二是表皮上由肌肉网络控制的色素细胞。配合颜色的变换和眼睛上小角的辅助，拟态章鱼就可以把自己的身体形态改造成多种动物的模样，令其他动物难以分辨。它们也可以将自己与布满泥沙的海床“融为一体”，使其很难被发现。

拟态章鱼拟态成其他动物

海中“影帝”

拟态章鱼能模仿海蛇、狮子鱼、水母、鳐鱼等多种动物的外观和运动。它们拥有出色的演技，可以称得上海洋界的“影帝”了。将身体变得扁平，伪装成比目鱼，是拟态章鱼最常见的形态；将触手分散开游泳，有毒的狮子鱼就模仿完成了；当你看到拟态章鱼随着海水垂直上下沉浮时，那是拟态章鱼在模仿水母。

你知道吗？

与拟态章鱼生活在同一海域的斑马章鱼与其十分相似。拟态章鱼模仿其他生物，而斑马章鱼模仿拟态章鱼，以至于人们经常将它们混淆。

北太平洋巨型章鱼 *Enteroctopus dofleini*

北太平洋巨型章鱼被认为是最大的章鱼品种。有数据记载，有的北太平洋巨型章鱼个体体重达 71 千克。巨大的体形使人们认为这种章鱼十分凶悍，但实际上，北太平洋巨型章鱼性情温和，不会轻易动怒。

辨认要诀　北太平洋巨型章鱼 >>>

北太平洋巨型章鱼脑袋又大又圆，身体为红褐色，但偶尔会根据环境变换颜色。

大　小	成体体重约为 15 千克，体长为 3~5 米
生长环境	潮间带至水深 1500 米的洞穴、岩石区和岩石裂缝中
食　物	虾、蛤蜊、龙虾、鱼
分布地区	遍布太平洋多个不同温度的水域

聪明的大脑袋

北太平洋巨型章鱼圆圆的大脑袋可不是白长的。研究显示，这种章鱼有着复杂的记忆能力，并具有观察、学习和解决问题的能力。通过观察和研究，人们发现北太平洋巨型章鱼不仅可以模仿其他章鱼，还能够使用工具、打开瓶盖、在实验中走出迷宫等等。

大块头也藏得住

别看北太平洋巨型章鱼块头大，但如果真到海里寻找，人们还不一定能发现它们。北太平洋巨型章鱼能通过舒张或伸缩色素细胞轻易改变自身的颜色，巧妙地隐身在周围的环境中。北太平洋巨型章鱼全身上下只有嘴部是硬的，可以任意伸缩躯体。即使是很小的洞，只要嘴部能通过，它们就能轻轻松松地钻进去。

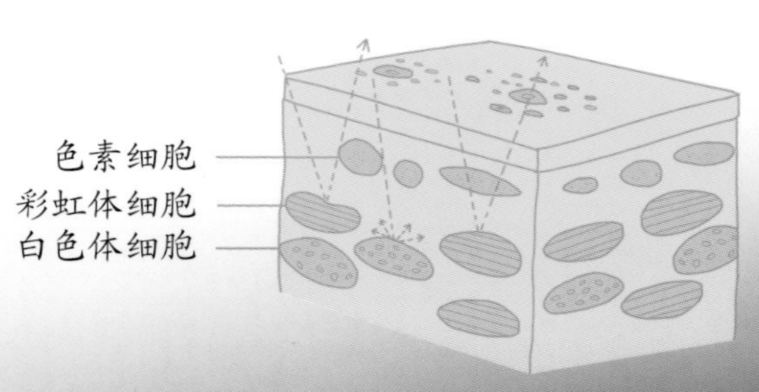

体色反映情绪

北太平洋巨型章鱼藏不住“心事”，有什么想法都会通过身体颜色的变化显示出来。通常情况下，北太平洋巨型章鱼通体为红褐色。如果它们生气了，那么身体就会变成愤怒的红色。要是它们受到了惊吓，身体就会变白，充分表达其内心的恐惧。

北太平洋巨型章鱼的食物

北太平洋巨型章鱼主要捕食虾、蛤蜊和鱼等小型生物，但有时也会将鲨鱼作为捕食对象。

幽灵蛸 *Vampyroteuthis infernalis*

在黑暗又神秘的深海，生活着许多会发光的奇特生物，幽灵蛸就是其中之一。幽灵蛸的发光器可以随时点亮或熄灭。当光亮熄灭时，幽灵蛸就会完全隐藏在黑暗之中，如幽灵一般。

辨认要诀　幽灵蛸 >>>

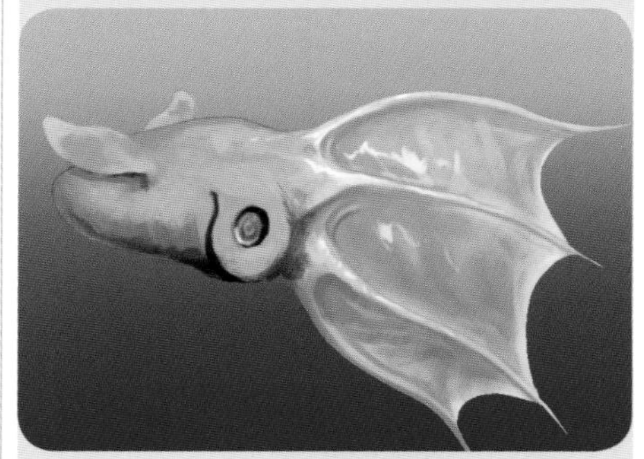

幽灵蛸有着大大的球形眼睛、紫红色的皮肤，身体上覆盖着发光器官，还长着像耳朵似的大鳍。和章鱼一样，幽灵蛸也有8条腕，腕上有像尖牙一样的“钉子”。不同的是，幽灵蛸没有墨囊。

大　小	体长最大约为30厘米
生长环境	1000~4000米的深海
食　物	海水中的有机碎屑
分布地区	热带和温带海洋

深海“吸血鬼”

由于幽灵蛸紫红色的外表和腕上的“钉子”，人们也将其称为“吸血鬼章鱼”。与这个恐怖的外号不相符的是，幽灵蛸并不吸血。在捕猎时，幽灵蛸个体会运用两条可以延展的腕和其他较短的腕捕捉猎物。如果遇到危险，幽灵蛸就将腕整个翻起，覆盖在身上，形成带“刺”的保护网自卫。

游泳健将

幽灵蛸有着令人出乎意料的游泳能力，游泳速度非常快，每秒可以游相当于自己两个身长的距离，并且在出发后 5 秒内就能达到这个速度。幽灵蛸耳朵状的大鳍在游泳过程中起辅助划水的作用。当遇到敌人时，它们还能在海水中急转弯来摆脱追捕。

垃圾处理机

海水中漂浮着许多浮游植物细胞、浮游动物的骨骼碎片和海洋动物排泄的粪便颗粒等海洋碎屑，而幽灵蛸充当着海洋里的“垃圾处理机”，负责清理这些物质。幽灵蛸又长又细的卷丝上具有黏性的体毛。当碎屑下落时，卷丝会将其捕获，然后腕会分泌出黏液将食物粘在一起，最后借助卷丝将食物送入嘴中。

大王乌贼 *Architeuthisdux*

传说，在深不可测的海底生活着一种巨大的海妖，海妖一旦发怒，海面上的一切将毁于一旦。大王乌贼就是传说中的“海妖”。虽然故事有夸张的成分，但大王乌贼的确有破坏航船、横扫海面的毁灭力。

大　　小	体长为 18~20 米，重为 2~3 吨
生长环境	在深海休息，在浅海觅食
食　　物	鱼类、无脊椎动物
分布地区	北太平洋、北大西洋、南极

辨认要诀　大王乌贼 >>>

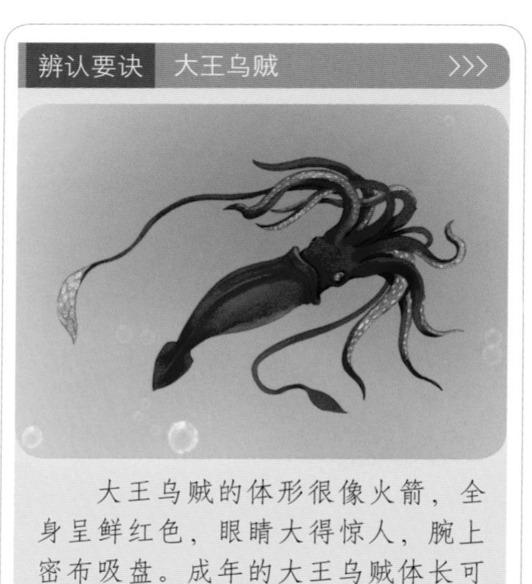

大王乌贼的体形很像火箭，全身呈鲜红色，眼睛大得惊人，腕上密布吸盘。成年的大王乌贼体长可达 20 米，重达 2 吨以上，体形仅次于大王酸浆鱿。

运动能力不强

喷水能力弱、鳍小，划水能力不大，这些缺点集于一身，使大王乌贼的游泳能力相对较弱。但幸运的是，大王乌贼的头部、躯干和腕部的肌肉比重相对较小，使大王乌贼在海水中更容易实现上浮和下潜。借助浮力，大王乌贼能在一定范围内的水域中垂直移动。

与抹香鲸的宿命之争

据说，大王乌贼与抹香鲸的争斗由来已久，它们经常展开激烈的厮杀。在战斗时，大王乌贼会用粗壮的腕缠住抹香鲸，用吸盘死死吸住抹香鲸的身体；抹香鲸则会咬住大王乌贼的腕，拼命地战斗。战斗的结果通常是抹香鲸取得胜利，但大王乌贼也有过将抹香鲸的喷水孔堵住使其窒息而死的胜绩。

世界第一与世界第二

大王乌贼是世界上第二大的乌贼，第一是大王酸浆鱿。大王酸浆鱿的外表和大王乌贼相似，比大王乌贼大 2~3 米。两者的不同点是：大王酸浆鱿的腕上为钩爪，大王乌贼的腕上则是吸盘；大王酸浆鱿的游泳鳍巨大，但腕相对较短。

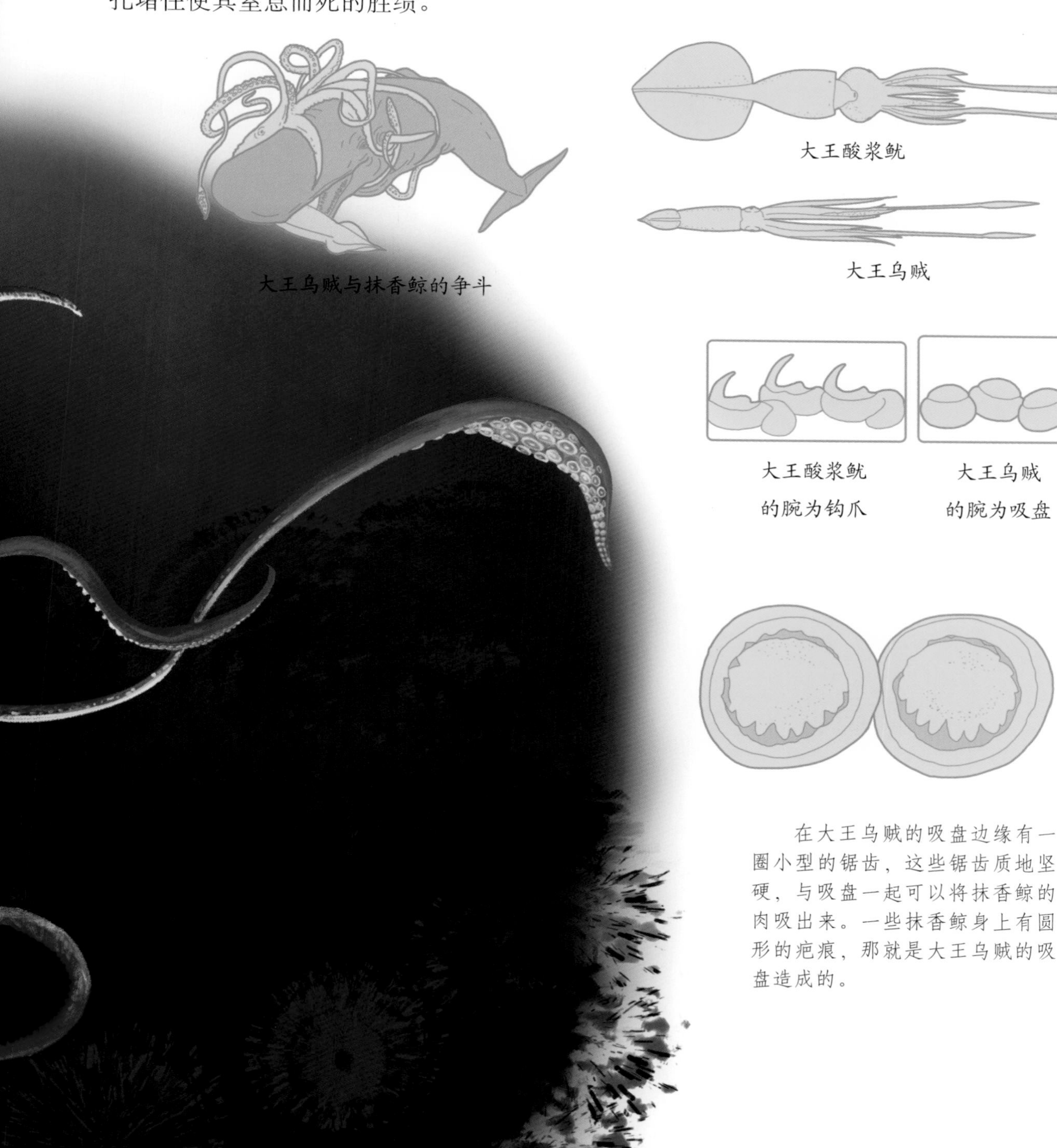

大王乌贼与抹香鲸的争斗

大王酸浆鱿

大王乌贼

大王酸浆鱿的腕为钩爪

大王乌贼的腕为吸盘

在大王乌贼的吸盘边缘有一圈小型的锯齿，这些锯齿质地坚硬，与吸盘一起可以将抹香鲸的肉吸出来。一些抹香鲸身上有圆形的疤痕，那就是大王乌贼的吸盘造成的。

火焰乌贼 *Metasepia pfefferi*

火焰乌贼是整个乌贼家族中非常特立独行的种类，既有着奇异艳丽的外表，又有独特的运动方式。更特别的是，火焰乌贼还含有剧毒，是唯一具有毒性的乌贼。

辨认要诀　火焰乌贼

火焰乌贼的体形不大，身上有黑色、深褐色、白色与黄色的斑纹。腕短粗扁平，分布着4排吸盘，还有许多鳍状物长在身体表面、头部和眼睛上方。

大　　小	体长为6~8厘米
生长环境	海底的泥沙区域，深度为3~86米
食　　物	鱼类和甲壳类动物
分布地区	印度尼西亚、新几内亚、马来西亚与澳洲北部热带海域

漫步海床

火焰乌贼是唯一能在海床上行走的乌贼。火焰乌贼的乌贼骨较小，无法在海洋里实现长距离游泳。因此，它们只能用带有吸盘的腕和突起的鳍状物在海底泥沙上笨拙地行走。

火焰乌贼个体有一条特殊的腕。它透明泛蓝，能伸能屈，柔软有力，平时藏在火焰乌贼的嘴里。到了捕食的时候，这条腕就会像舌头一样直直地伸向猎物，将猎物运回火焰乌贼嘴中。

警告！不许过来！

火焰乌贼不仅只有腕可以变色，布满全身的色素细胞使其能根据环境变换颜色。火焰乌贼原本是红褐色的，华丽的斑纹则是其警告色。当受到威胁时，火焰乌贼黑色、深褐色、白色与黄色的斑纹就会不断闪烁，向敌人发出警告："不许过来，我可是不好惹的！"

火焰乌贼的警告状态

身怀剧毒

在头足纲中，火焰乌贼和蓝环章鱼并称"头足双煞"，是绝对不能碰的两种动物。因为火焰乌贼全身上下的肌肉组织都带有毒素，其毒性能与蓝环章鱼相媲美。一旦被激怒，火焰乌贼就会用腕展开无情的攻击。发起攻击时，火焰乌贼腕的前端会显现出火焰般的红色，使其显得既危险又华丽。

危险又华丽的火焰乌贼

乌贼骨是乌贼科动物体内特殊的身体结构。中空且富有弹性的乌贼骨主要用来控制浮力，使乌贼能实现上浮和下潜。

鹦鹉螺 *Nautiloidea*

鹦鹉螺是海洋里的“活化石”。它们在大海里经历了数亿年的演化，但形态和习性变化不大。

大　　小	壳直径为 16~20 厘米，最大可达 26.8 厘米
生长环境	100 米的深水底层
食　　物	小型鱼类、甲壳类和软体动物
分布地区	热带印度洋—西太平洋海域

辨认要诀　鹦鹉螺

鹦鹉螺个体卷曲光滑的螺壳上，红白色的条纹形如火焰一般相间排列。外壳有许多腔室相连，构造简单的眼睛、两对鳃和 60 多只细小的腕露在壳外，而躯体住在腔室的最末端。

古老的海洋霸主

在 4.8 亿年前的奥陶纪，鹦鹉螺是海洋里非常强大的掠食者。那时的鹦鹉螺十分巨大，身长可以达到 11 米。在那个无脊椎动物霸占海洋的时期，鹦鹉螺以庞大的体形、灵敏的嗅觉和凶猛的喙成为奥陶纪海洋中的顶级掠食者。但在奥陶纪末期，海洋遭遇了毁灭性的灾难，幸存下来的鹦鹉螺由于基因突变而体形缩小，从此失去了往日的辉煌。

昼伏夜出

鹦鹉螺通常白天在海底休息，夜晚才出来活动。它们会游到海水上层，螺壳向上，壳口向下，将头与腕完全伸展，借助海洋的浮力在海面上漂浮。尤其在暴风雨过后的夜晚，大群的鹦鹉螺会聚集在海面上，享受海风的吹拂，人们因此把鹦鹉螺称为“优雅的漂浮者”。

与章鱼是一家

虽然鹦鹉螺有螺壳，但它们并不是海螺，而和章鱼、乌贼一样属于头足类。在数亿年的演化过程中，乌贼、章鱼的外壳退化成了内壳，而鹦鹉螺则一直保留着自己的外壳，维持着和过去差别不大的模样。

你知道吗？

鹦鹉螺的习性和构造在仿生学上给予人类许多灵感。世界上第一艘核潜艇“鹦鹉螺”号就是依照鹦鹉螺排水、吸水的浮沉方式设计完成的。

库氏砗磲 *Tridacna gigas*

库氏砗磲是世界上现存的最大的双壳贝类，一些“大块头”个体体重甚至能达到 200 千克。当张开双壳时，它们那绚丽夺目的外套膜犹如一个个遗落在海底的“天使之吻”，美得动人心魄。

砗磲个体的贝壳很厚，长有 5 条粗大的覆瓦状放射肋，表面比较粗糙，常形成弯曲的皱褶。它们体内色彩艳丽，体表还长有多种漂亮的花纹。

大　小	通常体长约为 1.3 米
生长环境	珊瑚礁中
食　物	浮游生物
分布地区	太平洋西部和印度洋东部

坐等食物送上门

库氏砗磲一般生活在热带海洋中的珊瑚礁群里。它们没有伪装绝技，也没有攻击武器，无法在运动中进行捕食。不过，库氏砗磲却有一个更省力的办法。当海水涌来时，它们会“守株待兔”，张开双壳，将可口的浮游生物“吃”进肚中。

互惠互利的“伙伴”

库氏砗磲除了从海水中取食，还会通过虫黄藻获取营养。白天，它们露出迷人的外套膜，聚合外界的光线帮助虫黄藻快速繁殖。虫黄藻也会投桃报李，在进行光合作用的同时产生有机物，源源不断地为库氏砗磲提供补给。长久以来，这对亲密的“伙伴”一直默默地保持着和谐的共生关系。

悲惨的命运

库氏砗磲的贝壳不仅能被制成手串，还能化身为价值不菲的珠宝，深受人们的喜爱。受到利益驱使，它们不幸成为人类争相捕捞的目标。可是，由于库氏砗磲生长周期较长，过度捕捞会让这种生物遭受灭顶之灾。不仅如此，肆意采挖库氏砗磲还会给珊瑚礁系统带来无法挽回的伤害。

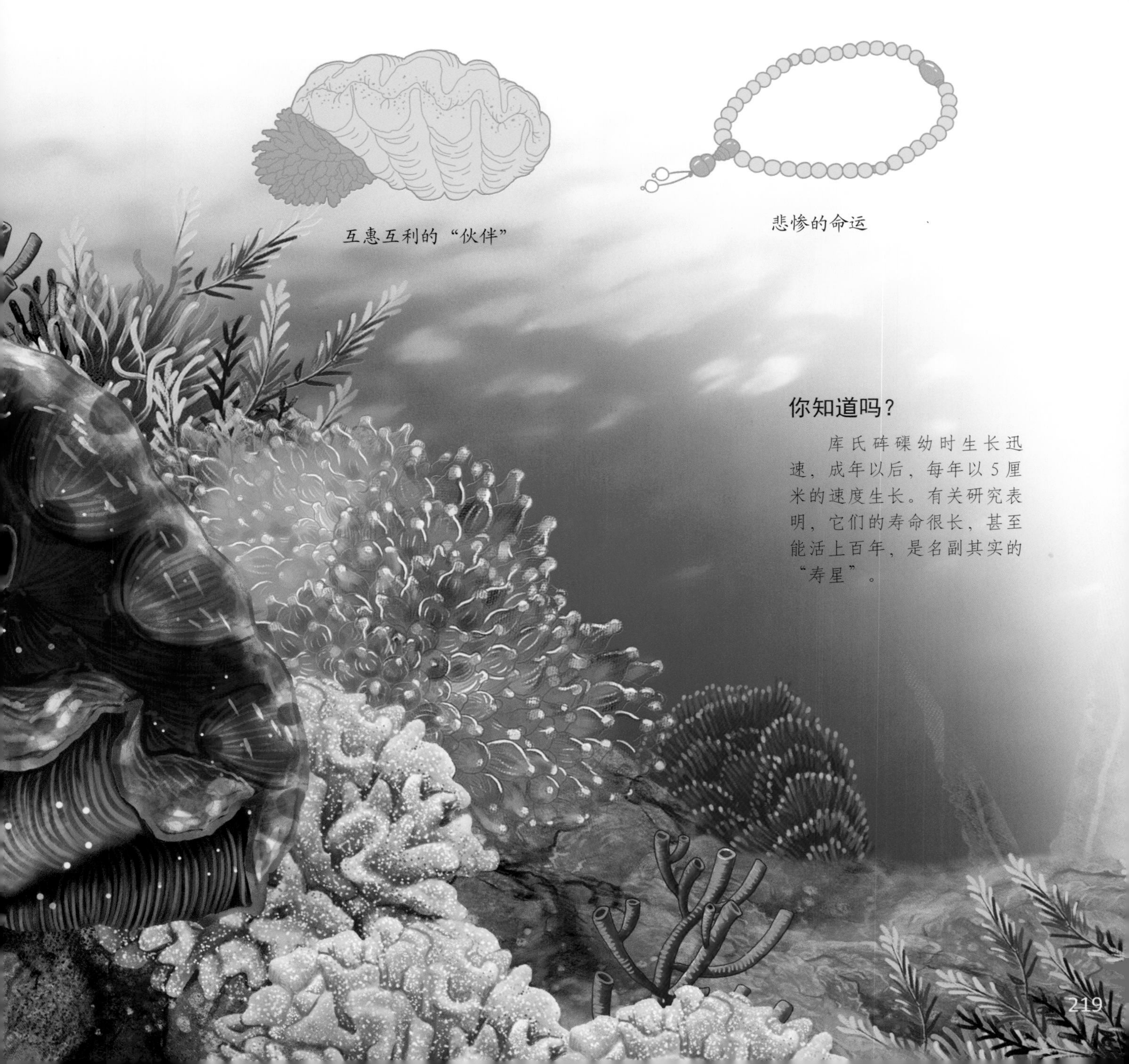

互惠互利的“伙伴”

悲惨的命运

你知道吗？

库氏砗磲幼时生长迅速，成年以后，每年以5厘米的速度生长。有关研究表明，它们的寿命很长，甚至能活上百年，是名副其实的“寿星”。

六鳃海牛 *Hexabranchus sanguineus*

六鳃海牛也叫“血红六鳃海蛞蝓”。它们不仅拥有五彩斑斓的美丽面孔，还能摆动柔软的身体，展示曼妙的舞姿，所以素有“海中舞娘”的美称。这些身着火红“长裙”的腹足类动物对环境相当挑剔，只有那些海水清澈、水流畅通、海藻丛生的地方才可能得到它们的眷顾。

辨认要诀 六鳃海牛 >>>

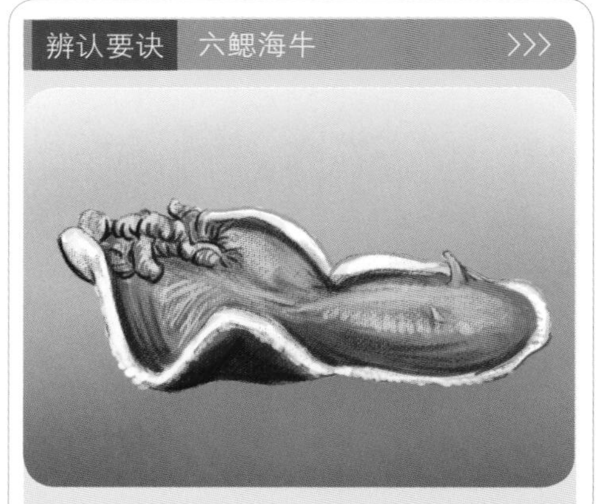

六鳃海牛个体的体色鲜艳，多为鲜红色或橘色，身侧边缘有白色环带。六鳃海牛个体头部长有一对触角，身体后部长着独特的外鳃。

大　　小	体长为 10~15 厘米
生长环境	暖海岩礁、海底、潮间带等
食　　物	藻类、苔藓虫、珊瑚虫
分布地区	太平洋和印度洋热带海域

美味是用来闻的！

六鳃海牛的眼睛非常小，只能分辨光与暗，平时无法依靠视觉捕食。但是，它们却有比眼睛好用数倍的触角和嗅角。触角兼具触觉、味觉和嗅觉的功能，棒状的嗅角可以感知气味。

双重防御

六鳃海牛的防御手段很高明。当遭遇强敌时，它们会从外套膜下面的紫色腺中“发射”出一种紫红色液体，将海水染色，以混淆敌人的视线。必要时，六鳃海牛还会动用外套膜前部的“毒腺”，分泌出足以置人于死地的液体。对方一闻到毒液难闻的气味，往往就会意识到处境危急，选择落荒而逃。

高颜值的“好朋友”

帝王虾是六鳃海牛最亲密的“朋友”，平时就生活在六鳃海牛的身上。这些小虾穿着白色斑点外衣，外表同样很华丽。与很多共生小伙伴一样，帝王虾为六鳃海牛提供清洁服务，而六鳃海牛为帝王虾“网罗”多种美食。

帝王虾和六鳃海牛

发射紫红色液体

你知道吗？

六鳃海牛的体内没有鳃，那么它们是怎样呼吸的呢？别担心，六鳃海牛个体体外那6个树杈一样的鳃羽就是其呼吸器官。

刺冠海胆 *Diadema setosum*

刺冠海胆的疣突与长满刺的球形身体搭配在一起，看上去很像魔鬼，所以素有“魔鬼海胆”的称号。事实上，它们不仅有“魔鬼”的气质，还会使用“魔鬼”毒术。很多海洋动物深知刺冠海胆是不可侵犯的，否则后果非常严重。

辨认要诀 刺冠海胆 >>>

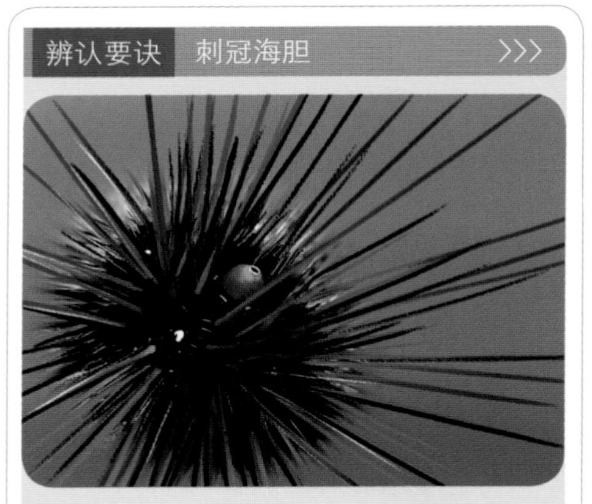

刺冠海胆的全身长满尖尖的棘刺，向上的刺较长，向下的略短。它们的壳上有疣突，壳薄且脆，整体看起来是半球形的。其体色多为黑色或暗紫色，肛门周围有红色或杏黄色的圆圈。

大　　小	直径为 7~ 8 厘米
生长环境	珊瑚礁区、基质较软的海底
食　　物	藻类、有机物
分布地区	印度洋、太平洋西部

一足多用

刺冠海胆的棘刺壳里分布着很多管足，这些管足是其生活、“旅行”的秘密武器。一方面，管足能与棘刺配合，使刺冠海胆缓慢移动。另一方面，管足还能帮助刺冠海胆摄取食物，感应外界的情况。

高冷且有毒

刺冠海胆那“高冷”的外表，实在让人难以接近。可是，鲜为人知的是，它们还是海洋动物中的“毒魔”。刺冠海胆的每根棘刺上都分布着毒腺，可以给来犯者带来沉重打击。久而久之，已经很少有动物敢招惹它们了。

棘刺“大军”

刺冠海胆是群居动物，平时喜欢和“兄弟姐妹”待在一起。它们昼伏夜出，一旦行动，就如同棘刺“大军”在浩浩荡荡地前行。因为数量众多，所以很多海藻床往往在短时间内就被其一扫而光。

你知道吗？

如果不小心被刺冠海胆的长刺刺到，一般会出现局部红肿、心跳加快或痉挛的症状，但不足以致命。

太平洋牡蛎 *Crassostrea gigas*

海浪的力量不容小觑，一些身单力薄的小动物不得不想方设法在海浪的重击下生存下去。太平洋牡蛎放弃游泳的技能，而选择将自己牢牢固定在岸礁岩石上，配合着坚硬的外壳，在海浪中悠闲自在地生活。

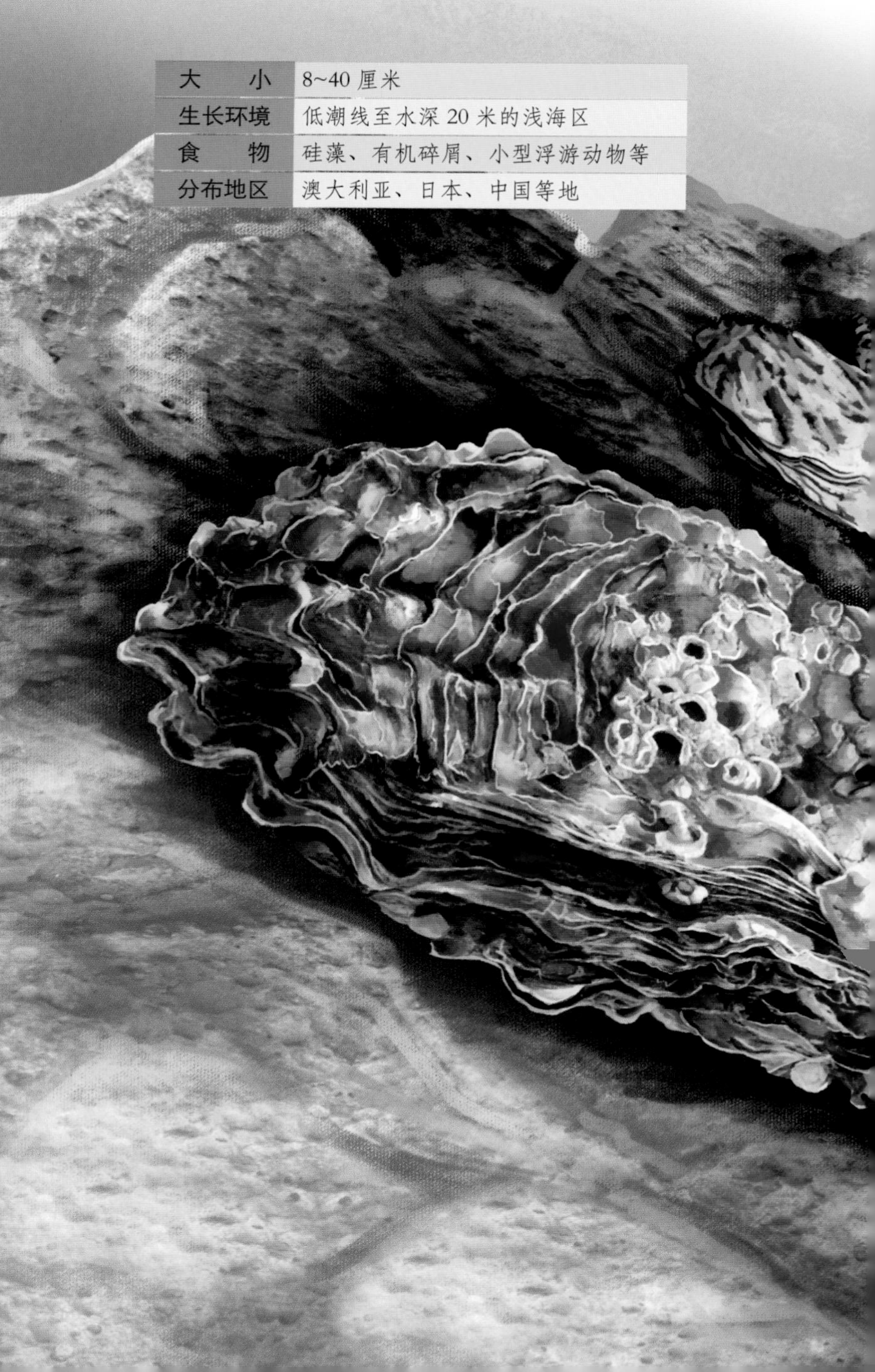

大　　小	8~40 厘米
生长环境	低潮线至水深 20 米的浅海区
食　　物	硅藻、有机碎屑、小型浮游动物等
分布地区	澳大利亚、日本、中国等地

辨认要诀　太平洋牡蛎 >>>

太平洋牡蛎的形状并不规则，呈长圆形或长三角形。左壳有较深的凹陷，右壳又小又平，壳上长着稀疏的水波状的鳞片。

曾经会游泳

太平洋牡蛎的一生绝大部分时间固着在礁石上，似乎与游泳无缘。但实际上，刚刚孵化的太平洋牡蛎幼体可是十足的游泳健将。经过大约两周的自由生活，小牡蛎开始寻找适合自己的岩石，然后附着在上面。大约 3 天后，它们就会失去游泳能力，在岩石上定居。

珍珠的妈妈

包括太平洋牡蛎在内的所有牡蛎都能产出珍珠。闪耀着莹润光泽的珍珠令人爱不释手，但它们的产生过程却有些残忍。一些砂砾等异物随着海水进入牡蛎柔软的身体中，疼痛难忍的它们会不断分泌珍珠质将异物一层层包裹起来，天长日久就形成了珍珠。

海中牛奶

太平洋牡蛎素有“海中牛奶”的称号，足以证明其营养价值非常丰富。它们富含的蛋白质和矿物质对人体大有裨益。但是研究表明，牡蛎虽然味道鲜美，却并不适宜生吃，否则很容易感染致病菌，引起不适。

珍珠的形成

太平洋牡蛎

你知道吗？

牡蛎没有眼睛，但是其外套膜却可以充当“眼睛”。外套膜边缘长着许多小小的触手，可以通过光线的变化感知周围的信息。

牡蛎的触手

鸡心螺 *Cone geographus*

热带沿海的珊瑚礁和沙滩上生活着一种名叫鸡心螺的海螺。它们的样子精致美丽，人们很容易被其所吸引。但是，你如果遇到这种美丽的小生物，千万不要靠近捡拾，因为它们体内含有剧毒。当然，只要保持警惕，行动缓慢的鸡心螺还是无法伤人的。

辨认要诀 鸡心螺 >>>

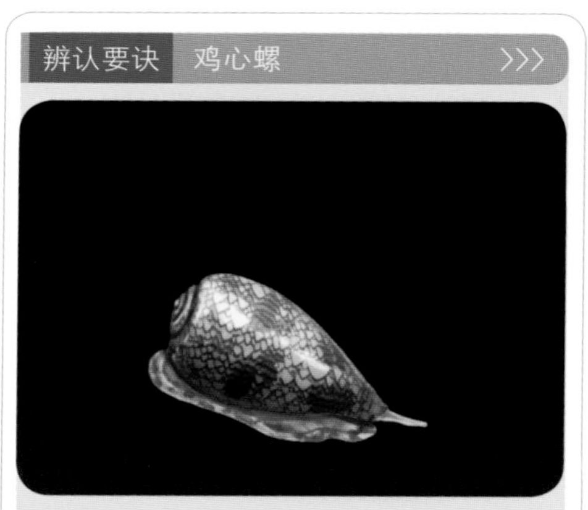

鸡心螺拥有小巧的身体和美丽的花纹，形状像鸡心，也像芋头，因而也被称为“芋螺”。鸡心螺含有剧毒，其齿舌隐藏在尖端的开口里，可以射出毒液麻痹猎物或敌方。

大　　小	10~23 厘米
生长环境	潮间带到潮下带的珊瑚礁、岩石和沙质海底等
食　　物	软体动物、小鱼、海洋蠕虫类
分布地区	中国东南沿海、非洲沿海、菲律宾和澳大利亚等地区

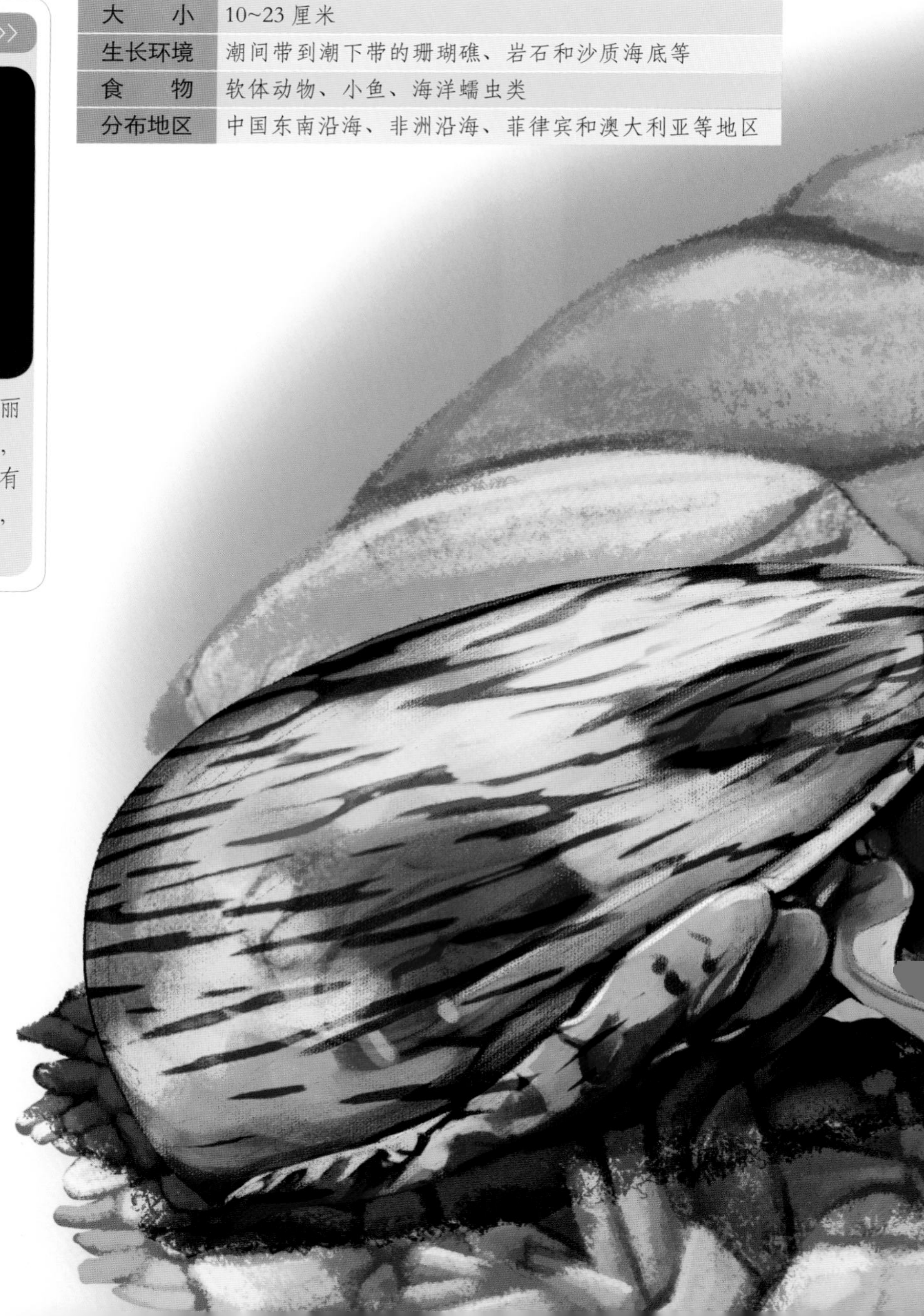

低调的毒王

鸡心螺是一个庞大的家族，全世界大约有 500 种。虽然鸡心螺没有硕大的身体和凶恶的长相，但它们却是海洋中名副其实的“毒王”。只是，不同种类的鸡心螺毒性有所差别，比如以海洋蠕虫为食物的鸡心螺毒性不大，而以鱼类为食的鸡心螺则拥有很强的毒性。

恐怖的毒液

鸡心螺的毒液含有200多种成分，不同的品种其毒液的成分也有所区别，因此如果不幸被鸡心螺所伤，是无药可解的。更可怕的是，它们的毒素中含有镇痛成分，可以阻断神经系统传递信息，中毒者通常会很平静，可能在几乎没有痛苦的状态下死去。

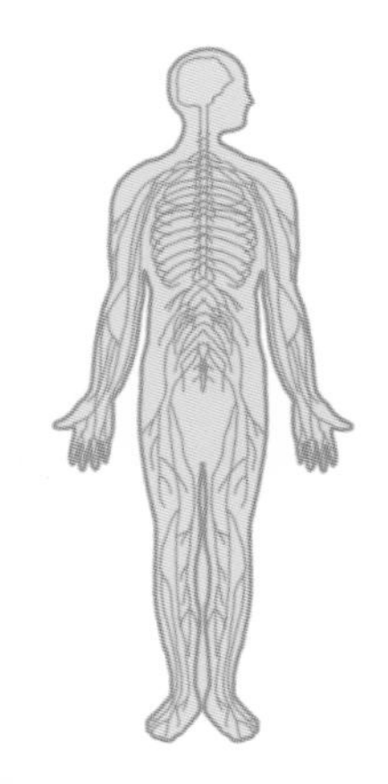

恐怖的毒液

偷袭的猎手

鸡心螺的行动比较缓慢，很难追上猎物。它们通常会选择藏身在沙子里，悄悄盯着猎物的一举一动。当放松警惕的猎物靠近后，鸡心螺马上快速将自己盛满毒液的毒针射出。中毒的猎物瞬间就动弹不得，只能沦为鸡心螺的美餐。

鸡心螺捕食

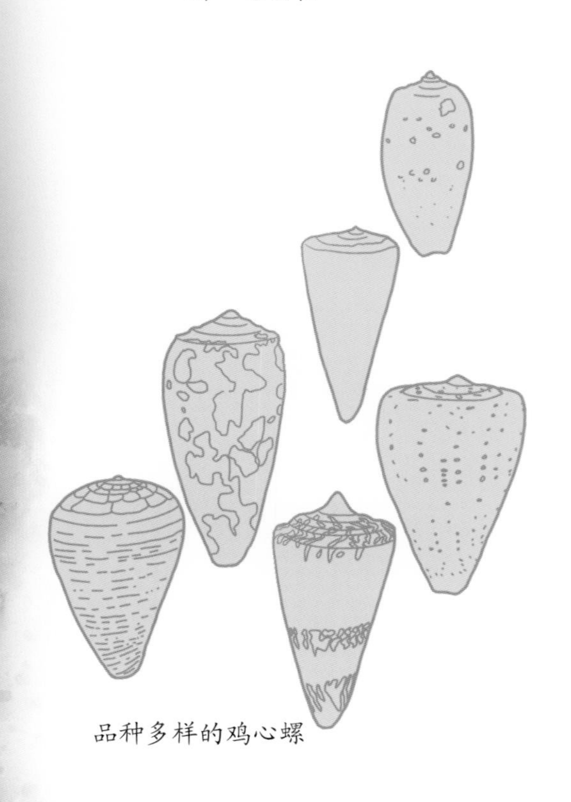

品种多样的鸡心螺

鸡心螺的品种很多，包括百万芋螺、耸肩芋螺、字码芋螺、红羽芋螺、将军芋螺、紫罗兰芋螺、信号芋螺、协和芋螺等。

火焰贝 *Lima scabra*

火焰贝拥有独一无二、非常惊艳的外表。它们的触须从贝壳的边缘伸展出来，随着水流轻柔地舞动，就像热烈燃烧着的火焰，火焰贝也因此得名。火焰贝非常胆小、害羞，总是喜欢藏在洞穴里，人们很少能看到其踪迹。

辨认要诀 火焰贝 >>>

火焰贝的触须有的呈红色，有的呈白色。它们的贝壳里长有红色的外套膜，整个看上去就像红色的火焰，里面还时不时闪烁着蓝色的电光，十分美丽。

大　　小	4~7.5 厘米
生长环境	岩缝阴暗处
食　　物	浮游生物
分布地区	加勒比海

跳跃式奔跑

火焰贝个体的运动主要依赖于其两扇贝壳，通过开合贝壳推动水流前进，但运动速度不快。有时候，它们也会打破这种慢悠悠的运动方式，而选择一种让自己变快的方式——跳跃式奔跑。它们可以借此快速地跳到石缝里，还可以用足丝把自己倒着悬挂固定在岩石上。

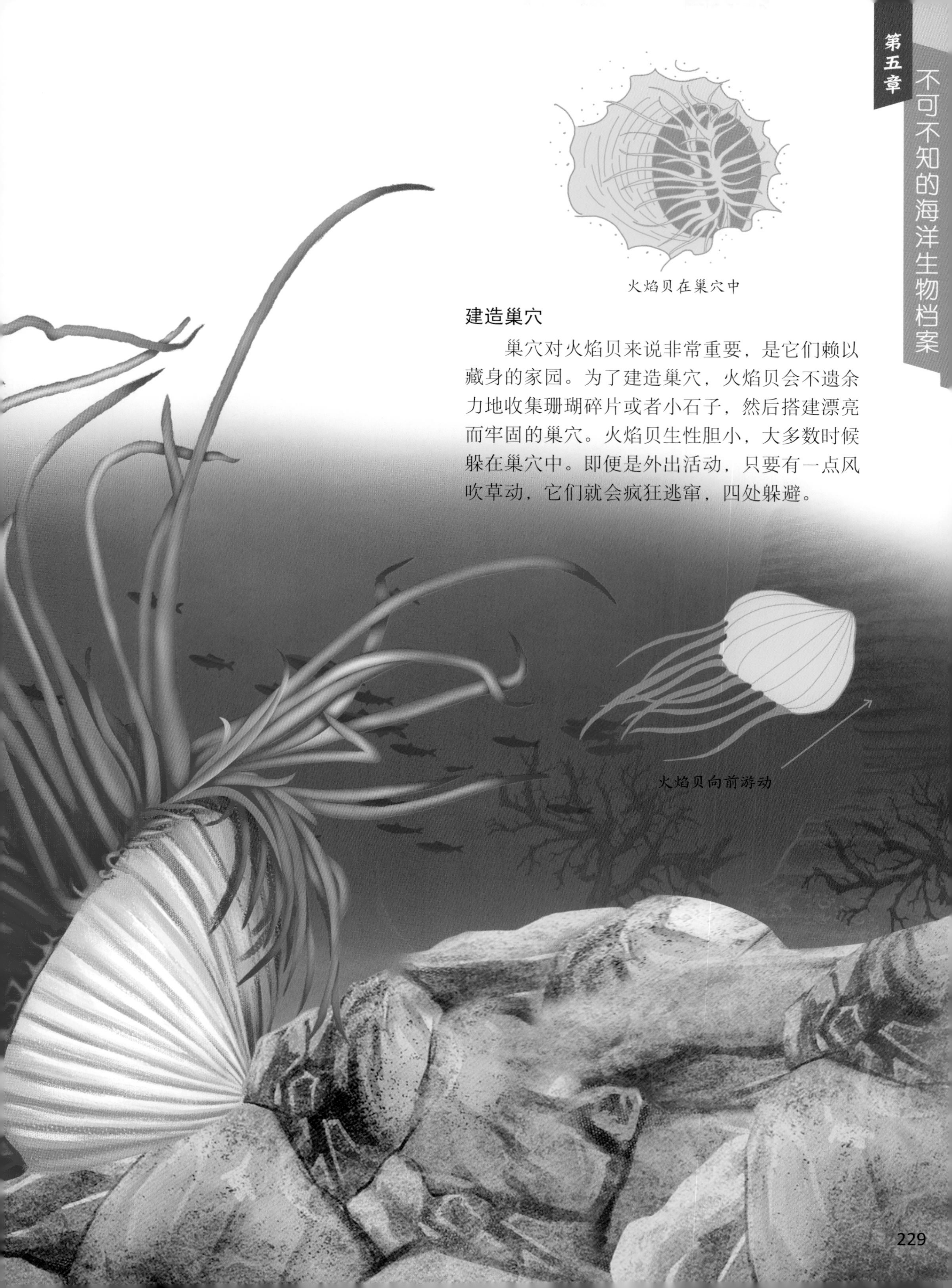

建造巢穴

巢穴对火焰贝来说非常重要，是它们赖以藏身的家园。为了建造巢穴，火焰贝会不遗余力地收集珊瑚碎片或者小石子，然后搭建漂亮而牢固的巢穴。火焰贝生性胆小，大多数时候躲在巢穴中。即便是外出活动，只要有一点风吹草动，它们就会疯狂逃窜，四处躲避。

蓝指海星 *Linckia laevigata*

蓝指海星俗称“蓝海星”，是一种棘皮动物。它们有着大海的颜色，仿佛带着海风的清新。海星家族中有的种类只有 4 条腕，还有的种类多达 40 条腕。蓝指海星与常见的海星一样有 5 条腕。

辨认要诀 蓝指海星

蓝指海星身体扁平，体色呈亮蓝色、浅蓝色或紫蓝色。它们没有头，只有从身体延伸出来的几条腕。这些腕的末端都长着眼点，是其重要的感光器官。

大　　小	辐径约为 30 厘米，腕长约为 15 厘米
生长环境	珊瑚礁及边缘阳光充足的海域
食　　物	贝类、海胆等
分布地区	印度洋至太平洋海域

超强的分身术

蓝指海星拥有非常强大的本领——分身。当遇到强敌时，它们会毫不犹豫地断腕逃跑。对蓝指海星来说，失去腕足的部位很快就会长出新的腕足。最夸张的是，蓝指海星的腕足即便被分成几段，每段也能重新长成新的海星。这也是蓝指海星的一种繁殖方式。

超级大胃王

蓝指海星是名副其实的“超级大胃王”。它们的胃很大，且充满整个体盘。捕食的时候，它们会将自己的大胃释放到体外，可以吞下比自己身体还大的食物，如海胆和贝类。

肉食性动物

令人意外的是，看似安静美丽、人畜无害的蓝指海星居然是非常凶猛的肉食性动物，捕起猎来毫不含糊。它们的捕食对象包括贝类、海胆等。

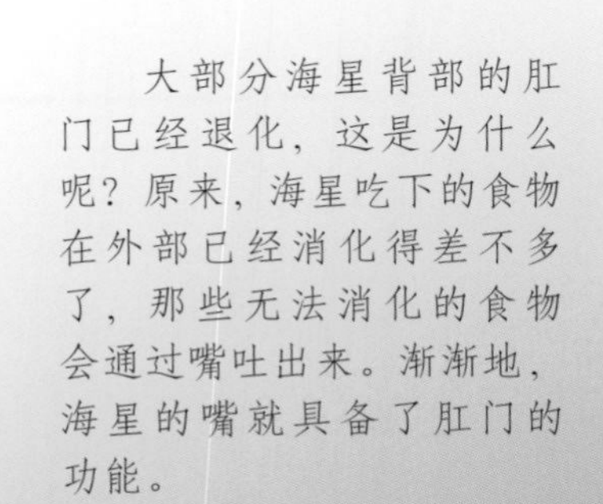

大部分海星背部的肛门已经退化，这是为什么呢？原来，海星吃下的食物在外部已经消化得差不多了，那些无法消化的食物会通过嘴吐出来。渐渐地，海星的嘴就具备了肛门的功能。

锦绣龙虾 *Panulirus ornatus*

锦绣龙虾属于龙虾科、龙虾属，色彩斑斓，在水产市场被称作“大彩电”。它们的头胸部有橘黄色钝刺突出，步足上有深色和浅色相间的环带分布，头上长有很长的触角，看起来非常奇特。

辨认要诀　锦绣龙虾 >>>

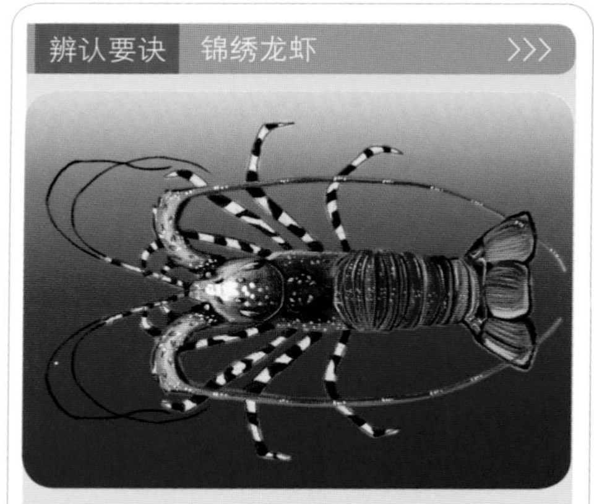

锦绣龙虾的头胸部很大，基本呈圆筒状且覆盖着软毛，第一触角与腹部和步足一样，长有黄色和黑褐色相间的斑纹。其身体披着坚硬的“铠甲”，色彩明亮，非常神气。

大　　小	体长为 20~60 厘米
生长环境	珊瑚外围的斜面至较深的泥沙质区域
食　　物	小鱼、虾、蟹、海胆、藤壶等
分布地区	印度—西太平洋海域，东非、日本、澳大利亚等地

海中珍品

锦绣龙虾是龙虾属中最大的种类，因为鲜美的肉质成为人们非常喜爱的美味。最初，人们对这种长相奇怪的大虾并不看好，随着研究的深入才逐渐认识到其超高的营养价值，锦绣龙虾的价格也因此水涨船高。

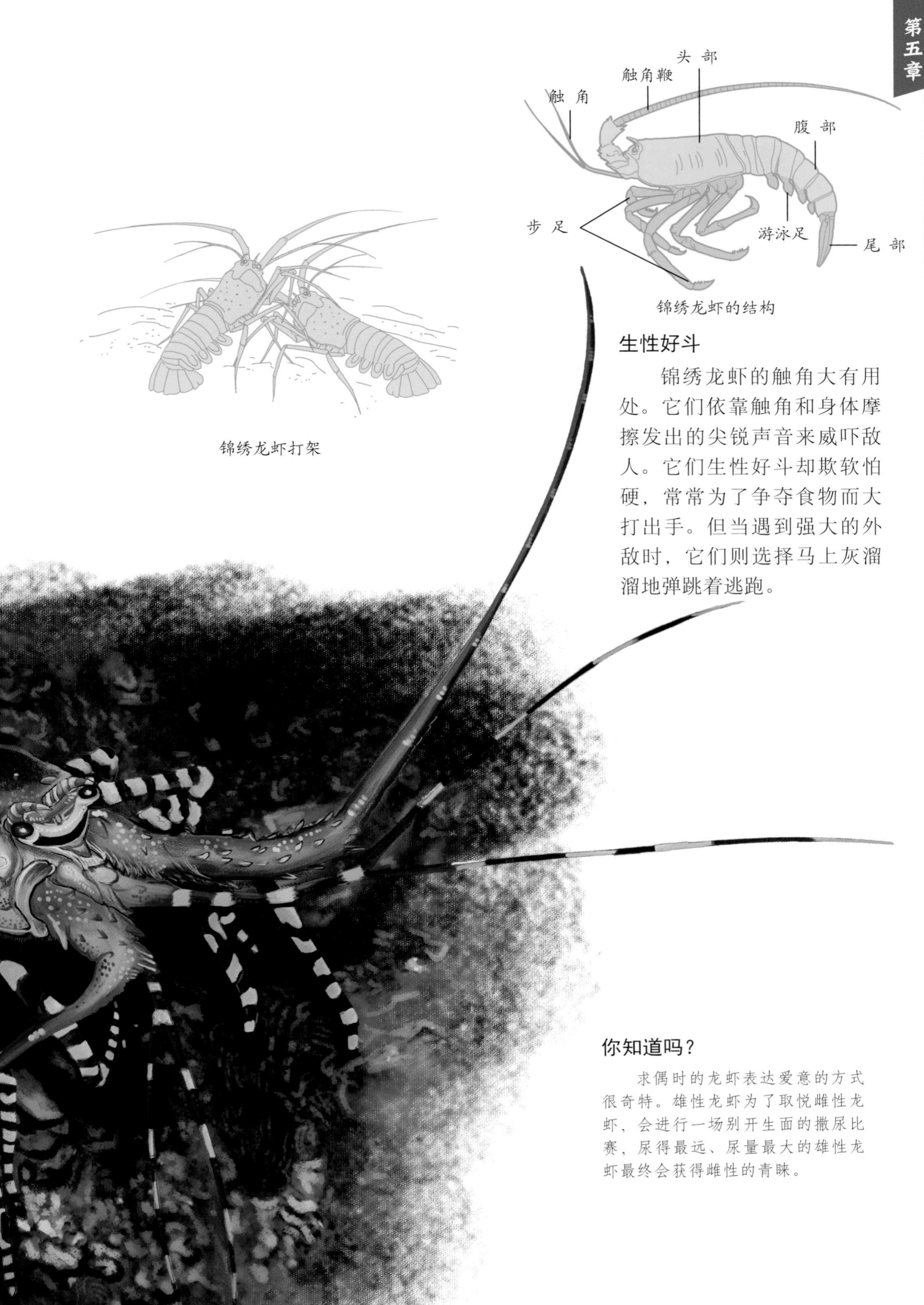

锦绣龙虾的结构

锦绣龙虾打架

生性好斗

锦绣龙虾的触角大有用处。它们依靠触角和身体摩擦发出的尖锐声音来威吓敌人。它们生性好斗却欺软怕硬，常常为了争夺食物而大打出手。但当遇到强大的外敌时，它们则选择马上灰溜溜地弹跳着逃跑。

你知道吗？

求偶时的龙虾表达爱意的方式很奇特。雄性龙虾为了取悦雌性龙虾，会进行一场别开生面的撒尿比赛，尿得最远、尿量最大的雄性龙虾最终会获得雌性的青睐。

雀尾螳螂虾 *Odontodactylus scyllarus*

雀尾螳螂虾凭借绚丽迷人的外表，一直被认为是虾蛄家族里的颜值担当。但是，雀尾螳螂虾生性凶狠，捕猎时非常残暴，经常发动突然袭击，让很多猎物在顷刻间毙命。所以，有些人也称它们是“蛇蝎美人”。

辨认要诀　雀尾螳螂虾 >>>

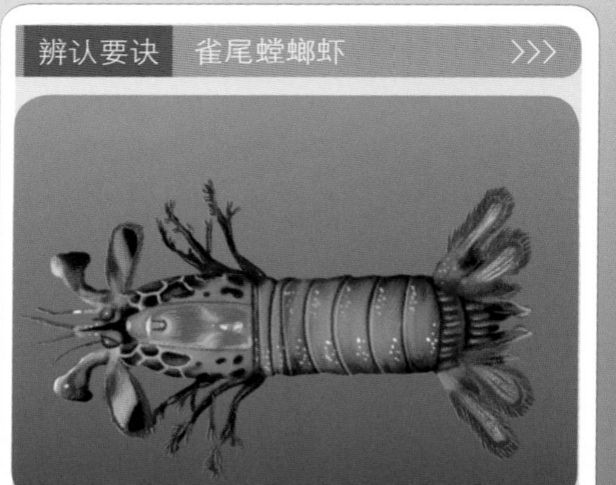

雀尾螳螂虾拥有孔雀一般出众的外表，全身由红、蓝、绿等多种颜色构成。雀尾螳螂虾个体的第二对颚足异常发达，犹如铁拳。

大　小	体长为 12~18 厘米
生长环境	珊瑚礁岩缝、砾石密布的海底
食　物	小型无脊椎动物
分布地区	印度洋、太平洋热带海域

海底“铁拳手”的智慧

雀尾螳螂虾拥有攻击力十足的“铁拳”，可以说打遍海底无敌手。其实，这依靠的可不仅仅是蛮力，还有出众的智慧。因为连续的锤击动作会消耗大量体力，所以在打出几拳后，雀尾螳螂虾就会迅速观察猎物的受损情况，进而选择最薄弱的部位下手。

机警的“守卫者”

雀尾螳螂虾的领地意识非常强。平时，它们大多藏在自己修筑的“城堡”里，很少外出。为了防止同类觊觎自己的“豪宅”，雀尾螳螂虾还会用一些珊瑚碎屑和贝壳残渣将洞口封堵起来，只留很小的出入口。在出洞之前，它们也会用触角仔细感知周围的情况，看看是否有危险存在。不过，对雀尾螳螂虾来说，“私宅”被占也是常事，此时它们会用武力来捍卫尊严。

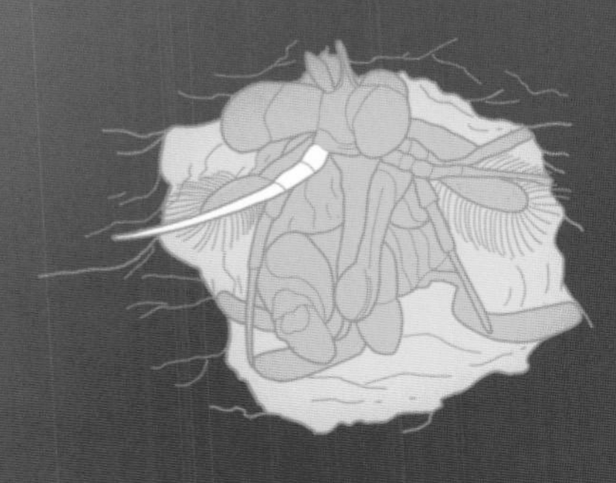

用触角感知洞外情况

“母爱”无言

在繁殖期，雌性雀尾螳螂虾会产下几万枚受精卵。为了保护后代的安全，它们会一直“环抱”着这些红红的卵，直到孵化为止。

“环抱”红红的卵

你知道吗？

有关研究表明，雀尾螳螂虾拥有多达16种光感受器。所以，它们不但能感知圆形和线性偏振光，还能感知红外线和紫外线，进而准确地判断猎物的踪迹。

巨螯蟹 *Macrocheira kaempferi*

日本东南沿海海域生活着一种现存最大的节肢动物——巨螯蟹。它们潜伏在幽冷灰暗的海底，缓慢前行，看起来就像巨型毒蜘蛛一样可怕。关于这种深海巨蟹，流传着很多传说……

辨认要诀　巨螯蟹 >>>

巨螯蟹的体形呈梭形，长有10条细长且锐利的足。它们拥有坚硬的外壳和蟹类最长的前螯，足上通常分布着白色斑点。

大　　小	体宽约为4米
生长环境	50~300米的海底
食　　物	以无脊椎动物为主
分布地区	日本太平洋海域

我并非那么强大！

巨螯蟹的大长腿只是在外表上给它们增加了一些震慑力，事实上，因为速度不够快，这些大家伙只能眼巴巴地看着那些敏捷的猎物从眼前溜走。没办法，巨螯蟹只好在海底慢慢扫荡死去的猎物，或是寻找行动同样缓慢的猎物。

螯钳的妙用

尽管雌雄巨螯蟹在体形上有所差异，但它们都长有强劲有力的螯钳。捕食时，螯钳可以轻易撬开那些软体动物的外壳。巨螯蟹另外的 8 条步足虽然威力不大，却能让它们在海床上行走自如，顺便挖掘一些意图隐藏起来的小猎物。

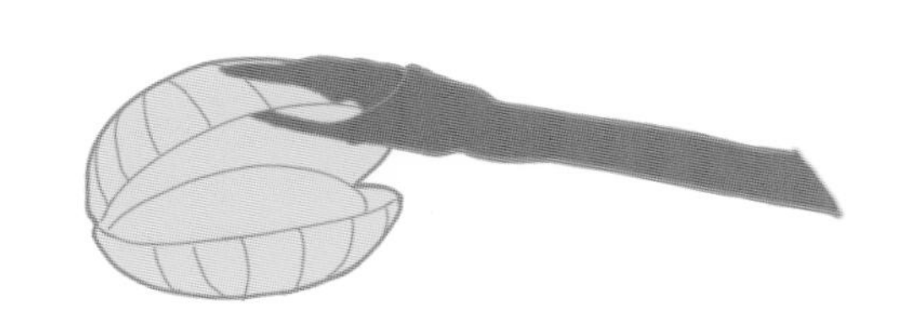

钳子撬开贝壳

传言不可信！

有传言说巨螯蟹曾经杀死过人，所以才有了“杀人蟹”的别称。事实上，它们不会游泳，整日栖息在深海海底，怎么有机会杀人呢？不但如此，这种大“怪物”还经常被巨型章鱼等动物捕食，偶尔还会被渔民捕获，沦为别人的美餐。因此，杀人之说并不可信。

你知道吗？

为了适应周围的环境，巨螯蟹也学会了伪装自己。它们偶尔把海藻、海葵、海绵的残余物或其他碎屑粘在体表，有时也会跑到和自己体色相近的物体旁，以混淆敌方的视线。

椰子蟹 *Birgus latro*

椰子蟹是现存最大的陆生蟹，堪称蟹类家族中的“巨人”，因爱吃椰子果肉而得名。它们那粗壮有力的螯不但能轻易撬开坚果和种子，而且能助其爬树登高，是非常便捷的工具。

大　　小	体长为 1~1.5 米
生长环境	热带、亚热带的海岸
食　　物	椰肉、各种水果、坚果等
分布地区	印度洋和太平洋西部

辨认要诀　椰子蟹

椰子蟹体形很大，全身覆盖着坚硬且厚厚的甲壳。它们头部、胸部和足部的甲壳表面分布着很多波状皱纹。

爬树高手

椰子蟹是一流的爬树高手，可以凭借其大螯轻松地爬上高大的椰子树，用自带的“钢钳”剪掉椰果的枝条，使得大大的椰果落于沙滩上。这时，椰子蟹会娴熟地从树上回到沙滩，快乐地享受美餐。

贪吃"大力士"

椰子蟹虽然喜食椰肉，但是饥饿难耐时，几乎什么都吃。无论是植物的叶子、果实还是腐烂的动物尸体，甚至体形较小的同类，都可能被它们吞入腹中。就是因为这么贪吃，椰子蟹才有了"强盗蟹"的别称。

请叫我"夜行侠"

椰子蟹虽然大部分生活在热带和亚热带海岸附近，却很怕强光暴晒。所以，它们白天藏在海边树林或石头下的阴凉洞穴中休息，晚上出来施展拳脚，寻找诱人的食物。椰子蟹比较孤僻，喜欢独来独往，从不与同类共享巢穴。每长大一些，它们为了住得舒服，就会搬到更大的"房子"生活。

吃椰果的椰子蟹

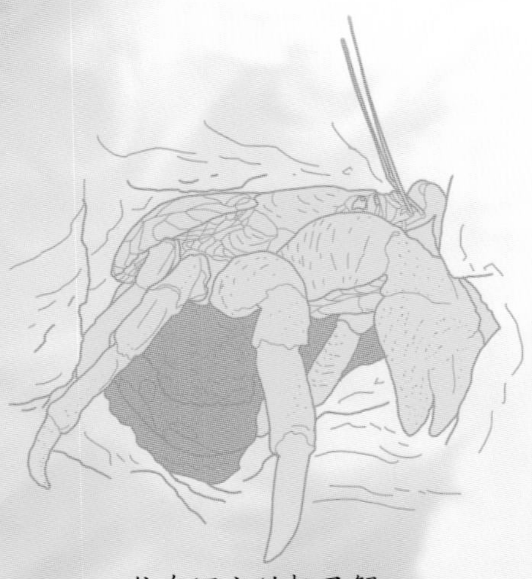

住在洞穴的椰子蟹

你知道吗？

椰子蟹属于卵生动物，是在海水中孵化后代的。它们的生长速度非常缓慢，每年会蜕皮 2~3 次。椰子蟹成年以后，每年最多蜕皮 1 次。

中华鲎 *Tachypleus tridentatus*

中华鲎的样子十分奇怪，像巨大的甲壳虫，又像大螃蟹，还与虾有点相似，因而一些沿海地区的人们称其为“海怪”。另外，因其头胸甲略呈马蹄形，人们又给中华鲎起了另一个名字——马蹄蟹。

辨认要诀 中华鲎 >>>

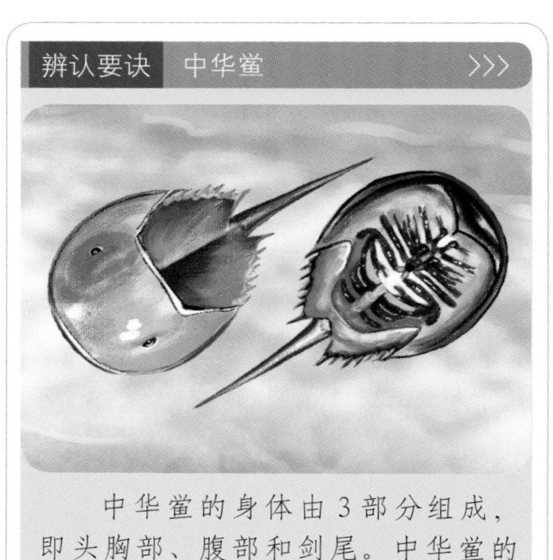

中华鲎的身体由3部分组成，即头胸部、腹部和剑尾。中华鲎的头胸部长着既厚又硬的甲壳和4只眼睛，其中两只为单眼，用来感知光亮；另外两只为复眼，用于成像。

大　小	体长为30~79.5厘米
生长环境	20~60米深的砂质海底
食　物	小型的甲壳动物、软体动物、环节动物，以及小鱼等
分布地区	亚洲和北美沿海地区

海洋中的“活化石”

早在约3.5亿年前，鲎就出现在地球上了，那时的地球刚刚出现原始的鱼类。随着地质年代的变迁，沧海变桑田，与鲎同时期出现的动物有的已经彻底灭绝，有的进化成与原来大不相同的样子，只有鲎几乎没有改变。鲎因此被称为海洋中的“活化石”。

海底鸳鸯

每年的春末，鲎进入产卵期，雄鲎会提前到达海滩附近等待雌鲎的到来。雌鲎到达后，雄鲎会爬到雌鲎的背上，让雌鲎背着自己爬上海岸，挖洞产卵。结为“夫妻”的鲎通常形影不离，因此人们用“海底鸳鸯”形容它们。

蓝色的血液

鲎是除章鱼之外另一种拥有蓝色血液的动物。鲎的蓝色血液在医学上具有很高的价值。科学家利用鲎的血液合成出一种“鲎试剂”，这种试剂可用于脑膜炎、霍乱等疾病的临床诊断，快速而有效。这对鲎来说并非好事，因为人类大量猎杀鲎进行活体取血，对鲎的生存繁衍造成巨大的威胁。

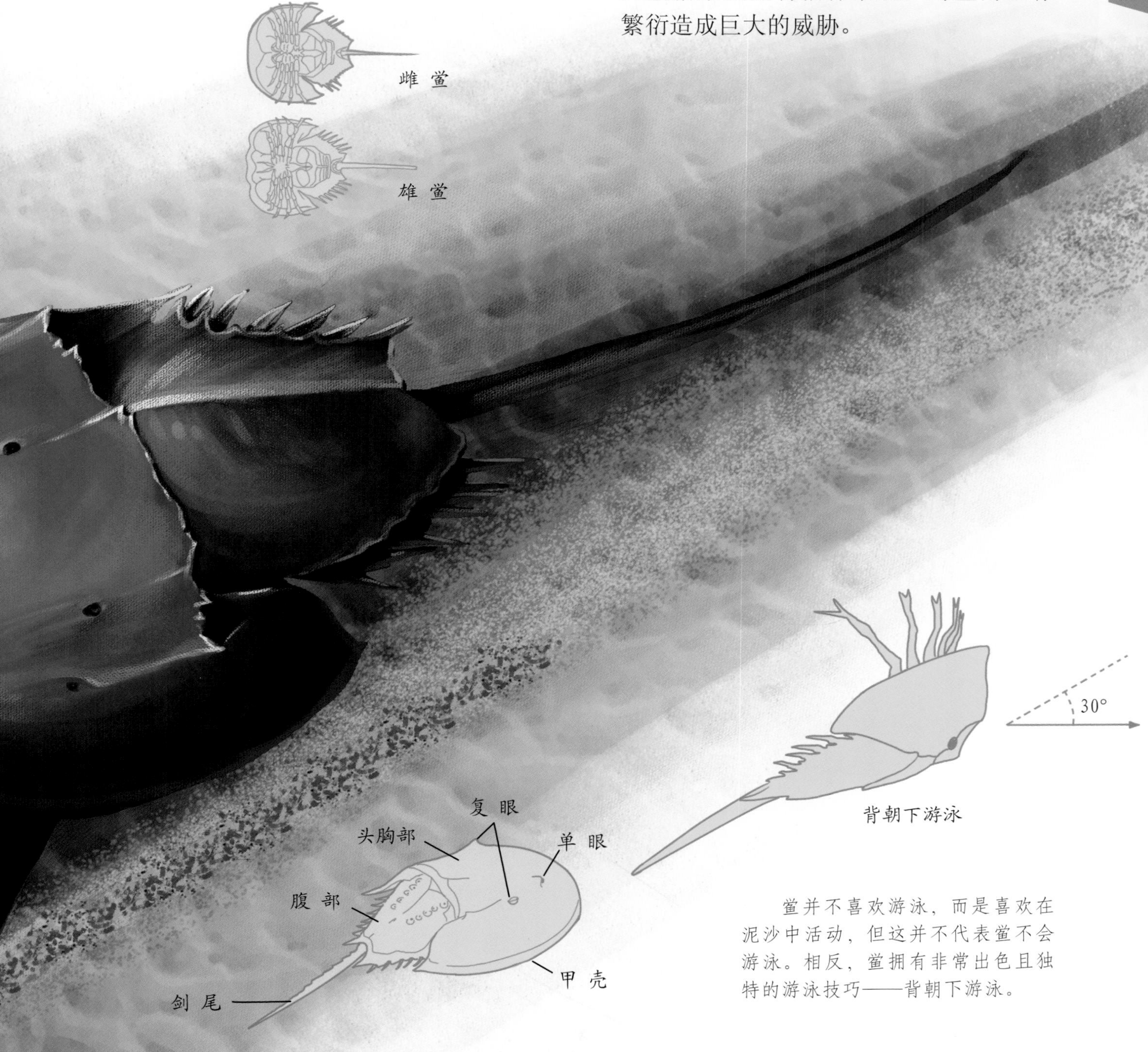

鲎并不喜欢游泳，而是喜欢在泥沙中活动，但这并不代表鲎不会游泳。相反，鲎拥有非常出色且独特的游泳技巧——背朝下游泳。

银鸥 *Larus argentatus*

在庞大的海鸥家族中，银鸥的名气特别大。它们与很多海鸥一样，不但是世人皆知的“海洋清洁工”，而且兼职“海洋天气预报员”的工作。长久以来，这种身姿健美、勤劳又勇敢的“优雅绅士”一直深受人们的喜爱。

大　小	体长为 55.0~67.7 厘米
生长环境	海岸、河口、河流、湖泊附近
食　物	主食鱼类和水生无脊椎动物
分布地区	亚欧大陆、北美洲

辨认要诀　银鸥 >>>

银鸥的喙为黄色，下喙有一个明显的红色斑点。初级飞羽末端为黑色，且有白色斑点；翅上覆羽和背部羽毛均为灰色，其余体羽都是纯白色。脚具有蹼，呈粉红色。

尽职尽责的“清洁工”

银鸥的食谱非常丰富。除了吃一些小鱼小虾，它们还经常拣食轮船上人们扔弃的残羹剩饭来调剂口味。港口、码头、海湾……哪里有食物残渣，哪里就有海鸥的身影。因为它们的这种举动大大地降低了废弃物对海洋环境的污染，所以人们才会亲切地称它们为海洋的“清洁工”。

海洋天气“预报员”

海上的天气瞬息万变，让人难以捉摸。银鸥凭借空心管状的骨骼可以感应到空气中的气压流动，从而准确预知天气变化：天气晴朗时，银鸥喜欢贴近海面飞行；如果天气变坏，它们就会沿着海边徘徊；倘若暴风雨即将来临，那么海鸥则会成群聚集在沙滩或岩石上。出海航行的人可以通过银鸥的行为情况来判断天气变化。

为什么会跟船飞行？

在轮船航行过程中，轮船附近海面上空会因空气和海水的阻力作用产生较强的上升气流。银鸥则会借助这种气流飞翔，特别省力。此外，轮船所制造的浪花能击晕一些鱼虾，给银鸥带来美食。所以，我们平时总会看到很多银鸥喜欢跟随着轮船飞行。

黑剪嘴鸥 *Rynchops niger*

黑剪嘴鸥是剪嘴鸥家族中的“巨人”，其翼展长达 1.2 米。这种长相特别的鸟喜欢群体生活，在捕鱼方面具有颇高的造诣，能像猎豹一样迅速截杀目标猎物。

大　　小	体长为 40 ~ 50 厘米
生长环境	热带、亚热带海岸
食　　物	小鱼、昆虫、甲壳类
分布地区	北美洲、南美洲

辨认要诀　黑剪嘴鸥 >>>

黑剪嘴鸥体形较大。喙呈红色和黑色，下喙比上喙长很多，且又直又尖；两翼狭长，尾巴较短；脚短小，却非常尖利；顶冠颜色较深，身体上部多为黑色或褐色，身体下部为白色。

“猫眼”的秘密！

黑剪嘴鸥的眼睛很特别，其瞳孔与猫的瞳孔十分相似，可以最大限度地保护眼睛不受眩光的影响。即使水面和沙子反射的阳光特别刺眼，黑剪嘴鸥也不会有丝毫不适。

黑剪嘴鸥的“猫眼”

鸟大十八变

黑剪嘴鸥一般会在沙穴中产下后代。无论是产下的蛋，还是刚出生的黑剪嘴鸥幼鸟，颜色都与沙子十分相近。这可以帮助它们免受天敌的捕杀。随着时间的推移，幼鸟的喙会变得越来越长，体色也变得越来越分明。

鸟大十八变

捕食有绝技！

黑剪嘴鸥是世界上唯一一种下喙比上喙长的鸟类，这种独特的喙部构造给它们帮了大忙。捕食时，黑剪嘴鸥往往先在高空中观察，一旦发现目标，马上俯冲而下贴近水面飞行，并将长长的下喙插入水中，如耕犁一般撇去水分，把食物送进嘴里。

黑剪嘴鸥求偶时，通常先在异性面前展示一段炫酷的飞行绝技，然后当众鸣叫以表明自己的心意，最后会用赠予美食的方式来捞获对方的“芳心”。

灰鹱 *Puffinus griseus*

灰鹱是鸟类中出色的“飞行家”，一生大约有90％的时间在海面上“旅行”，行踪不定。除繁殖期外，人们很难发现这些海鸟的身影。

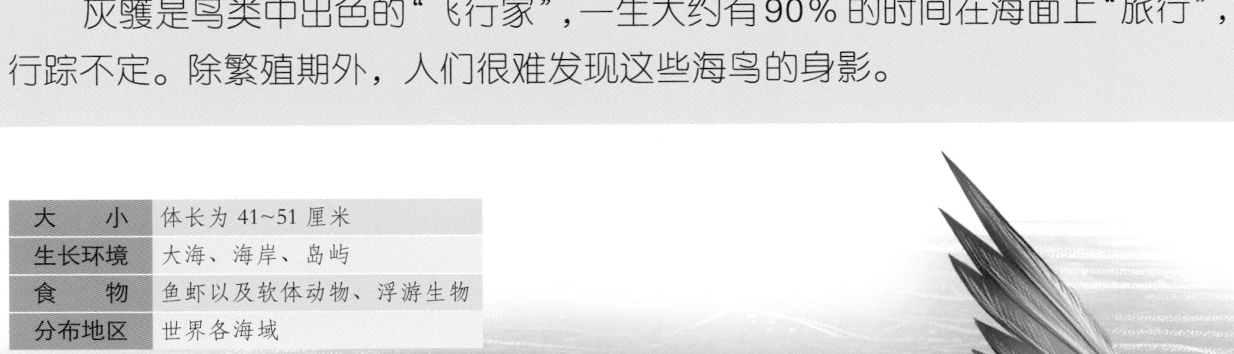

大　　小	体长为 41~51 厘米
生长环境	大海、海岸、岛屿
食　　物	鱼虾以及软体动物、浮游生物
分布地区	世界各海域

辨认要诀　灰　鹱

灰鹱体形中等，喙较细且侧扁，上喙尖端为钩状，鼻管较短，两翅狭长；喉部为灰白色，身体上部为黑褐色，身体下部为灰褐色，翼下覆羽及飞羽基部呈银灰色。

长途迁徙

灰鹱是著名的候鸟，擅长长距离飞行。它们每年的迁徙距离长达 65000 千米。

灰鲸的“随从”

灰鲸进食时，通常会将一些小型的节肢动物和乌贼吐出来。此外，灰鲸在水面活动时，会把一些鱼虾带到海面。聪明的灰鹱掌握了这个规律，便时常跟随在灰鲸的左右以静待时机捡食这些美味。

艰难的起飞

灰鹱的飞行能力十分出众：在水面起飞比较容易，在空中的动作更是能用灵敏、矫健来形容。但是一到陆地，它们似乎就变笨了，连行走都非常缓慢，更别说起飞了。好在它们懂得利用悬崖和海岸地势的落差起飞，不然真是有损“飞行家”的美誉。

▲灰鹱拥有“十八般武艺”，除了飞行，还会游泳和潜水等。尽管它们不能潜得太深，但足够它们捕食猎物了。

漂泊信天翁 *Diomedea exulans*

漂泊信天翁有着优美的外形、洁白的羽毛，还有出色的滑翔技能。它们在广阔的海洋上空翱翔、盘旋抑或与风浪共舞，犹如鲲鹏般谱写着“扶摇直上九万里”的神话。

大　　小	体长为 1.2~1.4 米
生长环境	海岸、河口、河流、湖泊附近
食　　物	小鱼、乌贼、食物残渣
分布地区	南极洲附近的海域、岛屿

辨认要诀　漂泊信天翁 >>>

漂泊信天翁体形大，翼展长。喙和脚是粉红色的，头部一侧有不明显的桃子状斑点；除翅膀上的黑色羽毛外，体羽均为白色。

漂泊信天翁的平均寿命可达 23 年左右，最长寿命可达 60 年，是鸟类中有名的“寿星”。可是，它们通常要到 7 岁左右时才能繁殖后代。因为数量增速过缓，它们曾一度濒临灭绝。

滑翔之王

漂泊信天翁有着鸟类中最长的翼展。它们无须多做准备动作，就可以像全自动滑翔机一样进入巡航模式。凭借这个独特的优势，漂泊信天翁每下降1米的高度，就可以滑翔约22米的距离。海上越是狂风不止，对它们的滑翔越是有利。此时，漂泊信天翁几乎不用挥动翅膀就能创造出很多鸟类无法企及的滑翔纪录。

漂泊信天翁的滑翔

漂泊信天翁的专情

排出多余盐分

专 情

漂泊信天翁是一种非常专情的鸟类。它们的择偶条件非常苛刻，选择伴侣的态度比较谨慎。但是，一旦确定恋爱关系以后，双方就会认定彼此为各自一生的挚爱，从此患难与共，不离不弃。

漂泊信天翁的求偶方式别具一格。它们不但会发出“咕咕”声，以表达爱慕之情，而且会做出鞠躬、仰头、挥翅等动作，让心仪的对象看到自己的真诚。

盐分去哪里了？

漂泊信天翁平时从食物中摄取水分，不可避免地会摄入大量盐分。不过不用担心，那些多余的盐分会从它们大喙的盐腺孔中排出。有时，那些盐水就像溪流一样一直流到喙尖。

白鹈鹕 *Pelecanus onocrotalus*

夸张的鸟喙、大大的喉袋、短粗的腿，走起路来摇摇摆摆、笨手笨脚……这是很多人对白鹈鹕的第一印象。别看它们步履蹒跚，事实上它们可是一种捕食和飞行本领都非常高强的鸟儿。

大　小	体长为 1.4~1.75 米
生长环境	沿海、江河、湖泊等地
食　物	主要以鱼类为食
分布地区	亚洲、欧洲、非洲周边海域

辨认要诀　白鹈鹕 >>>

白鹈鹕个体体形较大，喙长且粗直，呈铅蓝色；喙下长有橙黄色皮囊，头后有一束悬垂式冠羽，胸部长着一束淡黄色羽毛，翼下飞羽为黑色，其余羽毛均为白色。

团队精神

捕鱼时，白鹈鹕非常注重团队协作。它们通常先有序地排列成一道直直的“城墙”或组成一个U形战队，然后一起用翅膀猛力击打水面。鱼群受到惊吓后，一般会向相反方向逃离。等猎物慌不择路地到达浅水区后，白鹈鹕便开始实施它们的“兜捕”计划。

自带渔网

白鹈鹕有一个绝佳的捕食工具——喉袋。这个渔网般的秘密武器可伸可缩，能将四处逃窜的鱼一股脑地兜起来。捕猎成功后，白鹈鹕会将嘴闭紧，收缩喉袋，及时把水挤出，然后仰起头将鱼吞入腹中，美餐一顿。

如果食物太多，白鹈鹕会把食物暂时存放在喉袋里，饥饿时再食用。

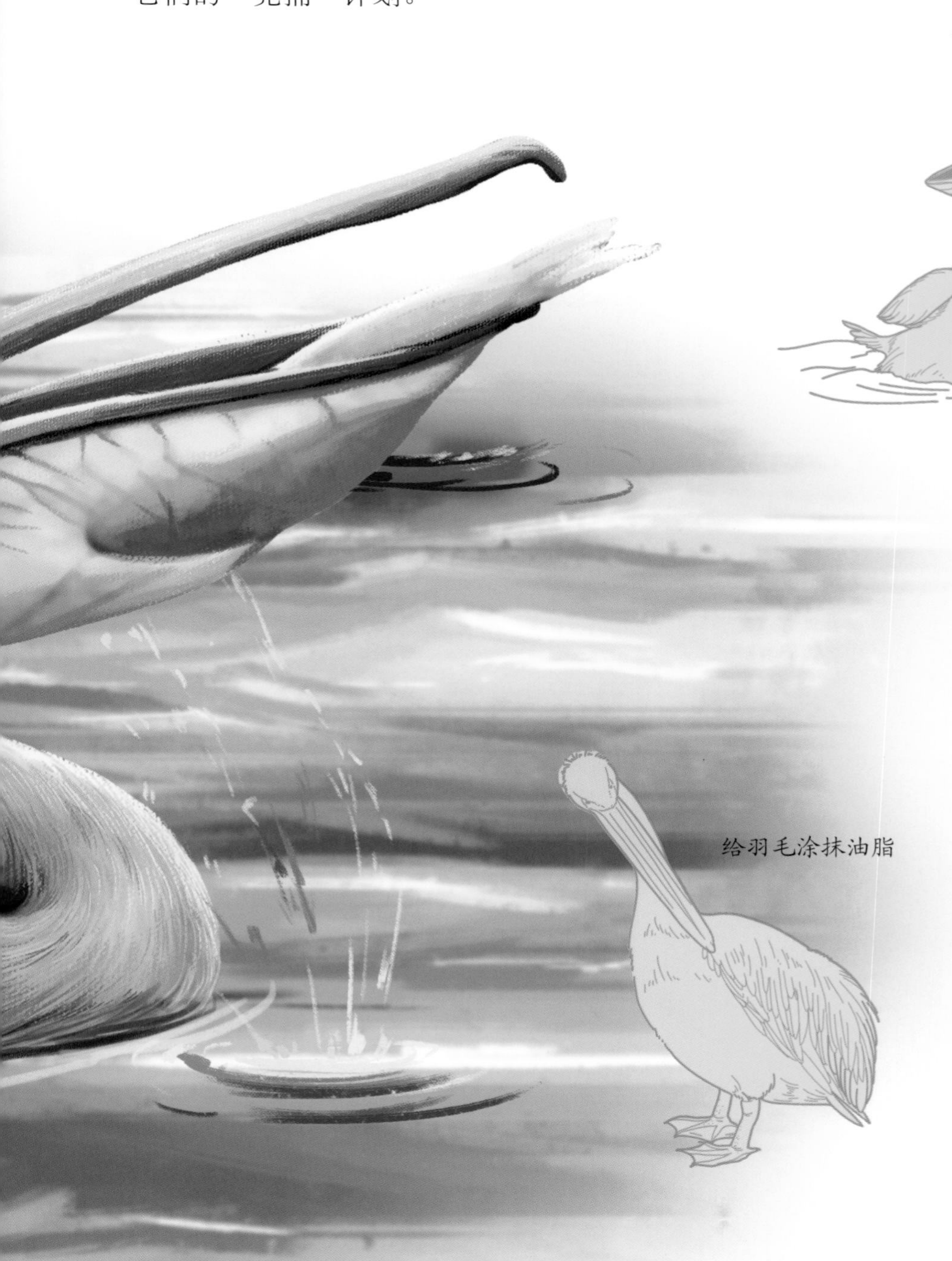

自带“渔网”

给羽毛涂抹油脂

美丽与智慧并存

白鹈鹕的尾部具有油脂腺，闲来无事的时候，它们就会用大大的嘴巴在身上啄来啄去，给羽毛涂抹油脂。经过“美容”的羽毛在阳光的照耀下格外漂亮。其实，白鹈鹕这么做完全是为了保护羽毛不被浸湿，而不是因为爱美。

海鸬鹚 *Phalacrocorax pelagicus*

在中国沿海海域，我们较容易发现海鸬鹚的身影。这种海鸟的飞行能力一般，行走动作也很笨拙，但一入水便能变身为潜泳高手，展示出非凡的实力。

大　　小	体长为 67.9~78.8 厘米
生长环境	温带海洋的近陆岛屿、沿海地带
食　　物	鱼虾、甲壳类、藻类
分布地区	北美洲、亚洲周边海域

辨认要诀　海鸬鹚 >>>

海鸬鹚的喙细长、微扁；平时体羽呈黑色，头部和颈部羽毛具有紫色光泽，其他部分羽毛具有绿色光泽。繁殖期间，海鸬鹚肩羽和覆羽变为铜绿色，两胁各有一个大的白斑。

舍食逃生

海鸬鹚的逃生术十分特别，让人大跌眼镜。遭遇危险时，为了减轻体重以迅速起飞逃跑，它们会毫不犹豫地吐出黏液囊。这个黏液囊里往往有很多鱼骨、鱼鳞等尚未消化的食物。

舍食逃生

速泳“达人”

海鸬鹚在陆地上的动作缓慢，休息时都需要用坚硬的尾羽支撑。不过，它们的捕食和潜泳技术是一流的，千万不能小觑。只要到了水里，海鸬鹚就会变得异常灵活，下潜、追踪样样拿手。但凡被它们盯上的小鱼，逃生的概率微乎其微。

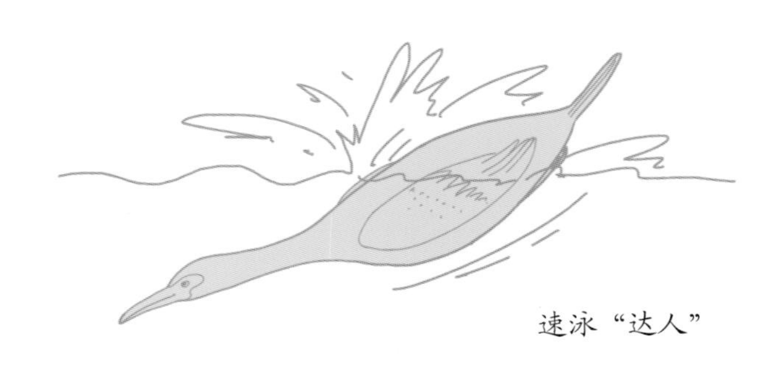
速泳“达人”

海鸬鹚的近亲弱翅鸬鹚

海鸬鹚的近亲弱翅鸬鹚是一种不会飞行的海鸟，其翅膀已经严重退化。不过，它们拥有出色的潜水本领，并以此为生。

一个好汉三个帮

海鸬鹚之间保持着非常亲密、友好的伙伴关系。如果一只海鸬鹚在捕食的过程中遇到困难并发出求救信号，其他伙伴接收到信息后，就会迅速赶来，为它提供支援和帮助。

求救

帝企鹅 *Aptenodytes forsteri*

帝企鹅是企鹅家族中的“大块头”，体重甚至能达到 50 千克。它们喜群体生活，饮食起居都喜欢跟伙伴们待着。在天寒地冻的南极冰原，这些闲庭信步的优雅“绅士”是非常靓丽的风景线。

大　小	体高为 1~1.3 米
生长环境	冰地荒原
食　物	以甲壳类为主
分布地区	南极大陆

辨认要诀　帝企鹅 〉〉〉

帝企鹅体形较大。全身体毛颜色分明，背部和鳍状肢为黑色，腹部为乳白色，颈部为淡黄色，耳部为黄橘色，鸟喙下方呈鲜橘色。

无惧严寒

与其他企鹅一样，帝企鹅生来就长有保暖性很高的绒羽。长大后，绒羽褪去，新的羽毛就会长出来。新羽毛不但保暖，而且具有防水的功能。除此之外，它们体内还有肥厚的脂肪，帮助它们抵御寒冷的天气。因此，即使处于南极的严酷环境中，它们也能正常生活、繁育后代。

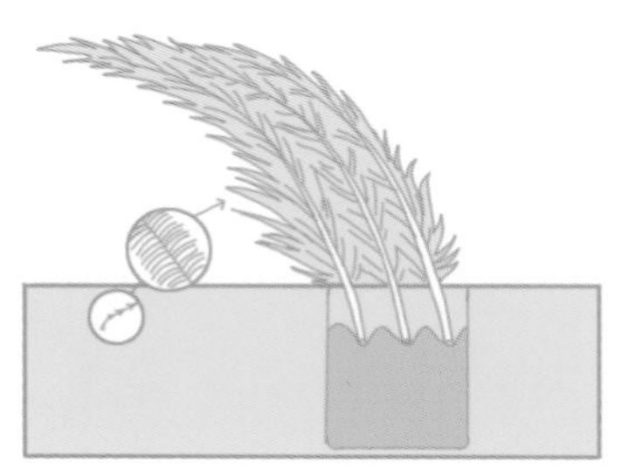

保暖性很好的绒羽

相拥取暖

南极天气多变，冬季时常有暴风雪，即使是身穿数层“保暖外套”的帝企鹅想要生存下来，也绝非易事。不过不用担心，帝企鹅有一套独特的取暖方式：天气寒冷时，它们会紧紧地挨在一起抱团取暖。为了让每个成员都有取暖的机会，帝企鹅每隔一段时间就会与同伴交换位置。另外，帝企鹅家族还是一个非常有爱的大家庭：帝企鹅“长辈”会把年幼的小企鹅围在中间，为小企鹅遮挡风雪。

“爸爸”中的典范

每年，帝企鹅都会到南极大陆的南部繁殖后代。这里生态环境相对稳定，比较适合企鹅宝宝的成长。帝企鹅妈妈在产下蛋后，会把孵化宝宝的任务交给帝企鹅爸爸。在接下来60多天的时间里，帝企鹅爸爸不吃不喝，双足紧并，肃穆而立，全神贯注地守护着蛋，直到宝宝出生。

帝企鹅是著名的捕食高手。它们凭借船桨一样的鳍状肢和出色的“闭气功”，可以长时间潜入冰冷的深层海水中寻找可口的食物。

丽色军舰鸟 *Fregata magnificens*

丽色军舰鸟不但名字颇具威严，而且长相十分霸气。看着丽色军舰鸟那长钩似的嘴巴，很多人以为它们是捕食高手。可谁能想到，丽色军舰鸟是经常抢夺食物的“劫匪”。

大　小	体长为 95~110 厘米
生长环境	海岛
食　物	鱼类、软体动物、水母
分布地区	北美洲、南美洲、欧洲、非洲的周边海域

辨认要诀　丽色军舰鸟

丽色军舰鸟鸟喙狭长，喙端向下成钩；翼展较长，尾巴呈深叉状；爪弯曲、细长，四趾均向前。雄鸟羽毛为黑色，喉部有红色喉囊；雌鸟羽毛也为黑色，但胸部及颈部下两侧的羽毛呈白色，而且翅膀上有一道褐色带。

军舰鸟的飞行时速最快可以达到 418 千米，是鸟类王国中当之无愧的“速度之王”。此外，它们还会借助热气流和信风滑翔，十分聪明。

丽色军舰鸟抢夺食物

用心形喉囊示爱

空中“劫匪”

丽色军舰鸟既没有防水的羽毛，也没有助游的蹼，一旦入水，它们的情况就会很糟糕。为了不饿肚子，它们只好去抢。其他海鸟捕食成功后，丽色军舰鸟伺机而动，以闪电般的速度飞冲过去，围堵强攻，直至对方放弃口中的食物为止。

用“心”求偶

每到繁殖季节，雄性丽色军舰鸟就会站在枝头，不停地抖动张开的翅膀，以吸引雌鸟的注意。它们还要适时鼓起心形的红色喉囊，边摆动脑袋边发出“哒哒”的叫声，表达心中的爱意。雌鸟倘若中意了某只雄鸟，就会含情脉脉地来到该雄鸟身边。

妈妈抚育幼鸟

在丽色军舰鸟妈妈孵出幼鸟后不久，它的“丈夫”便会彻底离开这个“家”，寻找下一位伴侣。丽色军舰鸟妈妈在长达两年的时间里，不但要负责幼鸟的饮食起居，而且要传授它们飞行本领和生活技能。直到幼鸟可以独自生存，丽色军舰鸟妈妈才会离开，组建新的家庭。

丽色军舰鸟妈妈抚育幼鸟

蓝脚鲣鸟 *Sula nebouxii*

与鲣鸟家族的其他成员相比，蓝脚鲣鸟无论外表还是行为举止都十分呆萌：一双大脚穿着耀眼的“蓝靴子”；有点“对眼”的眼睛，总给人一种傻傻的感觉；走起路来笨手笨脚，却能跳“踢踏舞”。

大　小	体长为 76~84 厘米
生长环境	热带海洋的海岛、海岸
食　物	鱼类、甲壳类等
分布地区	北美洲、南美洲的周边海域

辨认要诀　蓝脚鲣鸟 >>>

蓝脚鲣鸟鸟喙又长又尖，犹如圆锥，其边缘呈锯齿状；喉囊发达；翅膀较狭窄，但长而尖；具有蓝色的发达脚蹼。

快来欣赏我的脚！

繁殖季节一到，雄性蓝脚鲣鸟便会跳起“魔性”的“踢踏舞”。为了让雌性蓝脚鲣鸟充分见识到蓝脚的魅力，它们会不停地交替抬脚，必要时还会张开双翅，以吸引雌性的目光。

以脚孵卵

与其他鸟类用身体孵卵不同，蓝脚鲣鸟是用漂亮的大脚来孵卵的。孵卵时，它们会轮流进行。孵卵 40 多天后，可爱的小家伙们便会破壳而出，来到这个世界。

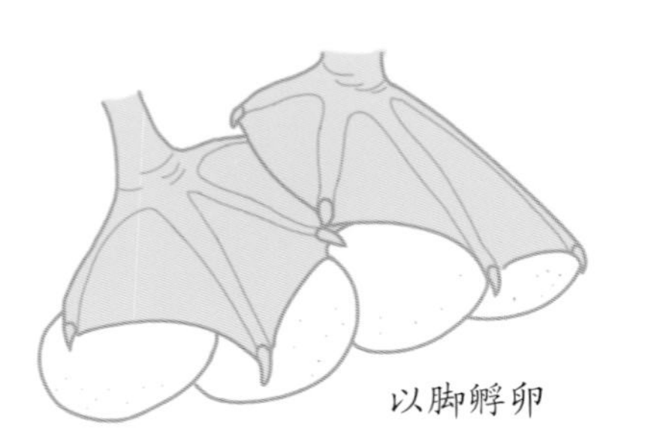

以脚孵卵

高深莫测的猎手

虽然蓝脚鲣鸟外表呆头呆脑的，但是它们是实力超群的猎手。捕食时，蓝脚鲣鸟会收拢双翅，头部向下，以流星般的速度冲进大海，并以入水时的声响震晕 1.5 米以内的游鱼。捕猎顺利的话，蓝脚鲣鸟会一口咬住猎物并把猎物吞进肚子后再浮出水面，重新飞向天空。

入水捕食

蓝脚鲣鸟的脚蹼为什么是蓝色的呢？其实，这与它们的食物有关。蓝脚鲣鸟特别喜欢捕食沙丁鱼。沙丁鱼体内含有大量的类胡萝卜素，而这种物质会与蓝脚鲣鸟体内的某种蛋白质相结合，使它们的脚蹼呈现出艳丽的蓝色。

白头海雕 *Haliaeetus leucocephalus*

体态雄健的白头海雕是美国的国鸟。它们性情凶猛，威风凛凛。这种大型猛禽喜欢随水而居，尤其喜欢在一些鱼类资源丰富的开放型水域附近筑巢。

大　　小	体长为 71~96 厘米
生长环境	海岸、河流、湖泊附近
食　　物	以鱼类为主
分布地区	北美洲周边海域

白头海雕的巢穴是全北美鸟类中最大的。白头海雕的“豪宅”一般位于水源附近的大树上。不过在繁殖期，白头海雕会把“豪宅”建在地上。

辨认要诀　白头海雕 >>>

白头海雕大部分体羽呈棕色，头部和尾部羽毛均为白色；喙尖呈钩状；爪弯曲如钩，锐利无比。

捕鱼行家

捕鱼行家

白头海雕不但拥有非常良好的视觉，而且拥有无比锋利的爪子，似乎就是为捕鱼而生的：眼周的骨质突起能帮助它们在烈日下清晰地锁定猎物的位置；而尖锐锋利的爪子则是防止猎物逃脱的必备利器。所以，哪条鱼一旦被其盯上，基本没有逃生的机会。

弃食？不可能！

白头海雕的力量很大，甚至能抓拽起相当于其体重一半的猎物。如果猎物太沉，它们不会轻言放弃，而是改变策略，一边牢牢抓住猎物，一边利用宽大的翅膀努力地向岸边游去。不过，这种方法存在很大风险，因为它们很可能会被过重的猎物拖进水里，溺水而死。

饿出来的“劫匪”

当食物匮乏时，为了活命或哺育后代，白头海雕会抢夺同类的食物。这时，它们就会化身为专门抢劫的“悍匪”，只要看到同类叼着食物从身边经过，就可能飞上前去与对方激战一场。

与同类争抢食物

北极海鹦 *Fratercula arctica*

圆滚滚的身体、白白的肚皮和时髦的“装扮”，让北极海鹦像极了憨态可掬的“小演员”。它们虽然个头不大，但是拥有多项其他海鸟无法比肩的高强本领。

大　　小	体长为 25~30 厘米
生长环境	海洋、岛屿
食　　物	以鱼类为主
分布地区	北美洲、欧洲周边海域

辨认要诀　北极海鹦 >>>

北极海鹦长着灰色的脸颊，有着黑色的头顶。北极海鹦宽大的喙呈三角形，有红、黄、灰蓝 3 种颜色；身体粗壮，背部羽毛为黑色，腹部羽毛为白色；双翅和尾巴都很短，腿为橙色。

“钳嘴”的妙用

北极海鹦的喙不但好看，而且非常实用。其艳丽的三角形大喙上长有深沟和尖刺，可以牢牢钳住鱼，不让它们挣脱。最特别的是，这个“神器”一次就可以钳住10多条小鱼。

内在“潜水镜”

北极海鹦的视力特别好，即使在水下也能看清猎物。这是因为它们除长有一般的上下眼睑外，还拥有透明的眼睑。潜入水中时，透明的眼睑就会如潜水镜一样保护北极海鹦的眼角膜。

和谐“大家庭”

无论是外出捕食还是迁徙，北极海鹦都特别喜欢一起行动。对它们来说，这样做一方面可以展示自己家族的庞大势力，打消敌人的袭击念头；另一方面，如果遭遇强敌，可以齐心协力，用“鸟海战术”击退对方。

除了用于捕食，北极海鹦的彩色喙在求偶的过程中也发挥着至关重要的作用。在繁殖期，这个大喙的颜色会变得更加艳丽。雌雄北极海鹦确定“恋爱”关系以后，会举行“碰喙”仪式。

蓝鲸 *Balaenoptera musculus*

蓝鲸是世界上现存最大、最重的动物，据说就连蓝鲸刚生下的幼崽都比陆地上成年的大象还要重。人们曾经做过一个非常形象的比喻：蓝鲸的心脏相当于一辆小汽车的大小，舌头可以站得下 50 个人！世界上有记载的最大的蓝鲸体长达 33 米，体重约为 180 吨！

辨认要诀　蓝　鲸　>>>

蓝鲸的身体看起来像剃刀，因此被称为“剃刀鲸”。蓝鲸体色呈青灰色或淡蓝色，背部长着淡淡的细碎斑纹，胸部有白色的斑点，头顶长有两个喷气孔。

大　　小	体长为 20~30 米，体重为 100~160 吨
生长环境	冷暖海水交汇处，水温 5℃ ~20℃ 的温带和寒带冷水区域
食　　物	磷虾、鱼类
分布地区	世界海洋，热带水域较为少见

超级大胃王

冬季的蓝鲸胃口似乎不是很好，但在夏季，它就会开始大量进食。蓝鲸的食量十分惊人，一次可以吞下大约 200 万只磷虾，每天的进食量达 4 吨左右。当肚子里的食物少于 2 吨时，蓝鲸就会感到饥饿。

海上“喷泉”

海上“喷泉”

当蓝鲸出现在海面时，海面上常常会出现壮观的“喷泉”景观，这其实是蓝鲸在呼吸换气。想要吸入新鲜的空气，蓝鲸必须先将体内的废气排出体外。在这个过程中，它会连同附近的海水一起卷出海面，形成“海上喷泉”。这股“喷泉”冲劲十足，可以喷射到10米左右的空中。如果近距离观察，我们还能听到蓝鲸发出的像汽笛一样的声音。

蓝鲸要潜入更深的水下时，会先将尾鳍露出水面，然后迅速俯冲进三四十米深的海水里。蓝鲸经常会用尾鳍拍水，来消遣娱乐、呼唤同伴或驱赶寄生虫。

虎鲸 *Orcinus orca*

虎鲸又叫“逆戟鲸”，是名副其实的海上霸王。它们拥有聪明的头脑、结实的身体和迅猛的速度，这些都是它们与生俱来的捕猎天赋。它们以海洋兽类和鱼类为食，包括鲸鱼和鲨鱼。当它们团结协作时，凶猛的大白鲨都不是对手。

虎鲸身体的颜色黑白分明。腹部大部分呈白色；背部漆黑，中央高耸着近三角形的背鳍，鳍的后方长有马鞍形的灰白色斑块；两眼的后面分别有一块白色的梭形斑点。

大　　小	体长为 7.5~10 米，体重为 5.5~10 吨
生长环境	极地和温带海域为主
食　　物	企鹅、海豹等动物
分布地区	全世界海域

语言大师

强壮的虎鲸是鲸类家族中的“语言大师”，有很强的语言天赋，能够发出 60 多种含义不同的声音。另外，同其他鲸类一样，虎鲸也可以通过发射超声波在漆黑的深海寻找食物。

共同生活

虎鲸非常享受群居生活，群体规模大小不等，群体成员间互相帮助，非常团结。即便在睡觉时，它们也会扎成一堆，以便互相照应。

虎鲸的天敌

虎鲸唯一的天敌就是人类：任意污染海洋严重影响了虎鲸的栖息地；开动的船上螺旋桨的声音影响了虎鲸的听觉；肆意捕捞海洋鱼类，让虎鲸的食物大量减少。另外，人类对虎鲸的猎捕也让它们的数量越来越少。

集体捕食

虎鲸进行集体捕食。捕食时，它们分工明确，从不同的方向将鱼群赶到一起，形成一个巨大的“鱼球”，然后轮流进食。它们有时也会一动不动地仰卧在海面上，一旦有猎物接近就出其不意地翻过身将其吞掉。

座头鲸 *Megaptera novaeangliae*

有这样一种海洋动物，它们身体巨大却性情温和，通常成双成对地畅游于海洋中，非常引人注目。它们就是座头鲸。座头鲸是天赋异禀的“歌唱家”，因具有美妙的歌声、优美的身姿和超长的鳍而受到人们的关注和喜爱。

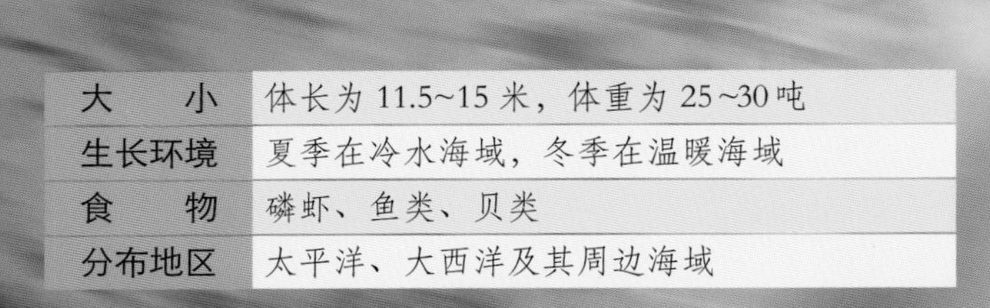

大　小	体长为 11.5~15 米，体重为 25~30 吨
生长环境	夏季在冷水海域，冬季在温暖海域
食　物	磷虾、鱼类、贝类
分布地区	太平洋、大西洋及其周边海域

辨认要诀　座头鲸 >>>

座头鲸的头非常有辨识度：头部扁平，吻宽，嘴大，嘴边有 20~30 个突起。座头鲸拥有鲸类中最大的胸鳍。它们的背部弓起，且和胸鳍一样呈黑色，因此座头鲸也被称为“弓背鲸”或“驼背鲸”。

粗放的捕食方式

座头鲸的捕食方式非常粗放。捕食时，它们只需张开大嘴，全力冲刺，就可将磷虾和海水一股脑吞进嘴里；然后再紧闭嘴巴，用舌头挤压海水，使得磷虾被鲸须拦住留在口中，海水则流过鲸须回归大海。

精准的导航定位

座头鲸每年都需要进行南北洄游，洄游的距离长达上万千米。令人惊讶的是，它们几乎一直直线前进且从不会迷路。科学家们推测座头鲸可能有一套精准的组合导航方法，但其原理还有待进一步探究。

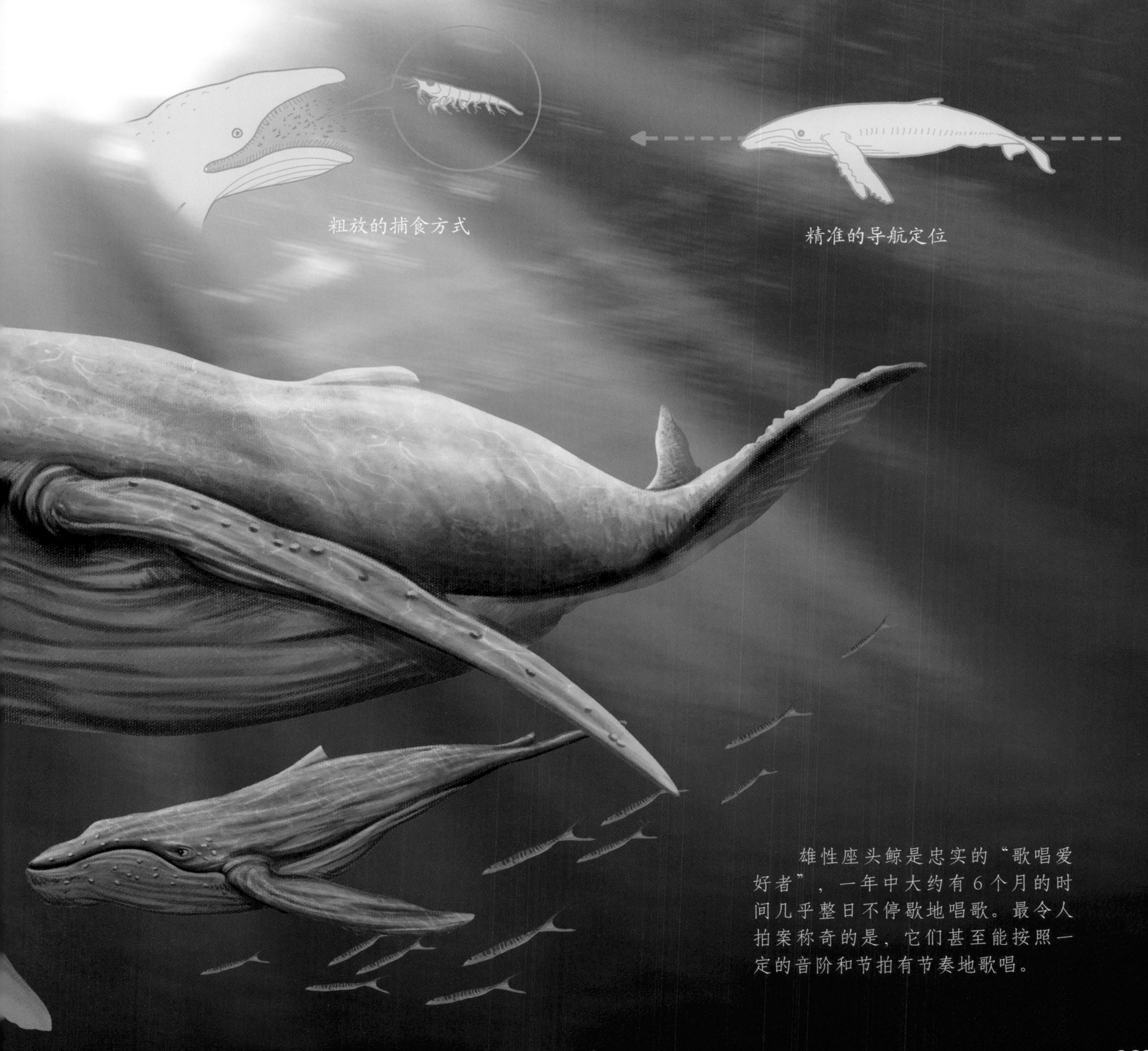

雄性座头鲸是忠实的“歌唱爱好者”，一年中大约有6个月的时间几乎整日不停歇地唱歌。最令人拍案称奇的是，它们甚至能按照一定的音阶和节拍有节奏地歌唱。

抹香鲸 *Physeter macrocephalus*

抹香鲸的名字听起来很美，但它们的体形有些不协调，因为它们的头实在是太大了。这种海洋动物非常神奇，身体里能生成一种名贵香料——龙涎香。龙涎香不仅能用来制作香水，还能入药，有益气活血的奇效。

大　　小	体长约为 18.5 米，体重约为 50 吨
生长环境	深度大且食物充足的海域
食　　物	大型乌贼、章鱼、鱼类等
分布地区	全世界不结冰的海域

辨认要诀　抹香鲸 >>>

抹香鲸外表像巨大的蝌蚪，背部的皮肤呈黑色或深灰色。其头部近似方形且非常突出，占身体重量的 1/4 或 1/3。相比之下，其尾部显得异常短小。

优秀的深潜“潜水员”

在哺乳动物中，抹香鲸是最擅长深潜的。超大的肺活量和良好的身体调节机制让它们可以毫不费力地潜入 2200 米深的深海，并能长时间（约两小时）忍受深海的压力。另外，抹香鲸拥有超强的战斗力，以大王酸浆鱿为食物。要知道，大王酸浆鱿可是世界上最大的无脊椎动物。

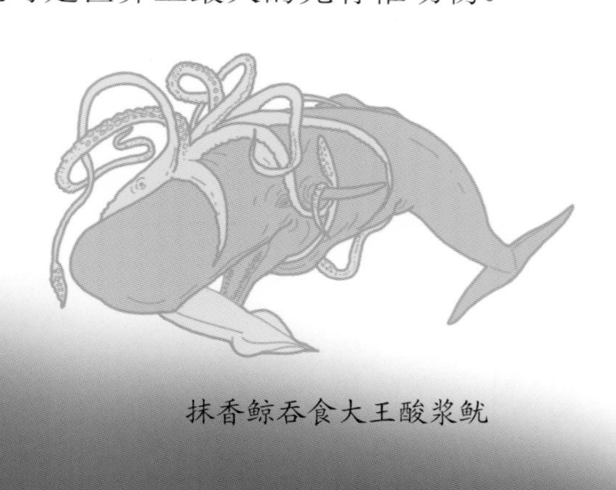

抹香鲸吞食大王酸浆鱿

龙涎香

乌贼、章鱼等是抹香鲸最喜欢的食物，但是，它们的角质颚和舌齿难以消化。这时，抹香鲸的肠道会分泌一种蜡状物将难以消化的物质包裹起来。这些蜡状物慢慢就形成了龙涎香，并被定期排出体外。抹香鲸大概也想不到，自己分泌的物质竟成了人类的至宝，甚至为此招来杀身之祸。

龙涎香

新鲜的龙涎香又黑又软，甚至还散发臭味，但在空气、阳光和海水几十年甚至上百年的作用下，杂质尽除，即变成白色的散发着天然香气的上品。

一角鲸 *Monodon monoceros*

神话中的独角兽被认为是高贵圣洁的象征，因为标志性的犄角而为人们所熟知。海洋中也有这样一种动物，它们的头上长着长长的尖角，被认为是独角兽的化身。它们就是一角鲸。事实上，一角鲸的“角”可不是“犄角”，而是露在外面的长牙。

大　小	体长为4~5米，体重为800~1 600千克
生长环境	北极圈以北的寒冷海域
食　物	鱼类、虾等
分布地区	北冰洋、大西洋

辨认要诀　一角鲸 >>>

一角鲸的长牙像犄角一样伸出嘴外，最长可达3米。有趣的是，有少量一角鲸会出现双长牙的现象。

吃什么?

一角鲸擅长潜水，喜食鳕鱼、虾和深海的大比目鱼。它们捕食时，会用有力的唇和舌将猎物吸入口中， 然后整个吞下。

决斗决定地位

雄性一角鲸会通过决斗决定彼此的社会地位和与雌鲸的交配权。决斗时，长牙成为它们最趁手的武器。它们的长牙激烈地碰撞，发出木棍敲击的声音。一番打斗下来，它们伤痕累累，但决斗对它们来说很重要，毕竟最强壮的雄鲸才能赢得与较多雌鲸交配的机会。

双长牙

独角鲸的上颌长着两颗牙齿，通常只有左侧的牙齿会突出嘴外长成长牙。但是，少量一角鲸在发育中会出现两颗牙齿都长成长牙的现象，只是右侧的长牙略短于左侧。另外，从根部看，一角鲸长牙上的螺旋状纹路都是逆时针的。

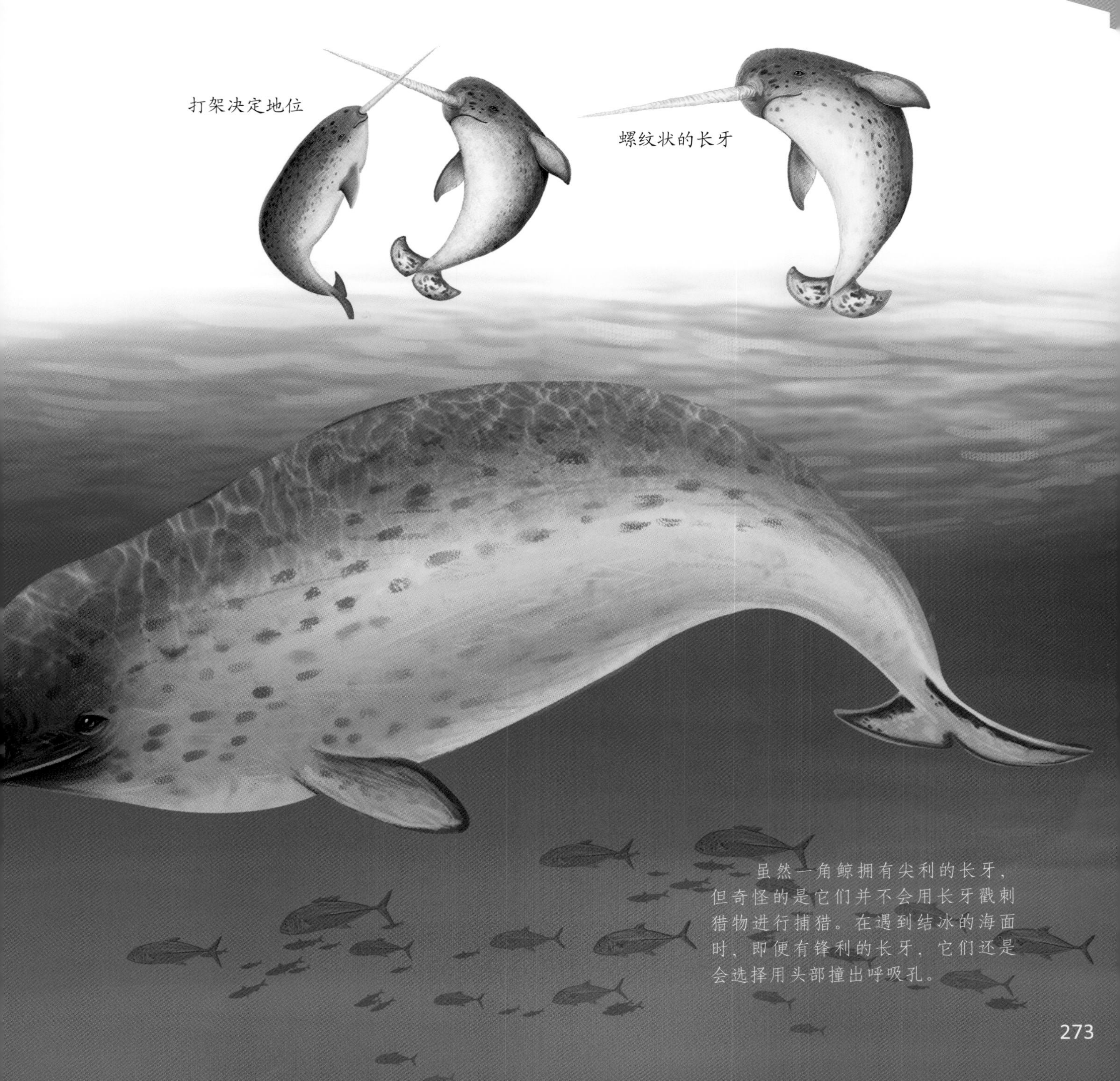

宽吻海豚 *Tursiops truncatus*

如果要评选海洋动物明星，海豚一定会脱颖而出。其中，宽吻海豚性情温和，活泼好动，对待人类非常友好，加上它们的面部表情似在微笑，深受人们的喜爱。

大　小	体长为 2.3~3.8 米，体重为 200~650 千克
生长环境	靠近陆地的浅海地带
食　物	鱼类、软体动物
分布地区	热带、温带海域

辨认要诀　宽吻海豚 >>>

宽吻海豚的上下颌较长，额部较大，有明显的隆起。它的身体非常光滑，大部分呈黑灰色，腹部大多为浅色。

摄　食

宽吻海豚主要以鱼类为食，偶尔也会吃乌贼和蟹类。它们发现鱼群时，会集体把鱼群包围，然后用钉子状的牙齿咬住鱼并整个吞下去。

“母系”族群

宽吻海豚喜欢群居，并且在群居过程中表现出母系社会的一些特点。它们通常会组成有十几只宽吻海豚的族群生活，离岸边较远的宽吻海豚甚至会组成一个有上百只海豚的大族群。这些族群大多是由雌性宽吻海豚和海豚宝宝组成。雄性宽吻海豚则是组成两三只的小群，只有在特定时期才会暂时加入大族群。

跃出水面

我们有时能看到宽吻海豚高高跃出海面，并在海面上频繁地跳跃，这预示着强烈的暴风雨可能就要来了。当然，调皮的它们有时会把捉到的鱼抛出水面，高高跳起只是为了咬住半空中的食物罢了。

宽吻海豚跃出海面

你知道吗？

宽吻海豚是哺乳动物，但是有些与众不同：其身体两侧的体温经常会交替出现一面高一面低的现象。科学家至今也无法破解其中的奥秘，使得它们蒙上了一层神秘的面纱。

短吻海豚 *Orcaella brevirostris*

短吻海豚又被称为“伊河海豚”或“伊洛瓦底江豚”，但这并不代表它们生活在伊洛瓦底江中。短吻海豚的样子与海豚家族中的其他种类有很大区别：没有明显的喙，其模样与白鲸相似。令人意想不到的是，它们还是虎鲸的近亲。

大　小	体长为 2.1~2.5 米，体重为 90~200 千克
生长环境	近海区，河口和三角洲的微咸水域
食　物	鱼类、头足类和甲壳类动物
分布地区	印度洋、太平洋的热带和亚热带海域

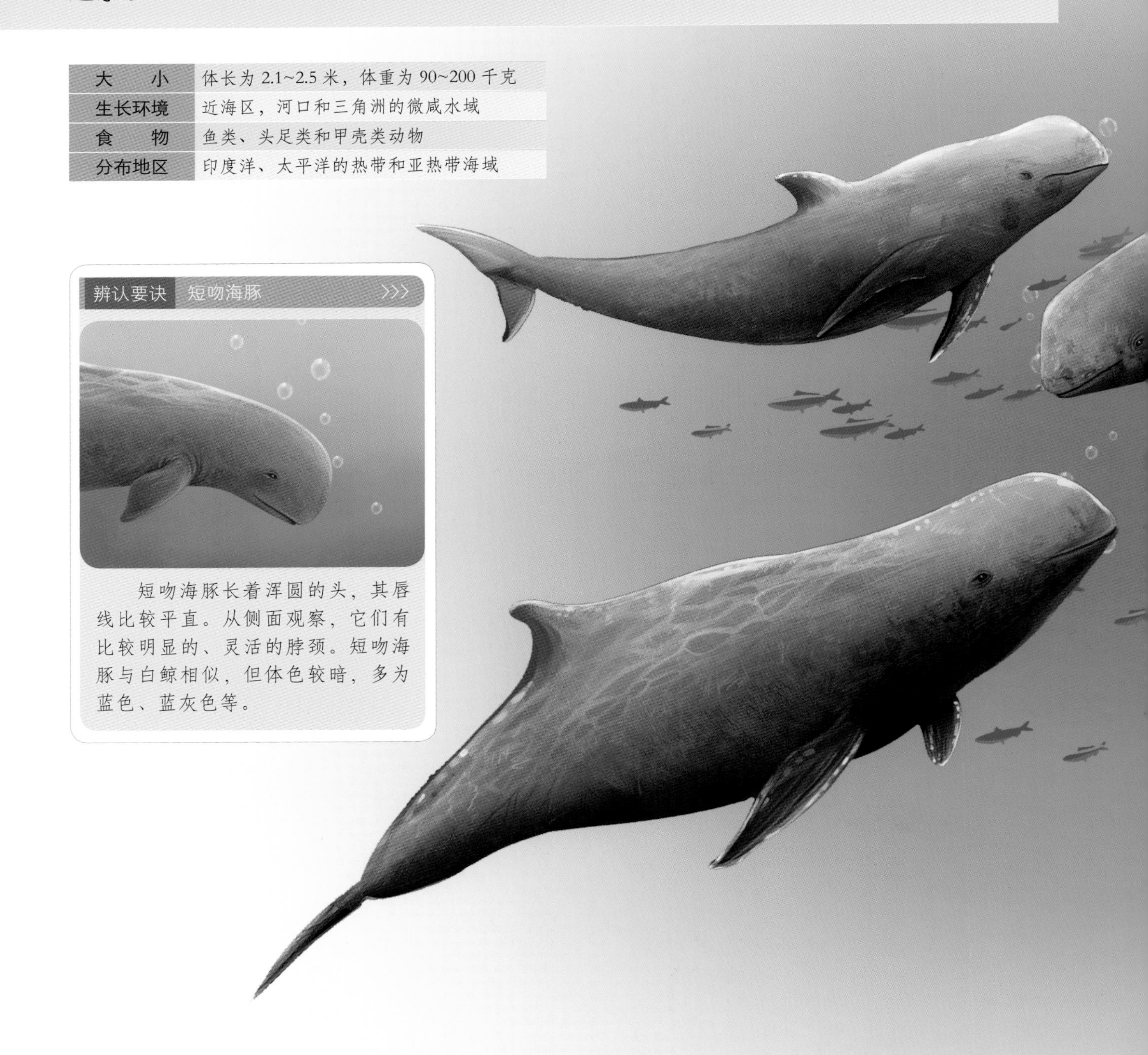

辨认要诀　短吻海豚

短吻海豚长着浑圆的头，其唇线比较平直。从侧面观察，它们有比较明显的、灵活的脖颈。短吻海豚与白鲸相似，但体色较暗，多为蓝色、蓝灰色等。

小小的家庭

短吻海豚的生活习惯有些特别。它们不喜欢大群生活在一起，而是三五头组成小群一起活动。它们情商比较高，社交能力也比较强。短吻海豚小群体内部彼此关系非常和谐，同时各个群体之间也有良好的互动。

行为多样

短吻海豚因为头部钝圆而在游泳时有更大的海水阻力，因此它们通常游速较小，只有在遇到紧急情况时才会加快速度。在深潜时，它们有时会浮出水面做出一些有趣的动作，如旋转、击水、吐水泡、翻滚等。

短吻海豚很调皮，有时会向猎物吐“口水”，浮窥时也会吐水。但是，它们胆小，很容易受到惊吓，因此人们并不能经常发现它们的踪迹。

声 音

短吻海豚经常会发出“咔哒”“叽叽”或“嗡嗡”的声音，频率达到60千赫。这些声音主要用于短吻海豚与群体伙伴之间的沟通或进行回声定位。

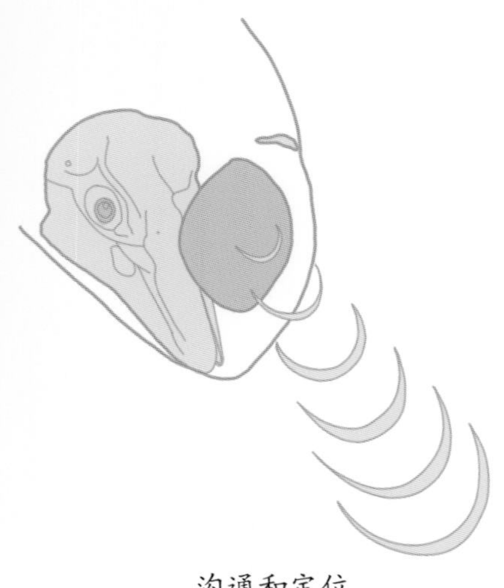
沟通和定位

海 牛 *Trichechu*

海牛看上去笨笨的。根据科学家的考证，海洋中的海牛是陆地上大象的远亲，这真是神奇的事情！其实早在亿万年前，海牛也生活在陆地上，但是因为种种原因它们不得不来到海洋中谋生。它们至今仍保留着食草的习性。

大　小	体长为 2.8~3 米，体重为 400~550 千克
生长环境	温暖的浅海水域
食　物	海藻等水生植物
分布地区	西非、加勒比海、墨西哥湾等地

辨认要诀　海　牛　>>>

海牛外形呈纺锤状，头部较小，视力很差，上唇很厚，其唇部布满粗短的硬毛。海牛前肢肥厚，已经退化成鳍状；后肢已经演化成扁圆的尾鳍，像宽大的船桨。

水中除草机

海牛食量巨大，每天能吃下相当于自己体重5%~10% 的水草。它们进食的方式非常粗犷。如果遇到一片水草，它们就会张开嘴风卷残云一般地将成片水草卷进嘴里，因此海牛深受水草成灾地区人们的欢迎。但是，水草对海牛的牙齿磨损得很厉害，海牛必须不断长出新牙来取代磨损的旧牙，因此掉牙对海牛来说是十分常见的现象。

海牛的牙齿

“哭泣”的海牛

海牛同所有海洋哺乳动物一样，需要定期到海面上呼吸，但是它们一般不会到岸上来。一旦离开海水，它们就会像受了委屈一样不停地“哭泣”。事实上，这并不是因为它们难过，而是需要通过流出含有盐分的液体来保护眼球。

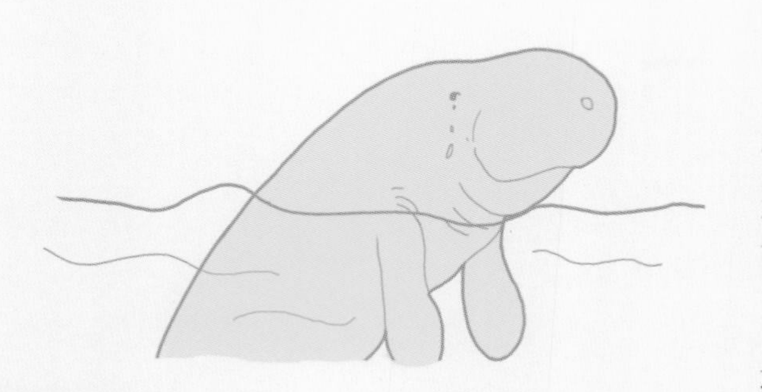

流出含有盐分的液体来保护眼球

虽然海牛的大脑较小，但是这并不影响它们的智力。它们的大脑表面光滑，内有褶皱，与人脑有相似之处。研究表明，海牛拥有长期记忆的能力。

呼吸的鼻孔

怎样呼吸？

海牛生活在海里，不会上岸。它们是怎样呼吸的呢？原来，海牛的鼻孔上都有“盖”。当需要呼吸时，它们就会仰头露出鼻孔，将“盖”像门一样打开，吸气后关上，然后潜回水中。

儒艮 *Dugong dugon*

你们喜欢《海的女儿》中所讲述的童话故事吗？童话故事里的小美人鱼真是让人既喜欢又心疼。然而你一定想不到，现实生活中也有美人鱼存在——儒艮。儒艮的样子和海牛非常像，与“美人”相去甚远，但是它们看起来笨笨的，显得非常可爱。

大　小	体长约为 3 米，体重为 250~900 千克
生长环境	水质良好、水生植物充足的海域
食　物	海床底部生长的植物
分布地区	热带和亚热带的印度洋、太平洋海域沿岸和岛屿沿岸

辨认要诀　儒艮 >>>

儒艮身体呈纺锤形，皮肤光滑，但其上长有稀疏的短毛。儒艮上唇扁平，眼睛很小；其耳朵长在眼后，仅显现出小小的耳孔。

你知道吗？

雌性儒艮喜欢怀抱幼崽半卧在海面上哺乳，远远看去就像哺乳的女性，其“美人鱼”之称就因此而来。但是长久以来，人们对于美人鱼的原型是海牛还是儒艮一直存在争议。

儒艮是海牛吗?

儒艮和海牛同属海牛目，看起来非常像，但是它们确实不是同一种动物。其实，区分海牛和儒艮的方法很简单：海牛的尾部呈近圆形；而儒艮的尾部则呈新月形，与鲸类的尾部十分相似。

大胃王

儒艮不挑食，以海藻、水草等多汁水生植物为主食。一天中，儒艮将大部分时间用在进食上。它们不是用牙咬断海草，而是用抓握力很强的吻啃食海草。吃东西时，它们会一边咀嚼，一边不停地摇摆头部。儒艮食量惊人，每头成年儒艮每天要消耗 45 千克以上的水生植物。

慢性子的大家伙

儒艮身体强壮、性情温和，是十足的慢性子。它们平时行动缓慢，除吃东西和换气外，其他时间多数处在昏睡的状态。儒艮游泳的速度也很慢，一般每小时能游两海里左右，就算是遇到危险逃跑时，每小时也只能游 5 海里。当然，这也许与它们肥硕的身躯有很大关系。

海象 *Odobenus rosmarus*

海象虽然有象牙，但与陆地上的大象并没有亲缘关系。为了适应海洋中的生活，它们的四肢已经退化成鳍状，大大限制了它们在岸上的活动，因此上岸后的它们显得异常笨拙。海象喜欢群居，常常数千头聚在一起，成员之间非常团结。

辨认要诀 海象 >>>

海象个体最明显的特点就是有一对长牙，眼睛不大，上唇周围长着硬硬的触须。海牛的四肢很像鱼鳍，这些鳍脚不仅能划水，而且能用于爬行或支撑身体。

大　小	体长为 2.9~4.5 米，体重为 600~3000 千克
生长环境	北极或近北极的温带海域
食　物	瓣鳃类软体动物，乌贼、虾等
分布地区	北冰洋、太平洋和大西洋北部海域

海象的象牙十分神奇，虽然其长度基本不会超过 90 厘米，但是其生长在海象的一生中从没中途停止过。

重要的长牙

长牙对海象来说非常重要。它们在岸上爬行时，需要先将长牙插进冰层并配合鳍脚的力量才能向前移动。长牙还是海象最得力的武器，不管是抵御外敌，还是与同类争夺领地，都能发挥巨大的作用。

会变色的皮肤

你知道吗？海象的皮肤是可以变色的。它们进入冰冷的海水中后，会快速地收缩血管，通过限制自己的血液流动来达到减少能量消耗的目的。当回到岸上晒太阳时，它们的血管又会充分舒张，使更多血液来到皮肤表层，使它们的皮肤变成棕红色。海象就是通过这样的方式来调节体温的。

有用的长牙

会变色的皮肤

到海里找食物

海象不挑食，喜欢捕食软体动物、虾蟹类和蠕虫，有时也会吃海中的植物。它们的捕食工具除长牙外，还有触须。海象先用长牙翻动海底的泥沙，再用敏锐的触须寻找食物。

北海狮 *Eumetopias jubata*

北海狮是海狮家族中体形最大的一种，有“海狮王”的美誉。雄性北海狮通常比雌性大。在动物世界中，强壮个体似乎更容易占据主导地位。每到繁殖期，强壮的雄性北海狮总是能够拥有与更多雌性交配的机会。

大　　小	体长为 2.3~3.5 米，体重为 300~1000 千克
生长环境	寒温带沿岸海域
食　　物	乌贼、蚌、海蜇和鱼类等
分布地区	太平洋海域

辨认要诀　北海狮 >>>

北海狮生有小巧的外耳郭，一些雄性北海狮的颈肩部会像狮子一样长出鬃毛，叫起来也同狮吼一样，海狮的名字也因此而来。

生性机警

北海狮喜欢结群生活。它们性情温和，非常机警，一旦有风吹草动就拼命逃窜。北海狮晚上通常会上岸睡觉，但有“哨兵”负责警戒，以便及时发现危险通知同伴逃跑。“哨兵”竖起自己的耳朵，调动自己的感官，随时监控周边的情况，恪尽职守，丝毫不会松懈。

特种部队队员——北海狮

北海狮是非常聪明的动物。它们在经过专门训练后可以帮助人们打捞物品、参与海下救援以及进行军事侦察等活动。它们已经成为美国特种部队中的在编队员了哟！

多功能触须

虽然北海狮的眼睛很大，但是它们的视力不怎么样。为了弥补视觉方面的不足，它们拥有非常灵敏的听觉和嗅觉。北海狮长有功能强大的触须，这些触须不但给它们带来精准的触觉体验，还能让它们精确地感受声音。

北海狮强大的胡须

加拉帕戈斯群岛海狮 *Arctocephalus galapagoensis*

加拉帕戈斯群岛海狮的希腊名字可以译为“熊头”，它们的小脑袋和熊长得很像。加拉帕戈斯群岛海狮与海狮家族的其他成员相比体形较小，是加拉帕戈斯群岛特有的物种。因海水温度上升，部分加拉帕戈斯群岛海狮已迁移至秘鲁北部的上福卡岛。

辨认要诀　加拉帕戈斯群岛海狮 >>>

加拉帕戈斯群岛海狮长着短而尖的嘴巴和纽扣一样的小鼻子；身上长着略粗的毛发，里面夹杂着浓密厚实的绒毛，毛尖呈花白色。一般情况下，该物种的雄兽体形大于雌兽。

大　　小	体长为 1.3~1.5 米，体重为 21.5~68 千克
生长环境	食物充足的地区，除繁殖期外无固定栖息场所
食　　物	底栖鱼类、头足类等
分布地区	加拉帕戈斯群岛西部岛屿和秘鲁北部的上福卡岛

依赖母兽

研究表明，与雌性幼崽相比，雄性加拉帕戈斯群岛海狮幼崽更加离不开母兽。在出生后的前几年，雄性幼崽会吃到更多的母乳，也会更多地陪伴在母兽身边。人们还曾目击过这样的场景：雌性幼崽们都下水觅食玩耍了，而雄性幼崽还坐在海滩上，老老实实地等待出去觅食的母兽。

吃石子

加拉帕戈斯群岛海狮夜里集群在岸上睡觉；白天则只是偶尔回到岸上晒晒太阳，大多数时间会潜入水下寻找食物。它们吃东西时不讲究细嚼慢咽，而是囫囵吞咽下去，这样很容易导致它们消化不良。为了让自己的肚子舒服些，加拉帕戈斯群岛海狮会吃一些小石子帮助消化。

吃石子

雄性加拉帕戈斯群岛海狮的生活压力十分大。它们不仅需要争夺配偶和领地，还要耗费大量精力捍卫既得利益。

僧海豹 *Monachus monachus*

与其他种类的海豹相比，僧海豹似乎更加“娇气”——无法忍受一丝一毫的寒冷。因此，它们一生都要生活在热带海域。僧海豹曾数量众多，但是由于人类的影响，它们的生存逐渐变得岌岌可危。

大　小	体长为 2.6~2.8 米，平均体重为 400 千克
生长环境	南半球水温较高的海域
食　物	各种鱼类、甲壳类动物
分布地区	地中海、大西洋、夏威夷群岛等地

辨认要诀　僧海豹

僧海豹身体大部分呈灰褐色或棕灰色，背部中线分明，颜色较深。僧海豹身上没有普通海豹身上的斑点花纹。

短暂的婚姻

大多数海豹会选择到岸上交配，僧海豹则与众不同，它们的交配是在水下进行的。雄性僧海豹发现心仪的对象时就会展开猛烈的追求，如果雌海豹接受其追求，它们就会进行隆重的“结婚”仪式。仪式中的僧海豹“夫妻”会把头探出水面互诉衷肠，然后再潜入水里跳一支“圆圈交谊舞”，最后进行交配。令人遗憾的是，它们的“婚姻”关系非常短暂，交配过后的僧海豹“夫妻”很快就各奔东西，再无联系。

短暂的婚姻

夏威夷僧海豹对待人类十分友好。它们是十足的好奇宝宝，如果恰好遇到游泳的游客，不但不会逃跑，反而会好奇地观察一阵子再优哉游哉地离开。它们的友好性格让很多游客慕名而来，只为能与之亲近一番。

致命的弱点

僧海豹的皮肤光滑，线条流畅，潜水游泳对它们来说不过是小菜一碟。但是一旦上岸，它们的弱点就显露了出来：其擅长划水的四肢只能勉强支撑身体，让它们缓慢地匍匐前进。在陆地上，笨拙的它们很容易成为猎人的目标，这也是导致其数量稀少的重要因素之一。

冠海豹 *Cystophora cristata*

冠海豹乍看上去很普通，长着无辜的眼睛，模样非常可爱。但是，生气时的雄性冠海豹显得非常另类，能瞬间在鼻端变出“大气球”以示警告。

大　　小	平均体长为 2~2.5 米，体重为 145~352 千克
生长环境	浮冰海域
食　　物	乌贼、鲑鱼、鳕鱼等
分布地区	北大西洋靠近北极的地区

辨认要诀　冠海豹 >>>

冠海豹的身体呈银灰色，遍布黑色或黑褐色的斑点。与雌性相比，雄性冠海豹拥有像鸡冠一样的鼻囊，特征更加鲜明。

不擅捕食

与其他种类的海豹相比，冠海豹的捕食能力相对较弱，一般只能捕食一些体形较小的鱼类和小乌贼等。由于不擅长捕食，一些体力不足的冠海豹很容易被北极熊盯上，成为其“盘中餐”。

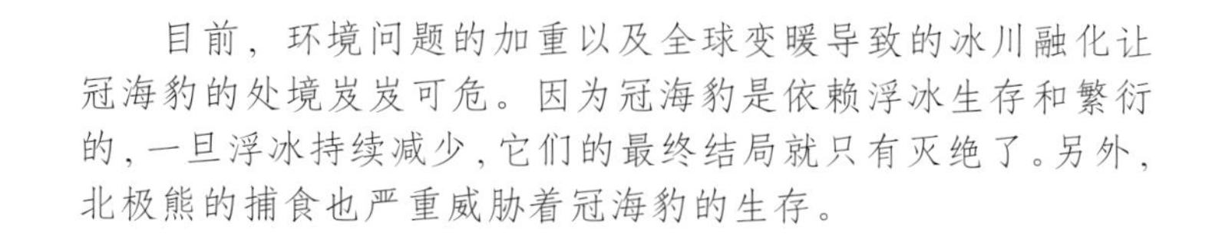

目前，环境问题的加重以及全球变暖导致的冰川融化让冠海豹的处境岌岌可危。因为冠海豹是依赖浮冰生存和繁衍的，一旦浮冰持续减少，它们的最终结局就只有灭绝了。另外，北极熊的捕食也严重威胁着冠海豹的生存。

北极熊捕食冠海豹

天生的“气球”

雄性冠海豹的鼻腔里长有一个鼻囊，平时不会显现出来，只有在雄性冠海豹生气时才会通过一侧或两侧的鼻孔露出来。雄性冠海豹生气时，其鼻囊会迅速充气膨胀，就像大大的红色气球立在鼻尖，非常有趣。另外，雄性冠海豹还可以通过气囊发声，并凭借发出的声音吓跑入侵者或追求雌性。

南象海豹 *Mirounga leonina*

海豹喜欢下水捕食、嬉戏，但通常情况下只在浅海区域活动。但是，海豹家族中有一个特殊的存在——南象海豹。南象海豹是海豹家族中体形最大的一种，拥有超凡的潜水能力。它们虽然不能像抹香鲸那样潜入 3000 多米深的深海，但是下潜 2000 多米还是不成问题的。

大　小	体长为 3.5~6.5 米，体重为 1000~4000 千克
生长环境	极地
食　物	乌贼、小鲨鱼等
分布地区	南极大陆海岸附近以及围绕南极大陆周边岛屿

辨认要诀　南象海豹 >>>

南象海豹依靠肚皮并配合鳍脚支撑着身体一点点向前移动。雄性南象海豹的鼻子引人注目，呈囊状，伸缩自如。

留出退路

南象海豹看起来总是懒洋洋的，一副反应很迟钝的样子。有时，即便有人来到南象海豹的身边，它们依然能若无其事地呼呼大睡，人们甚至可以在它们身边随意观看。但是有一点需要特别注意，千万不要站在它们的身后。南象海豹的身后是它们为自己预留的回到大海的退路，一旦退路被挡住，它们就会大发雷霆，疯狂怒吼。

不爱卫生

南象海豹的外表有些丑陋，且身体表面灰扑扑的，给人一种“脏兮兮”的感觉。它们并不讲卫生。每当换毛季节来临时，它们就呼朋引伴，一起前往海岸边，然后在长满苔藓的大泥坑中翻滚，直到弄得满身都是泥才肯罢休。

留出退路

在泥坑中翻滚

同族北象海豹

南象海豹有一个同族——北象海豹。北象海豹的鼻子与大象更为相似。北象海豹主要生活在太平洋东部。虽然北象海豹与南象海豹同属一族，但是这两种海豹从未见过面。

鞍纹海豹 *Pagophilus groenlandicus*

鞍纹海豹又叫“竖琴海豹”，因成年海豹背部有竖琴状鞍纹而得名。它们长期生活在极地地区，具有强大的耐寒能力，喜居于海冰附近，因此它们又有“恋冰海豹”的别称。

大　小	体长为 1.68~1.9 米，体重为 120~135 千克
生长环境	沿岸且临近浮冰的海域
食　物	鱼类、部分海洋无脊椎动物等
分布地区	北大西洋和北冰洋海域

辨认要诀　鞍纹海豹 >>>

成年鞍纹海豹整体呈银灰色，身体两侧有竖琴状的黑色斑纹，两眼之间的距离较近。初生鞍纹海豹幼崽的胎毛呈白色，大约半月后，毛色会渐渐接近成体的颜色。

鞍纹海豹更喜欢独自生活，它们的集群行为只发生在繁殖期和脱毛期。鞍纹海豹有迁徙行为：它们会在自己分布区的最南端繁殖、越冬，春季脱毛后回到分布区的最北端度夏，等到 9 月份左右再返回繁殖地。

需要打洞

鞍纹海豹一生中的大部分时间是在海上度过的，其在陆地上生活的时间相对较少。而且为了安全起见，它们通常选择在夜幕降临后才来到陆地上。在海上时，它们会花费很多精力在浮冰上打出直径为60~90厘米的洞口，以方便下水和呼吸。

通过洞口呼吸

小海豹生长记

一般情况下，雌性鞍纹海豹每年只会产一只幼崽。小海豹刚出生时，其白色的体毛会被妈妈的羊水染成黄色，几天之后黄色褪去，它们就会变得通身雪白。鞍纹海豹妈妈会花费大部分时间下海觅食以补充营养，其余时间则用来哺乳。2~3周的哺乳期一过，小海豹就会被断奶，毛色也会变成银灰，身体表面慢慢长出斑点。

小海豹的体毛是雪白的

食蟹海豹 *Lobodon carcinophagus*

食蟹海豹个头不算太大，是鳍脚类动物中数量最多的一种。它们因口中长着成排的、尖细的牙齿，也被称作“锯齿海豹”。对于食蟹海豹来说，独居似乎舒服一些，它们非常享受这样的自由生活，并乐在其中。

大　小	平均体长为 2.03~2.41 米，体重为 200~300 千克
生长环境	沿岸且临近浮冰的海域
食　物	磷虾
分布地区	南极大陆周围

辨认要诀　食蟹海豹 >>>

食蟹海豹的嘴部还与猪的拱嘴十分相像，体色多为银灰色和深灰色。它们的背部和身体两侧分布着一些大块的褐色斑点。

食蟹海豹在南极的海豹中所占的比例非常大，几乎达到总数的 90% 以上，也是世界上数量最多的海豹。

磷虾

名字的误解

食蟹海豹之所以叫这个名字，是因为它们爱吃螃蟹吗？其实不然。首先，南极地区的蟹类少之又少，根本满足不了食蟹海豹的需求；其次，食蟹海豹最爱的食物不是螃蟹，而是磷虾。其实，食蟹海豹的名字源自希腊语，人们在翻译的时候将其翻译成了食蟹海豹。

疤痕累累的身体

食蟹海豹的行动比较迅速，唯一的天敌是凶猛的虎鲸。绝大部分食蟹海豹疤痕累累，这些疤痕大多是与虎鲸殊死搏斗后留下的“纪念”。当然，也有一小部分疤痕是它们与同类争夺配偶而大打出手的结果。

疤痕累累的身体

海獭 *Enhydra lutris*

见到海獭，人们一定会眼前一亮，因为这些小家伙实在太可爱了。尤其是它们缠着海藻酣睡在海面上，那种惹人怜爱的样子让人分外想要亲近。当然，海獭并不会给人类这个亲近的机会，因为它们在很远就能嗅到人类的气味，然后早早躲开。

大　小	体长为 1.3~1.5 米，体重为 30~50 千克
生长环境	海岸边水深 40 米以内的范围
食　物	海胆、贝类、螃蟹、鱼类和海藻等
分布地区	加拿大、日本、俄罗斯、墨西哥和美国等

很远就能嗅到人类的气味

辨认要诀　海獭 >>>

海獭长着圆圆的眼睛和小巧的耳朵。除鼻尖和掌心外，海獭全身覆盖着浓密的毛。海獭的尾巴格外长，约占整个身体的 1/4。它们游泳时就是借助自己扁平的大尾巴来掌握方向的。

海獭的体内脂肪含量很少，它们必须依靠进食大量的食物来提供所需的热量。它们通常一天要吃掉自身体重 1/3 的食物，如果按体重比例计算，海獭可以称得上“超级大胃王”。

勤“梳妆”

海獭的毛发非常浓密，能够帮助它们保暖。除捕食和睡觉外，它们会花费大量的时间用牙齿和爪子梳理自己的毛发。它们的毛发一旦变得又脏又乱，很容易被海水浸透，这对于缺少脂肪御寒的海獭来说足以致命。

爱梳理毛发的海獭

运用工具

海獭最喜爱的食物是贝类和甲壳类动物。它们是如何打开这些动物坚硬外壳的呢？原来，聪明的海獭早就找到了好用的工具——石头。它们随身携带合适的石头，当捉到食物时，就将食物放在自己的“肚皮餐桌”上用石头猛砸，直到能顺利取食里面的肉为止。

海獭用石头取食

待在海里最舒服

待在海里最舒服

海獭大部分时间待在海里，不是仰躺在水面上，就是潜入水中觅食。它们喜欢群居，经常成群结队地在海里嬉闹、觅食。睡觉时，海獭一般会睡在海面上。它们睡觉的方式很有趣：首先找到一处海藻丛生的地方，用前肢抓住海藻，或是将海藻缠在身上，然后浮在海面睡觉。它们之所以这样睡觉，是为了避免在沉睡时被大浪冲走或沉入海底。

草海龙 *Phyllopteryx taeniolatus*

草海龙既像随波而动的海草，又像中国神话故事中的龙，其独特的模样令人啧啧称奇！那五彩缤纷的颜色、摇曳生姿的动作，无不展示着这些“优雅泳客”的强大魅力。

草海龙体形较小，身体由骨质板组成，长有叶子一样的附肢；嘴细长，内无齿；体色多为红色、紫色和黄色，有的颈后长有宝蓝色的漂亮条纹。

大　　小	成鱼体长约为 45 厘米
生长环境	隐蔽性较好的浅海水域
食　　物	浮游生物、海藻、甲壳类、磷虾
分布地区	澳大利亚西南海域

吸！吸！吸！

草海龙的嘴巴很小且没有牙齿，所以不具备一般鱼类那样的捕食能力。不过，吸管一般的嘴巴能帮助它们获得很多袖珍美食。平时，草海龙喜欢活动于浅海区，因为浅海区有丰富的食物。

孵卵的“爸爸”

雌雄草海龙交配后，草海龙爸爸会把受精卵放在自己的尾巴上，带着这些还未出世的“宝宝”四处旅行——它们要寻找更适合“宝宝”孵化和生活的场所。红色的受精卵非常显眼，草海龙爸爸必须处处小心，以躲避捕食者。在这个过程中，它们那炫彩的“伪装服”常常能发挥意想不到的作用。

小宝宝出生啦！

大约两个月后，草海龙宝宝们就出生了。这时，草海龙爸爸就会返回之前生活的地方。草海龙宝宝完全不用担心食物问题，因为草海龙爸爸为它们选的场所不仅便于隐藏，而且富含食物。

除了伪装，草海龙没有任何行之有效的保命手段。它们游得不快，如果被发现只有死路一条。所以，草海龙的存活率很低，新出生的草海龙宝宝的存活率甚至不足5%。

大白鲨 *Carcharodon carcharias*

大白鲨也叫“噬人鲨”，凶猛、可怕，是最大的食肉鱼类。它们的赫赫威名几乎无人不知，无人不晓。因为具有强大的攻击性，能捕食几乎各类大型海洋生物，大白鲨一直位居海洋食物链的最顶端。除了虎鲸，几乎没有海洋生物敢向它们发起挑战。

大　小	成鱼体长为 4~5.9 米
生长环境	隐蔽性较好的浅海水域
食　物	鱼类、海龟、海豹、海狮、海鸟等
分布地区	世界范围内的温暖海域

辨认要诀　大白鲨 >>>

大白鲨体形庞大，异常凶猛。它们拥有乌黑的眼睛、有力的双颌和尖利的牙齿。大白鲨尾巴呈新月形，体表覆盖着带有倒刺的盾鳞，背部多为灰色、淡蓝色和淡褐色，腹部为白色。

为撕咬而生

大白鲨的牙齿很大，且其边缘还分布着很多锯齿。最重要的是，这些牙齿背面有倒钩。猎物一旦被咬住就很难挣脱。另外，它们的任何一颗牙齿脱落，后面的备用牙齿便会移动到前面来。

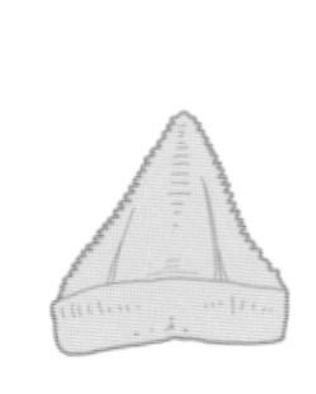

大白鲨的牙齿

一"嗅"知千里

大白鲨具有非常灵敏的嗅觉，可以嗅到1千米以外的被稀释的血液气味。而且，大白鲨身上有几百个感受器，可以察觉到生物肌肉收缩时产生的微小电流，并以此来判断对方体形的大小和运动等情况。

强烈的好奇心

生性贪婪的大白鲨具有很强的好奇心。如果遇到自己没见过的事物，它们就会通过啃咬的方式来探索对方。无论是胶鞋还是木头，都有可能被大白鲨咬成碎片。它们那令人生畏的锋利牙齿和宽大的上下颌，可以轻易夺走人类的生命。

你知道吗？

与其他鱼类不同，大白鲨虽然属于变温动物，但是它们可以使自己的体温高于周围环境的温度。这有利于大白鲨的消化，也可以使其游得更快。

鲸鲨 *Rhincodon typus*

鲸鲨是名副其实的“大块头”，但其性情非常温和，从不主动攻击人类，因此被誉为“温柔的海洋巨人”。鲸鲨的足迹遍布世界热带和温带的海域，可是因为人类的大肆捕杀，它们的数量骤减。

大　小	成鱼体长为 12~14 米
生长环境	水温较高海域的中上层
食　物	浮游生物、软体动物、小鱼
分布地区	世界范围内的热带和温暖海域

辨认要诀　鲸鲨

鲸鲨的嘴巴很大，牙齿却非常细小，呈圆锥形；长有两个背鳍，胸鳍宽大，尾鳍分叉；身体表面多呈灰褐色或青褐色，上面分布着许多斑点和垂直细纹。

温柔的“潜水员”

鲸鲨虽然来自鲨鱼家族，却一点儿也不凶猛。除繁殖期外，它们通常独自巡游、捕食。一般情况下，这些大家伙以海水中的浮游生物为食。鲸鲨偶尔会化身为专业的“潜水员”，到 1000 米以下的深海寻找鱼卵果腹。

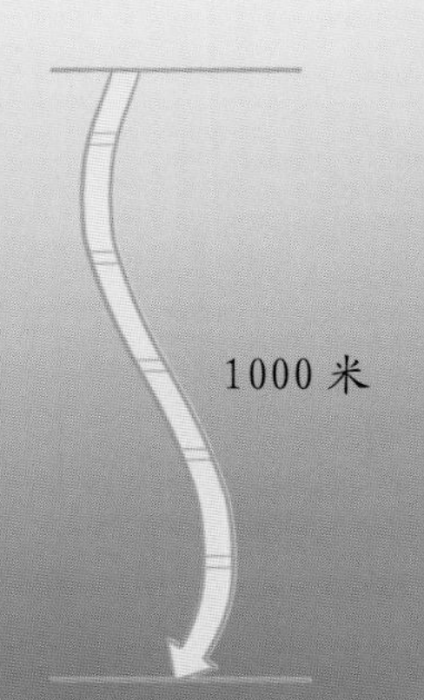

巨嘴上线

鲸鲨的嘴巴宽度达到 1.5 米。捕食时，它们只需上下摆动身体，张开巨嘴，就能像大网一样把食物兜进嘴里。接着，它们会马上闭紧嘴巴，打开鳃盖，把海水排出去。这时，鳃耙上网格一样的过滤器就能截留下很多可口的食物。

卵胎生

鲸鲨是一种卵胎生动物。雌雄鲸鲨交配以后，鲸鲨妈妈会把受精卵留在体内，让其慢慢发育，等到鲸鲨宝宝长到 40~60 厘米的时候，再把它们排出体外，所以鲸鲨宝宝并非同时出生的。因此，怀孕的鲸鲨妈妈有时会带着上百条鲸鲨宝宝出行、觅食。

鲸鲨的捕食

你知道吗？

鲸鲨是世界上最大的鲨鱼，同时也是世界上最大的鱼类，通常体长为 9~12 米。另外，每一条鲸鲨身上的白色斑点都是不同的，相当于它们的指纹。

姥鲨 *Cetorhinus maximus*

姥鲨是体形仅次于鲸鲨的第二大鲨鱼。同其他滤食性鱼类一样，姥鲨喜欢在广阔无垠的大海中巡游，寻找着高密度的“美食区”。闲暇时间，行动缓慢的姥鲨尤其钟爱浮在水面上，懒洋洋地享受“日光浴”。

大　　小	成鱼体长为 10~15 米
生长环境	海洋上层
食　　物	浮游生物
分布地区	世界范围内温带和亚寒带海域

辨认要诀　姥鲨 >>>

姥鲨拥有巨穴一般的嘴巴和长长的鳃裂。它们的鼻端很尖，牙齿又小又少。其皮肤表面除有盾鳞外，还有黏液。

大嘴来袭！

姥鲨的进食方式简单又特别。它们一边游泳，一边抬高吻部放低下巴，把巨网似的嘴巴张到最大。这时，夹杂着多种“美食”的水流就会流进姥鲨的口中。接着，它们用鳃耙过滤出“干货”并吞进肚子。

你知道吗？

姥鲨的肝脏重量占其体重的 25%，肝脏长度和姥鲨腹腔相当。科学家们普遍认为，如此特别的肝脏应该是姥鲨控制浮沉、储存能量的秘密工具。

危险的处境

姥鲨性情温和，不具备攻击性，易被人类捕获。为了制造皮革、提取鱼肝油，一些不法分子对它们痛下杀手。虽然很多国家在尽最大努力保护姥鲨，但是仍有人以姥鲨为主要盗猎的对象。加上近年来自然环境逐渐恶化，姥鲨的数量一直减少，处境堪忧。

不断更新的“过滤网”

为了更好地摄食，姥鲨每隔一段时间就会舍弃旧的鳃耙。科学家们认为，在新的“过滤网”没有长出之前，姥鲨通常只能默默地潜伏在海底，靠肝脏内的脂肪度日。一旦新的鳃耙长好，姥鲨就会大吃特吃，及时补充能量。

不断更新的鳃耙

牛鲨 *Carcharhinus leucas*

牛鲨生性好斗，凶猛程度仅次于大白鲨，素有“海中之狼”的威名。它们的适应性非常强，不但能在海水中生活，而且可以生活在河流等淡水水域中。这使其有更多的机会捕食猎物，以获得更多的生存机会。

辨认要诀 牛鲨 >>>

牛鲨体形呈纺锤形，体背一般为暗灰色，腹部为灰白色。它们眼睛很圆，头又宽又扁，前鼻瓣呈三角形。它们的嘴巴很大，里面遍布锋利的牙齿。

大　小	成鱼体长 2.1~3.5 米
生长环境	温暖海洋上层、河流
食　物	浮游生物
分布地区	大西洋、印度洋、大平洋以及亚马孙河、密西西比河等

神秘的“追踪器”

尽管没有发达的视力，但是牛鲨能“千里追踪”，准确找到目标猎物。这是因为它们的皮肤上分布着很多感觉细胞，可以通过海水的振动和声音，轻易搜索到 1000 米范围内的猎物。另一方面，牛鲨的嗅觉同样惊人。它们能嗅出稀释在 10 万升水中一滴血的气味，并据此准确找到血源。

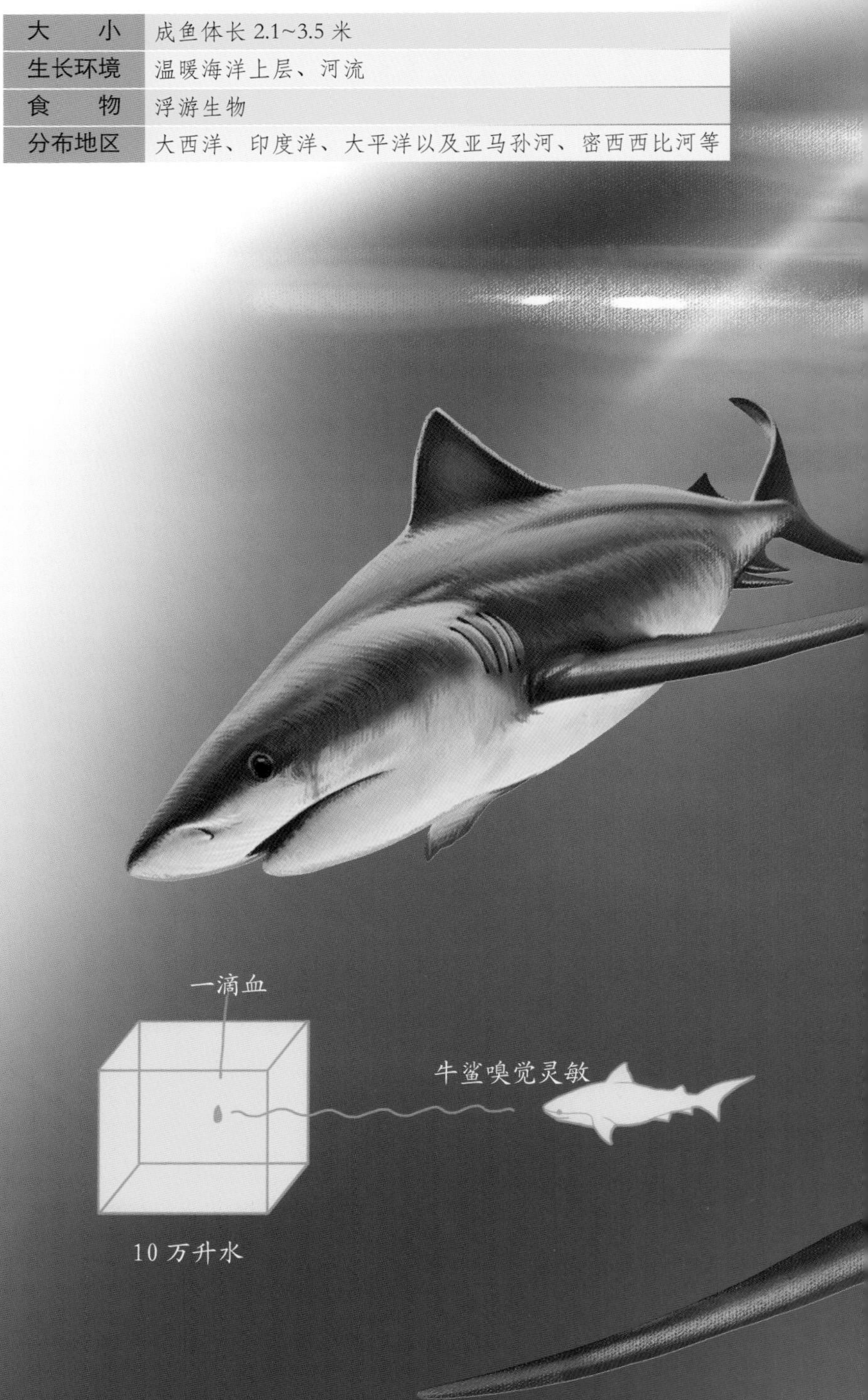

“各司其职”的牙齿

牛鲨的牙齿锋利无比，令人生畏。其实，它们不同位置的牙齿具有不同的功能。那犹如匕首一样的下齿，或直立或略向外斜，能帮助它们叼住猎物，将猎物牢牢固定；而其锯齿状上齿则能迅速刺穿猎物，猛力撕扯猎物的皮肉，多用于撕咬食物。

不偏食的“吃货”

牛鲨的食欲相当旺盛，而且向来不挑食。无论是水里的鱼类、天上的鸟类，还是海洋中的其他哺乳动物、软体动物，甚至河马、鳄鱼等水生动物都有可能成为它们的猎捕对象。即便对于塑料袋、渔网这些不能吃的东西，牛鲨也照吞不误。因为战斗力超群，它们有时还会向大白鲨发起挑战，意图杀死对方填饱肚子。事实证明，纵然是横行霸道的大白鲨偶尔也会被其重创，成为牛鲨的“盘中餐”。

牛鲨的锯齿状牙齿

你知道吗？

牛鲨能够通过调节血液中盐分和其他物质的含量来维持体内渗透压平衡。因此，它们可以在淡水中生存，或在港口、河流入海口处驻留。

无沟双髻鲨 *Sphyrna mokarran*

无沟双髻鲨与双髻鲨家族的其他成员一样，头部两侧各长着一个古代女子发髻一样的突起，看起来非常有趣！其实，正是这特别的长相赋予了它们敏锐的感觉器官，使它们成为海洋世界著名的捕猎高手。

辨认要诀　无沟双髻鲨 >>>

无沟双髻鲨的头部较宽，眼睛长在锤状突起的两端。其牙齿呈三角形，边缘分布着锯齿。它们的第一个背鳍又大又尖，第二背鳍较小。

大　　小	成鱼体长为 3.5~6 米
生长环境	温暖的沿海海域
食　　物	小型鲨鱼、魟鱼、乌贼等
分布地区	世界范围内的温带和热带水域

完美的视野

无沟双髻鲨个体的两只眼睛相距很远，但这种构造能为其提供非常宽广的视野。无沟双髻鲨在活动时只要不停地大范围左右摆动头部，就可以观察到周围每个角度的情况。它们的 360 度全方位眼睛，正是其捕食、御敌的秘密武器。

全方位观察的眼睛

让你无所遁形！

包括无沟双髻鲨在内的很多双髻鲨性情比较凶残，常常对目标猎物穷追不舍。即使猎物是擅于伪装的高手，它们也能凭借头部灵敏的器官准确探测到对方的电场，从而找到其藏身之处，痛下杀手。与其他鲨鱼相比，无沟双髻鲨的侦察能力更强，捕食效率也更高。

食谱很丰富

无沟双髻鲨的食谱非常丰富，小到软体动物、甲壳动物，大到刺鳐、海龟、小型鲨鱼等海洋动物，都是它们猎食的对象。无沟双髻鲨经常在海湾、河口处出没或在珊瑚礁之间穿梭以寻找食物。它们向猎物发动进攻时，一般会先用锋利的牙齿将其咬伤，使其大量失血；然后折返回来，用头部把猎物按到海底，撕咬吞食。

螃蟹

小型鲨鱼

乌贼

海龟

刺鳐

你知道吗？

无沟双髻鲨夏天在温带海域避暑，冬天则于热带海域避寒。每当季节更替时，它们都会成群结队地进行长途“旅行”。

石纹电鳐 *Torpedo marmorata*

石纹电鳐其貌不扬，整日生活在砂石密布的海底，因此是精通伏击的“隐秘杀手”。只要石纹电鳐亮出自己的撒手锏，用不了几秒钟，它们的猎物就会失去战斗力。

辨认要诀 石纹电鳐 >>>

石纹电鳐的头部与胸鳍形成一个近圆形的体盘，体盘腹面两侧各有1个发电器官。石纹电鳐长有2个背鳍、1个大尾鳍，尾部呈棒状。大部分石纹电鳐体表分布着深褐色的斑点。

大　　小	成鱼体长约为1米
生长环境	浅海海底
食　　物	鱼类等
分布地区	大西洋东部、地中海

以假乱真的伪装术

石纹电鳐喜欢静静地待在海底。为了防止被敌人发现以及更好地捕食猎物，它们会用沙子把身体埋起来，只露出眼睛和气孔。这时，石纹电鳐那与沙子非常相近的体色就派上用场了。倘若它们不动，很少有动物能发现这些“活电站”的身影。

我有“发电器”

石纹电鳐常常在夜晚或饥饿时出来活动。如果碰到鱼群，这些家伙就趁机跑到它们中间，频频放电。鱼没有有效的防御“武器”，自然被电得晕头转向，无法游动。石纹电鳐就可以优哉游哉地进食了。

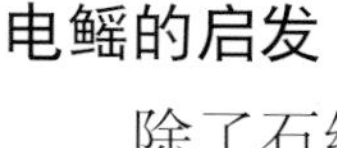

电鳐的启发

除了石纹电鳐，电鳐家族中的很多成员会“发电”。人们从电鳐放电的特性中得到很多启发，并将其应用到医学领域。例如：古希腊人在进行外科手术前用电鳐击晕病人；古罗马时代，人们利用电鳐来治疗风湿性疾病；直到现在，在澳大利亚沿海地区，仍有一些身患关节炎的人会赤脚行走于浅海地带，以得到电鳐的“免费电疗”。另外，干电池中正负极间的糊状填充物，就是受到电鳐发电器里的胶状物启发而设计改进的。

电鳐的启发

你知道吗？

尽管电鳐可以随意放电，并能控制放电时间和电流强度，但是若其连续放电，则电流逐渐减弱直至消失。这时，电鳐需休息一段时间才能恢复放电能力。

双吻前口蝠鲼 *Manta birostris*

双吻前口蝠鲼体形庞大，可重达数吨，令凶残的鲨鱼都忌惮三分。其实，它们是一群性情温和的“巨人”，除了捕食，很少主动出击。不过，双吻前口蝠鲼发怒的时候相当可怕，其强大的力量足以击毁渔船。

大　　小	成鱼体长为 4.5~9 米
生长环境	0~120 米深的海洋中上层
食　　物	小型鱼类、浮游动物
分布地区	世界热带、亚热带和温带海域

辨认要诀　双吻前口蝠鲼

双吻前口蝠鲼身体扁平，体盘很宽，呈菱形。它们长有可以自由摆动的舌状鳍。大多成员体背呈黑至灰蓝色，腹部为白色。

笨重的“舞者”

尽管体形没有那么苗条，但双吻前口蝠鲼无论是速游还是潜水时动作都非常优美。到了繁殖季节，它们还能用双鳍拍击水面，高高跃起，在海面上空上演“滑翔”表演秀。跃起后，它们会凭借自己庞大的身躯回击入水，借此摆脱身体上的死皮和附着生物。

小蝠鲼的降生

繁殖季节一到，双吻前口蝠鲼便成群聚集在浅海区域，以繁衍后代。它们的繁殖方式属卵胎生：1~2 枚受精卵在母体内发育成长，约 13 个月后，小蝠鲼会直接从母体中产出。小蝠鲼出生不久就能自由游动了。

就爱恶作剧！

双吻前口蝠鲼有时十分调皮。它们偶尔会偷偷游到小船的下面，猛地用胸鳍拍打船底，发出多种声音；有时，这些“贪玩”的家伙还会跑到停泊的小船旁，把头鳍挂在锚链上，将小铁锚拔起来，令人不知所措；它们若是一时兴起，还可能用头鳍拉着锚链，拖着小船在海面上跑来跑去……调皮的它们实在是让人摸不着头脑。

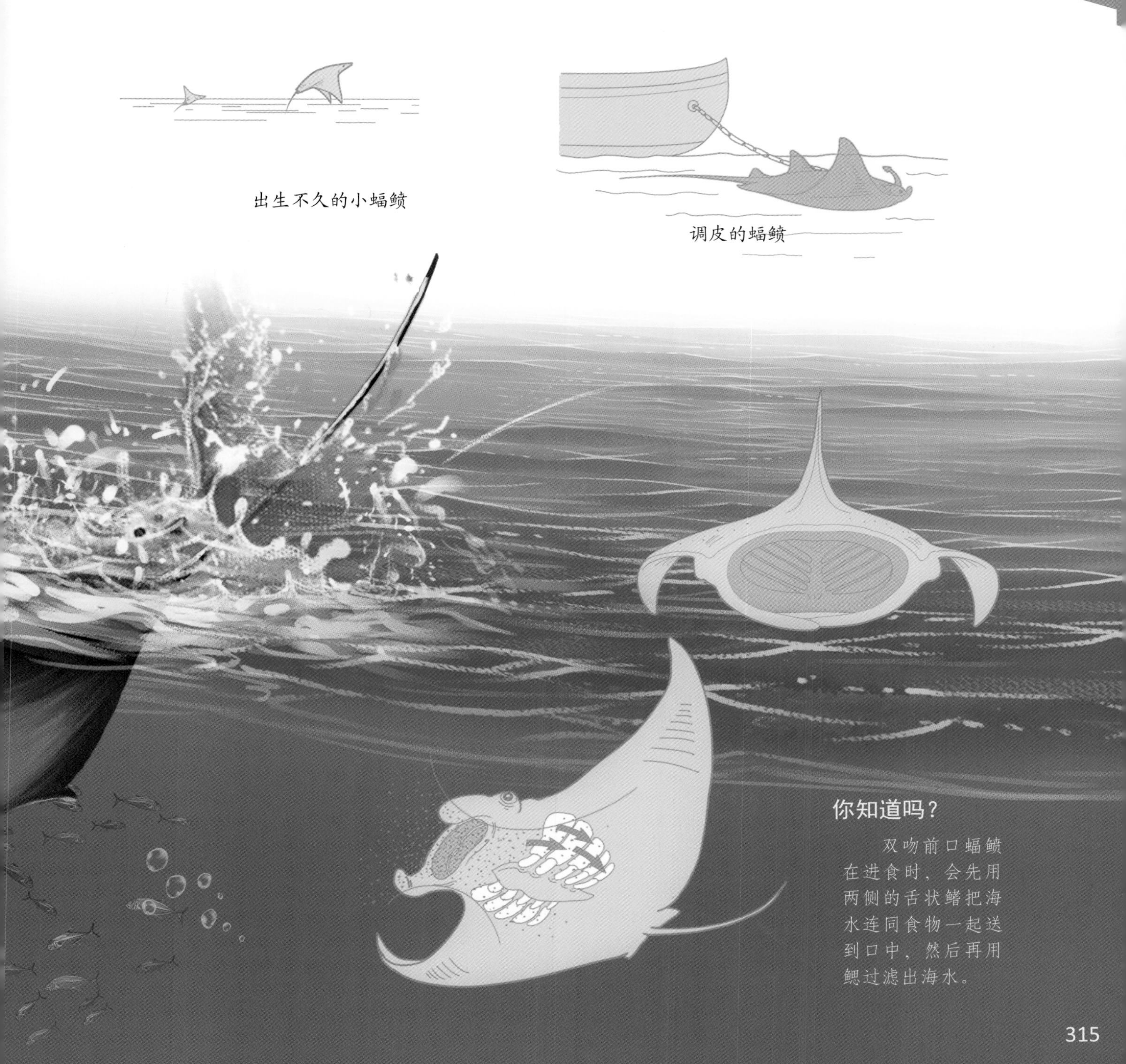

出生不久的小蝠鲼

调皮的蝠鲼

你知道吗？

双吻前口蝠鲼在进食时，会先用两侧的舌状鳍把海水连同食物一起送到口中，然后再用鳃过滤出海水。

太平洋桶眼鱼 *Macropinna microstoma*

漆黑的深海神秘莫测，人类对生活于其中的生物知之甚少，但我们有理由相信，深海中一定有许多抗压能力超强的奇特生物生存。太平洋桶眼鱼就是其中之一，它们奇怪的样子引起人们很大的兴趣。

辨认要诀 太平洋桶眼鱼 >>>

太平洋桶眼鱼的体形比较小，其最显著的特征是具有透明的头部。人们能够很直观地看到其内部构造。

大　　小	身长约为 15 厘米
生长环境	1000 米以下的深海水域
食　　物	小鱼和水母等
分布地区	太平洋

透明的“橱窗”

第一眼看到太平洋桶眼鱼，你一定会被它们的脑袋吸引。太平洋桶眼鱼的头部皮肤完全是透明的，就像玻璃橱窗一样，其中陈列的器官清晰可见。

眼睛还是鼻孔?

太平洋桶眼鱼个体有一张樱桃小嘴，嘴巴上方两侧有两个明显的圆点。但令人意想不到的是，这两个圆点不是其眼睛，而是鼻孔，太平洋桶眼鱼真正的眼睛位于头顶。虽然太平洋桶眼鱼的眼睛呈管状，但由于眼睛在脑袋中的活动范围很大，因此太平洋桶眼鱼的视物范围并没有想象中那样狭窄。

令人意料不到的鼻孔

立 正

因为生活在深海，太平洋桶眼鱼练就了一身适应深海生活的技能。例如：如果有点累，它们可以展开自己宽阔平整的大鱼鳍，稳稳地一动不动地漂浮在水中，就像在立正一样，非常有趣。

立 正

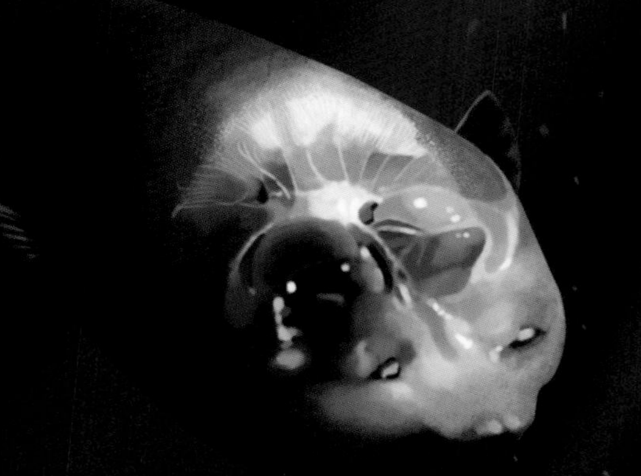

在海洋中，太平洋桶眼鱼常游于管水母下方。当看见管水母的触手捕捉到猎物后，太平洋桶眼鱼就向上游去，夺取猎物，此时太平洋桶眼鱼的眼睛和身体处于垂直向上状态。当猎食结束后，它们的身体又恢复到原来的水平状态，而眼睛则依旧向上看，时时关注管水母的捕食状况。

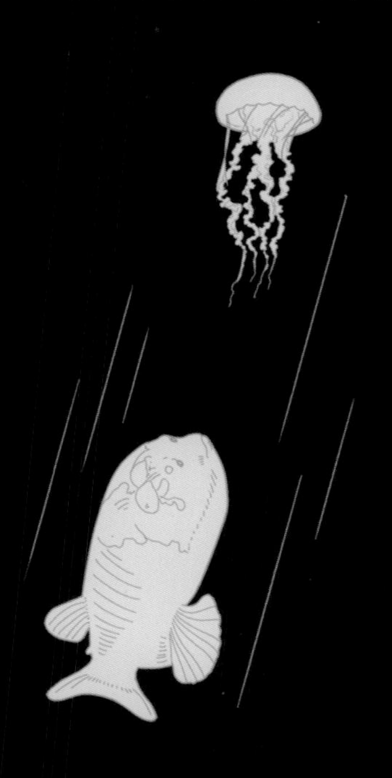

蓝鳍金枪鱼 *Thunnusthynnus*

蓝鳍金枪鱼与其他金枪鱼一样，运动量很大，每天可以游大约 230 千米，绝对称得上“长跑冠军”。虽然它们的游泳速度并不是最快的，但足以与海豚和凶恶的鲨鱼匹敌。

蓝鳍金枪鱼的身体呈流线型，横断切面呈圆形。该鱼第一背鳍为黄色或蓝色；尾鳍分叉，呈新月形。其鳞片已经退化成小圆鳞；肚皮下面长有发达的血管网，是它们重要的体温调节结构。

大　小	体长为 2~4.58 米，体重为 150~684 千克
生长环境	水温 3℃ ~30℃、水深 0~100 米的水域
食　物	鱼类、头足类、甲壳类动物等
分布地区	广泛分布于北半球的太平洋和大西洋海域

永不停歇地游泳

蓝鳍金枪鱼的鳃肌已经退化，因此它们无法像其他鱼类一样自由呼吸，只能不停地游泳来让新鲜的水流经鳃部，进而获取氧气。它们一旦停止游动，很快就会因为窒息而死去。当然，如果累了，它们可以放缓游速，只要不停下就没有关系。

热血动物

绝大多数鱼类是冷血动物，但蓝鳍金枪鱼不同，它们是“热血”的鱼类，其体温甚至能比周围的海水高出 9℃左右。这是因为蓝鳍金枪鱼需要不停地游动，而在游动过程中，肌肉不断收缩，产生了大量热量。

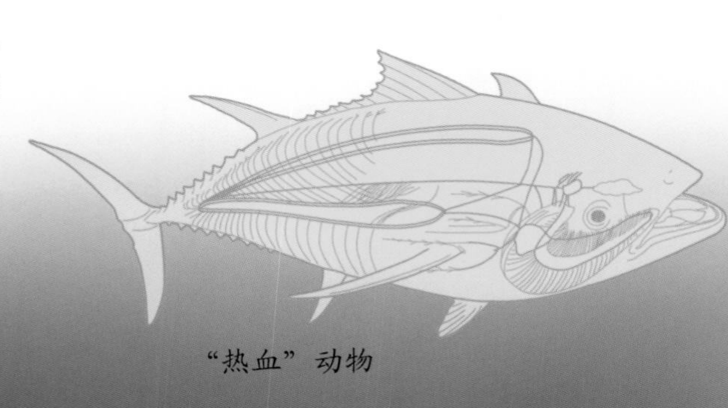

“热血”动物

因为要不停地游动，蓝鳍金枪鱼必须不断进食才能满足自己身体的能量需求。蓝鳍金枪鱼的生长速度非常缓慢，加上人类的大量捕杀，处境非常艰难。

飞 鱼 *Exocoetidae*

海洋中居然有会“飞翔”的飞鱼！这是多么不可思议的事情，然而海洋就是这么奇妙！飞鱼没有像鸟儿一样的翅膀，但可以跃出水面，沿着海面滑翔，最远甚至可滑翔 400 多米。但是，飞鱼的身边危机四伏，虽然“飞”出水面可以暂时避开水下的敌人，但容易成为海鸟的目标。

辨认要诀 飞 鱼

飞鱼个体眼大口小，体形呈流线型，修长优美。其身体两侧长有一对异常宽大的胸鳍，就像鸟类的翅膀一样。

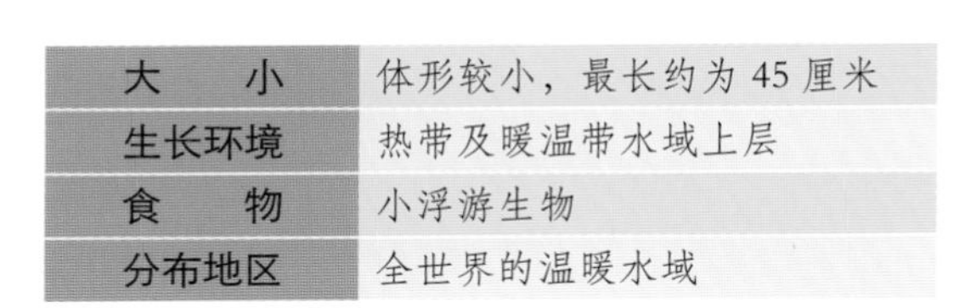

大　小	体形较小，最长约为 45 厘米
生长环境	热带及暖温带水域上层
食　物	小浮游生物
分布地区	全世界的温暖水域

飞行的动力

高速游泳的飞鱼将胸鳍紧紧贴在身体两侧，然后慢慢上升，蓄力冲出水面后，张开胸鳍进行滑翔。飞鱼的“起飞”看似与像翅膀一样的胸鳍大有关系，然而，为其提供“起飞”动力的主要是尾鳍。实验表明，如果剪掉尾鳍，飞鱼就只能一生待在水里而无法飞出海面了。

擒鱼先擒王

飞鱼也喜欢集群生活，飞鱼王就是飞鱼群体的头领，群体成员通常会无条件跟随飞鱼王行动。飞鱼的集群生活虽然有一定的益处，但弊端也非常明显：飞鱼王一旦被捉，其他飞鱼就很容易被捉到，导致整个鱼群全军覆没。

除了被大型鱼类和海鸟捕食，飞鱼还面临着许多危险。例如：它们夜间视物的能力很弱，如果晚上飞行，很容易撞在船只或直接跌落在甲板上。

飞鱼的夜间视力弱

小丑鱼 *Amphiprioninae*

小丑鱼因为与海葵具有互利共生关系而被称作“海葵鱼”。小丑鱼色彩斑斓，身上长有白色的条纹，就像喜剧中调皮的小丑，非常惹人喜爱。

辨认要诀 小丑鱼 >>>

小丑鱼体形不大，颜色各异且较鲜艳。当然，它们的标志性特点是头部周围和体侧的白色条纹斑块。小丑鱼的名字就是因此而来。

大　　小	体长约为 11 厘米
生长环境	珊瑚礁和岩礁，与海葵、海胆等共生
食　　物	藻类、小虾、浮游生物等
分布地区	印度洋、太平洋等

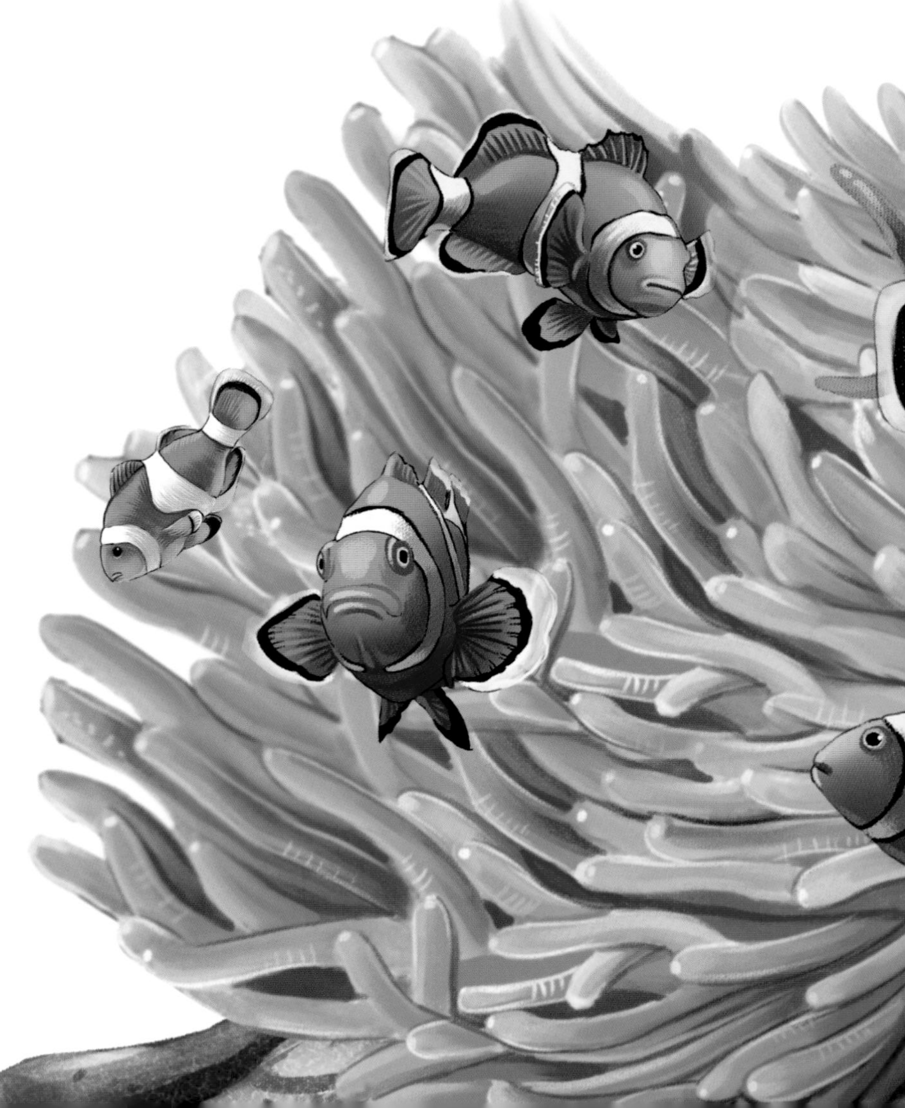

转变性别

小丑鱼似乎对性别并不是那么在意，如果一个小群体中占据主导地位的雌鱼离开群体或者发生意外，其雄性配偶就会在一段时间内转变成雌鱼，外形特征和生理机能也会相应发生变化。性别转变后的雌鱼会挑选一条强壮的雄鱼来做自己的配偶。值得一提的是，能够转变性别的小丑鱼只能是雄鱼，雌鱼不能转变成雄鱼。

领地意识

小丑鱼具有很强的领地意识，通常情况下，一对小丑鱼夫妻会霸占一丛海葵，不允许其他小丑鱼进入。如果它们占领的海葵丛规模比较大，它们会允许一些幼鱼加入。当然，占据主导地位的必须是这对小丑鱼，新加入的成员不能“喧宾夺主”。新加入的成员想要在这里生活下去，就只能在角落里悄悄地活动。

虽然长相上大同小异，但小丑鱼是一个庞大的族群，分为很多种类，主要有公子小丑鱼、透红小丑鱼、黑双带小丑鱼、黑豹小丑鱼、红小丑鱼等。

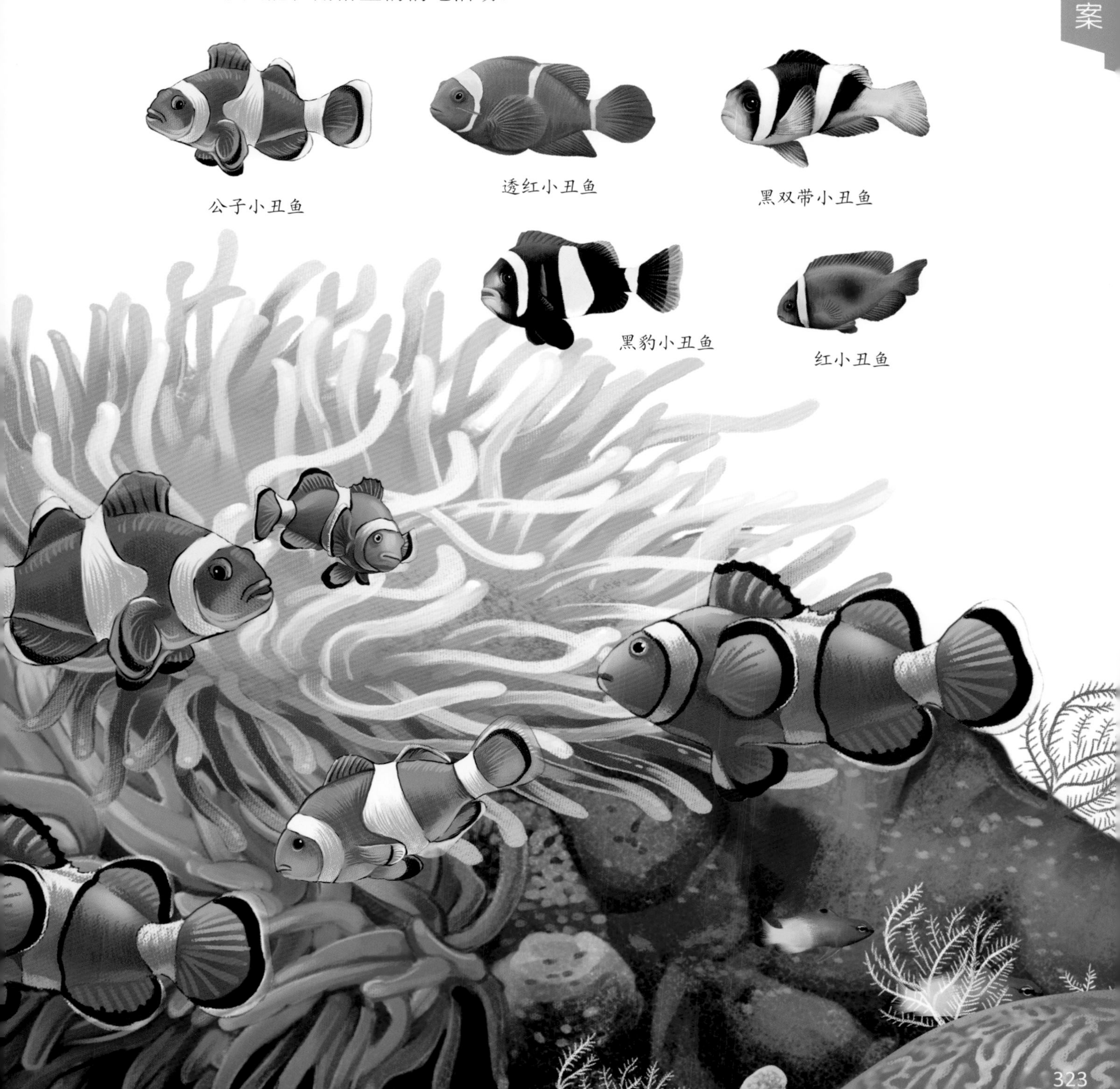

公子小丑鱼

透红小丑鱼

黑双带小丑鱼

黑豹小丑鱼

红小丑鱼

大西洋鲑 *Salmo salar*

大西洋鲑的拉丁名译为“海洋的住客”。大西洋鲑是有名的溯河洄游鱼类，大部分时间生活在海洋中，但会到淡水河上游产卵。

辨认要诀 大西洋鲑

大西洋鲑身体扁平，背部隆起，全身遍布细小的鳞片。它们的嘴里长着尖尖的牙齿，鱼肉富有弹性且颜色粉嫩。

大　　小	体长为 0.5~1 米，体重为 4~20 千克
生长环境	深海、山洞等寒冷水域
食　　物	乌贼、北极甜虾、小鱼等
分布地区	太平洋北部、大西洋北部，俄罗斯、加拿大等地

成熟的大西洋鲑

逆流而上

生活在海洋中的大西洋鲑每到繁殖期就要溯河洄游，即从海洋中逆河流而上，回到自己的出生地寻找配偶，产卵繁殖。洄游过程非常艰难，它们要像爬楼梯一样不断向上一层“阶梯”跳跃。不仅如此，它们还要面对多种天敌的伏击。每一次“旅行”，都有大约一半的大西洋鲑被捕食。

洄游的宿命

大西洋鲑的成长过程有明显的阶段性：它们的幼鱼在淡水中生活，一般要生活 1~5 年；幼鱼长大后，就会顺流而下进入海洋；到了繁殖阶段，它们又会回到自己出生的淡水水域。

身体变色

大西洋鲑在不同阶段拥有不同的体色：生活在淡水中时，大西洋鲑身体上有蓝色或红色斑点；进入海洋生活后，它们就会变成银蓝色；进行繁殖时，雄鱼则会呈浅绿色或红色。

大西洋鲑幼鱼

大西洋鲑产卵

逆流而上的大西洋鲑

翻车鱼 *Mola mola*

翻车鱼的身体圆乎乎的，像巨大的鱼头慢悠悠地在海洋中游荡，体形不协调的样子十分好笑。翻车鱼在海洋中是出了名的好脾气，许多发光的小生物乐意附着在其身上。当翻车鱼摆动身体游动时，这些小生物就会发出光亮，远远看去，翻车鱼就像一轮落入海中的明月。翻车鱼因此得到“月亮鱼”的美誉。

辨认要诀 翻车鱼 >>>

翻车鱼身体偏短，呈扁平椭圆状；背部和腹部长着又长又尖的背鳍和臀鳍，胸鳍不发达。翻车鱼的尾部退化，只有窄窄的花边状的尾鳍。

大　小	体长为 3~5.5 米，体重为 1400~3500 千克
生长环境	热带或亚热带海洋，温带和寒带海洋也可见
食　物	水母、小型鱼类和海藻等
分布地区	各大洋都有分布

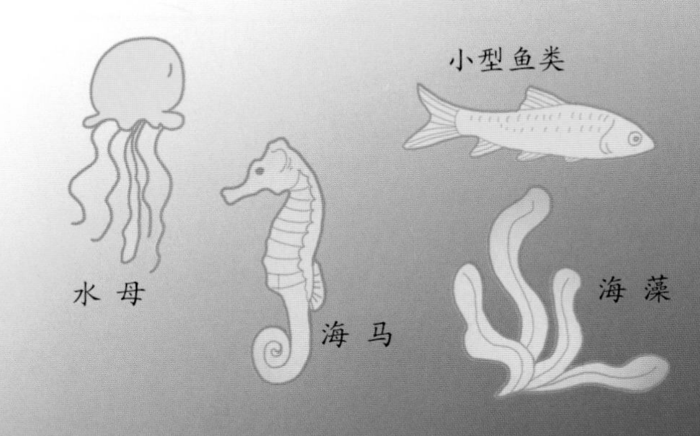

翻车鱼的食物

爱晒太阳的大家伙

翻车鱼是一种“热爱生活”的鱼。吃饱喝足的翻车鱼通常喜欢躺在海面上进行“日光浴”，晒完一面就翻个身晒另一面。它们大多数时候会在暖洋洋的日光下惬意地睡一觉，直到睡醒才心满意足地晃着身体慢吞吞地离开。在美国，人们因为翻车鱼的这种特殊喜好而将它们称为“太阳鱼”。

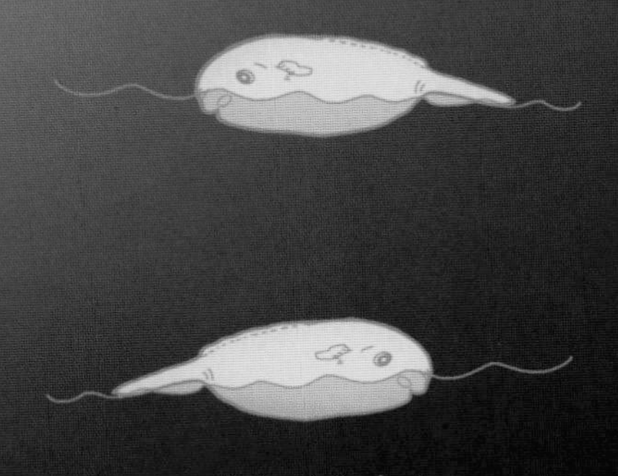

晒太阳的翻车鱼

惊人的成长

翻车鱼天赋异禀，拥有大多数生物无法企及的超强生长力。刚刚孵化出的翻车鱼宝宝其实体长只有 2 毫米左右，体重也只有 0.04 克左右。但是出生后，它们就像拥有超能力一样疯狂生长。到成年时，它们的体长至少是当初的约 1500 倍，而体重则是最初体重的约 6000 万倍！

翻车鱼行动缓慢，很容易沦为人类和凶猛动物的盘中餐。它们之所以没有灭绝，与其超强的繁殖能力有关，它们一次性可以产下 3 亿多枚卵，虽然最后只有几十枚卵能发育为成年翻车鱼，但这足以让它们得以繁衍。

惊人的成长

比目鱼 *Pleuronectiformes*

在某些人眼中，比目鱼的样子可能并不好看。但是，比目鱼在我国是象征忠贞爱情的奇鱼，古人留下了许多吟诵比目鱼的佳句——“凤凰双栖鱼比目”“得成比目何辞死，愿作鸳鸯不羡仙”等。

辨认要诀　比目鱼 >>>

比目鱼个体身体扁平，两只眼睛长在身体一侧。长有眼睛的一侧的皮肤颜色较深，而腹部一般是白色。这种特点可以让它们安然地趴在海底，躲避敌害。

大　　小	体长为 0.1~2 米
生长环境	温带水域浅海的沙质海底
食　　物	小鱼、小虾等
分布地区	太平洋和大西洋的温带海域

搬家的眼睛

看到比目鱼的样子，你一定很惊讶世界上竟有这样的动物。实际上，比目鱼个体刚出生时与其他鱼一样，两只眼睛也是左右分开的。只是在生长过程中，比目鱼身体一侧的眼睛才渐渐越过头顶接近另一只眼睛。最后，比目鱼就变成我们所熟知的样子了。

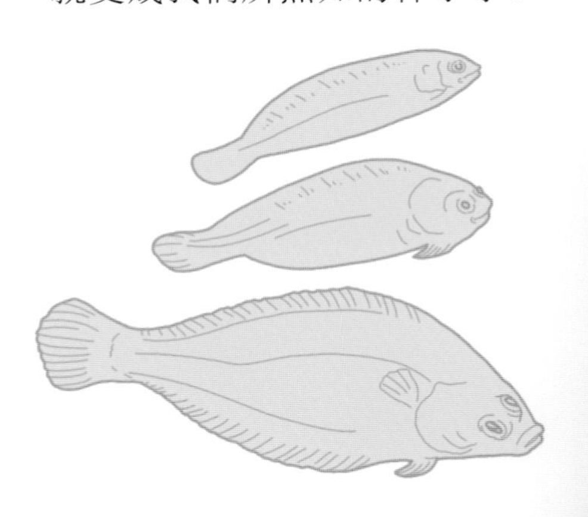

搬家的眼睛

能吸收的软骨

比目鱼的两只眼睛非常接近，之间有一块可以收放自如的软骨。当比目鱼想要转动眼睛观察周边环境时，这块软骨可以被身体暂时吸收。这时，它们身体内的器官和构造都会发生一定的变化。

能吸收的软骨

比目鱼的泳姿在鱼类中也非常另类：它们游泳时会时刻让有眼睛的一侧朝上。因此，即便是在游泳，它们看上去也像是懒洋洋地平躺在水里。

沙丁鱼 *Sardina*

沙丁鱼又叫“萨丁鱼”，因最初在意大利萨丁尼亚捕获而得名。它们喜欢温暖并且向往光明，在晚上会为光亮所吸引，因此很容易被捕获。

大　小	体长为 0.15~0.3 米
生长环境	一般栖息于海洋中上层，秋冬季栖息于较深海域
食　物	浮游生物
分布地区	东北大西洋、地中海

辨认要诀　沙丁鱼 >>>

沙丁鱼体形细长，身体呈银色且富有光泽，头部没有鳞片，背部只长有一条非常短小的背鳍。

集群生活

沙丁鱼是非常喜欢群居的生物，对它们来说，聚集成群是一种自我保护机制。它们最多的时候能形成数以亿计的鱼群，庞大的规模让许多海洋动物望而却步。即便无法威慑到敌人，密密麻麻聚集在一起的它们也让敌人无从下口，它们或许会因此集体逃过一劫，再不济，也能尽可能地减少损失。

洄游，洄游

沙丁鱼喜欢温暖的水域，是一种典型的洄游鱼类：夏季水温升高时，它们会逐渐向北迁徙，秋季水温下降时则会向南迁徙，冬季时则转而栖息于较深的海域。沙丁鱼每年迁徙时会组成规模达数亿条的超级鱼群，被称为“世界上最大的鱼群”。成千上万头鲨鱼、海豚和其他猎食者对沙丁鱼群展开猛烈的追逐，然后混迹其中大肆捕食。

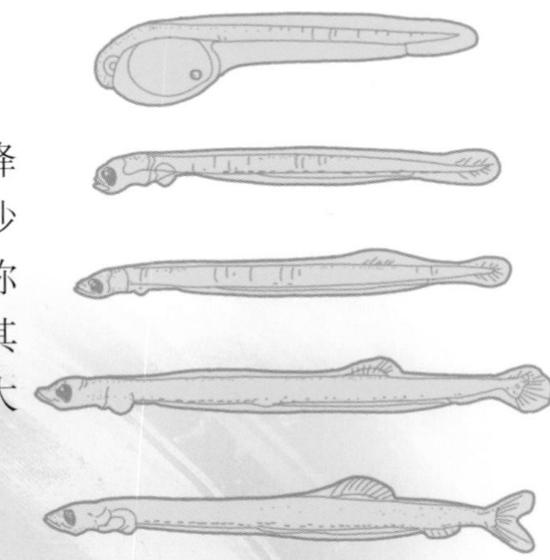

沙丁鱼的成长过程

生态助手

在长达一个多世纪的时间里，人们发现纳米比亚大西洋沿岸附近海域散布着有毒的二氧化硫等气体。这些气体的散发常常会伴随着大批鱼类和甲壳类生物的死亡。经研究，大多数科学家认为这些气体是浮游植物因腐烂而释放出来的，并且发现沙丁鱼群能够吃掉大量漂向海岸线的浮游植物，减少有毒气体的散发。

腔棘鱼 *Coelacanth*

腔棘鱼是一种脊柱中空的鱼类，早在大约 4 亿年前就出现了。由于有很强的环境适应能力和强大的繁衍能力，它们曾一度成为海洋中最常见、分布最广的鱼类之一。

腔棘鱼是凶猛的掠食者，体形比较大。它们最有特点的地方要属具有类似陆地动物四肢的鱼鳍，这让它们的行动异常灵活。

大　　小	体长为 1.5~2 米
生长环境	一般生活在 200~400 米深的海水中
食　　物	乌贼和鱼类
分布地区	非洲东南沿海海域、印度尼西亚附近海域

勇闯大陆

腔棘鱼不仅能在陆地上呼吸，还能将鳍当作脚来走路，被认为是两栖类、爬行类、鸟类、哺乳动物的共同祖先。科学家们推测，大约 4 亿年前，腔棘鱼爬到了陆地上，经过一番磨炼，其中一支腔棘鱼适应陆地生活，进化成四足动物；另一部分屡受挫折，又重回海洋中生活。

一度灭绝?

无法忍受陆地生活的那支腔棘鱼回到海洋中生活，但不知什么原因，它们在 6000 多万年前销声匿迹了，因此大多数科学家认为它们在那时就已经全部灭绝。直到 1938 年，渔民在南非东伦敦附近的海里打捞出一条矛尾鱼（腔棘鱼目）。

特别的鳍

矛尾鱼有 8 个肉质的鳍，胸鳍和腹鳍特别发达，尾鳍分成上下两部分，形成非常奇特的矛状三角形，这也是其“矛尾鱼”的由来。一般鱼类的鱼鳍中没有骨骼，也没有肌肉，但是矛尾鱼的鱼鳍中却有很厚的肌肉。矛尾鱼胸鳍和腹鳍中还分别有一段管状骨骼。

腹鳍
尾鳍
尾鳍
胸鳍
腹鳍
尾鳍

棱皮龟 *Dermochelys coriacea*

龟鳖目的动物早在两亿多年前就出现在地球上了。其中，棱皮龟是一种具有特殊意义的龟鳖目动物，巨大的体形让棱皮龟成为海龟中最大的一种。虽然体形巨大，但是棱皮龟凭借超强的耐力成为海洋中不可多得的长距离游泳健将。

辨认要诀 棱皮龟 >>>

棱皮龟没有角质的龟甲，但是有皮革状的皮肤。棱皮龟四肢呈桨状，使它们能在水中自由游动。棱皮龟的背部和腹部有棱状的突起，看起来沟壑纵横。

大　　小	体长为 1.3~1.8 米
生长环境	热带海域的中上层，港湾地带和近海海域
食　　物	鱼类、虾、蟹、水母等
分布地区	几乎全世界海域都有分布

精准的体温控制

虽然棱皮龟是变温爬行动物，但是它们有自己的体温控制系统，使得它们的生存范围变得更广。即便是在水温只有不到 10℃的海域，它们也能让自己的体温时刻保持在 25℃左右。在寒冷海域，棱皮龟四肢中被称为“血管逆流热交换器”的构造就会发挥作用，以保持其四肢较高的温度，然后通过不断的游动将四肢的热量传递到身体其他部位。在温暖海域，棱皮龟会将更多的热量输送到四肢以快速散热。

大胃王

棱皮龟最喜欢吃水母，有时一天可以吃掉相当于自身体重 70% 的食物，是个十足的大胃王，尖锐的牙齿帮助棱皮龟让到嘴的水母不会滑出去。各种各样的水母，棱皮龟都来者不拒。但是，视力较差的棱皮龟有时会把漂浮在水中的塑料垃圾当作水母吞进肚子，这导致其因肠道阻塞而死。

恐怖的嘴

如果你认为棱皮龟温顺无害，那是因为你没有看过它们的口腔内部。棱皮龟从口腔到食道再到肠道，密密麻麻地布满参差不齐的尖刺，模样十分吓人。

棱皮龟的口腔内部

棱皮龟每年都要进行一次长途旅行。

长途旅行

绿海龟 *Chelonia mydas*

绿海龟与其他海龟一样，除了上岸产卵外，几乎终其一生都在大洋中度过。虽然绿海龟长着与陆龟相似的硬质龟壳，但是它们并不能完全将头和四肢缩回壳里。

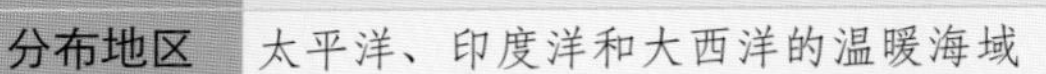

大　　小	体长为 1~1.2 米
生长环境	靠近岸边水温较高且较浅的水域
食　　物	以海藻为主，偶尔捕食软体动物、鱼类、甲壳类等
分布地区	太平洋、印度洋和大西洋的温暖海域

绿海龟的背甲类似心形，其中央有 5 片椎盾，左右两侧各有 4 片肋盾。另外，绿海龟的两只眼睛上方各有一片暗褐色的鳞片，非常显眼。

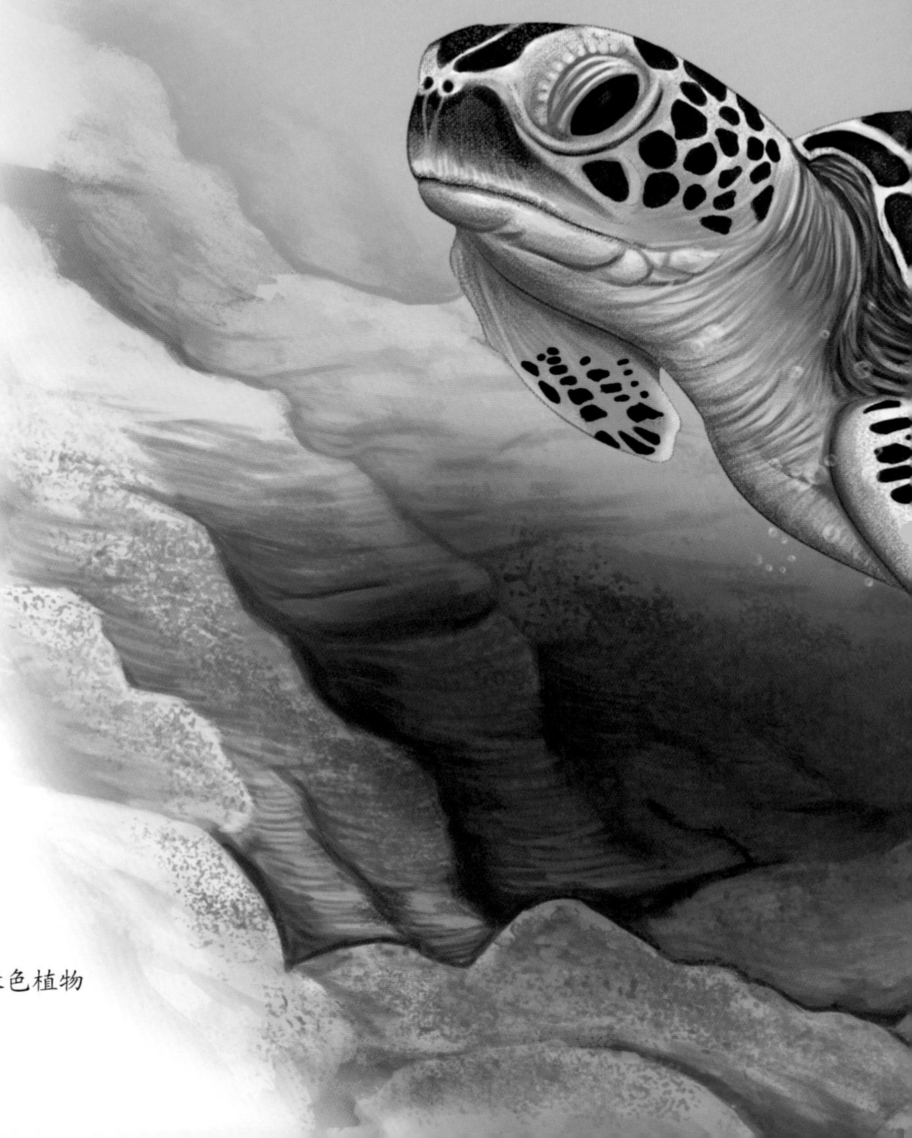

绿色的脂肪

相对于鱼、虾、蟹等肉食，绿海龟更愿意吃一些海草和海藻，每天都要吃下大量的海生植物。长期大量进食海生植物使得它们体内的脂肪因为积累有大量的叶绿素而变成绿色，绿海龟的名字由此而来。

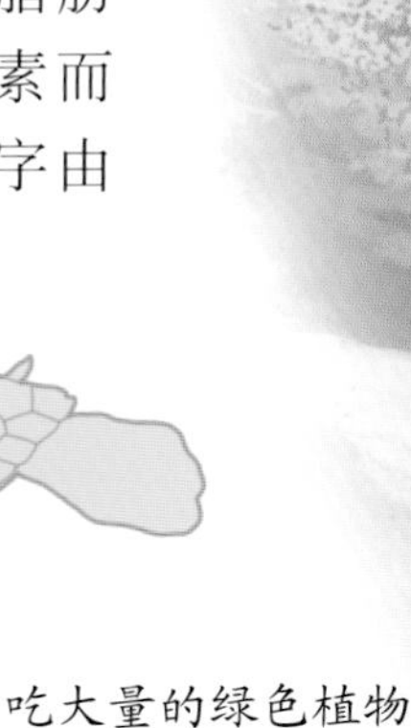

吃大量的绿色植物

“回家”产卵

绿海龟非常“恋家”，无论多远，绿海龟妈妈都会回到原来的出生地繁衍后代。但是如果它们的产卵地遭到破坏，绿海龟不能顺利上岸，或是无法挖掘沙洞，那么绿海龟妈妈就只能被迫放弃自己的出生地，重新寻找更合适的繁殖地了。

绿海龟产卵

特殊的呼吸系统

绿海龟有一种非常特别的呼吸方式。其个体的直肠两侧长了一对具有呼吸功能的肛囊，肛囊壁上分布着很多微血管。绿海龟在海中栖息时，能有节奏地收缩肛门周围的肌肉，使海水在肛门、直肠和肛囊间进出，此时微血管内的红细胞即可从海水中摄取氧气。值得一提的是，当头伸出海面时，绿海龟可以暂停肛囊的呼吸作用，而改用肺来呼吸，不过它们用肺呼吸时，胸部并不能活动。

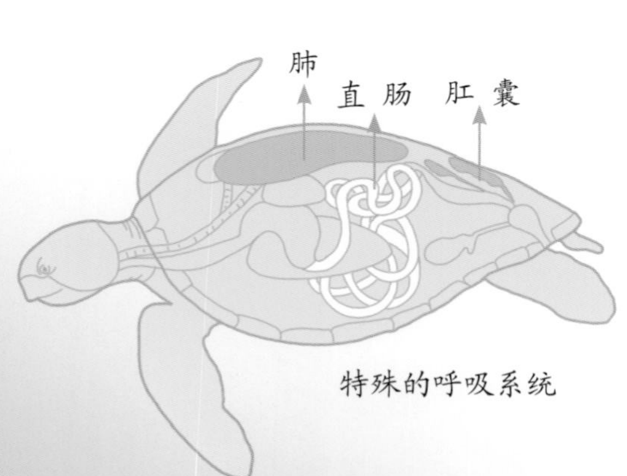

特殊的呼吸系统

成年绿海龟的性别很容易区分，只要看它们的尾巴就可以了：一般来说，雄龟的尾巴长一些，雌龟的尾巴则短一些。

玳瑁 *Eretmochelys imbricata*

玳瑁具有美丽的外表，是海龟家族中比较生猛的一种。它们通常喜欢在珊瑚礁中穿梭，捕猎其中的生物。玳瑁虽然性情凶猛，但是并不会主动攻击人类，除非受到了来自人类的威胁。

大　小	体长为 0.65~0.85 米，体重为 45~75 千克
生长环境	珊瑚礁、河口、海湾等相对较浅的海域
食　物	软体动物、鱼类、虾、蟹等
分布地区	亚洲东南部附近海域和印度洋等热带和亚热带海域

辨认要诀　玳瑁 >>>

玳瑁体形较大。它们的背甲光泽度很好，呈棕红色，带有浅黄色的斑点；上颌略长，呈鹰嘴状，能帮助它们顺利地从珊瑚缝隙中钩出猎物。

活动的宝石

提起玳瑁，人们首先想到的可能是一种珍贵的宝石。有机宝石玳瑁色泽饱满，晶莹剔透，花纹美丽，被制成多种工艺品和装饰品，自古以来就深受人们的喜爱。事实上，这种宝石来源于玳瑁海龟的背甲龟壳。玳瑁海龟虽然寿命很长，但生长缓慢，根本无法满足人类对宝石的需求。目前中国近海的玳瑁已经近乎绝迹了。

玳瑁饰品

你知道吗？

玳瑁的栖息地非常多样化。它们是有洄游迁徙习惯的海龟，无论是广阔的海洋、礁湖，还是入海口的红树林都能见到它们的身影。

百毒不侵

玳瑁最喜欢吃海绵、水母和海葵等有毒生物，因为它们的肠胃非常好，能够抵抗这些生物的毒素。它们在捕猎这些生物时会闭上眼睛，防止自己的眼睛被刺伤。长期进食这些生物的后果就是它们的肌肉中含有大量毒素，不适宜食用，因此它们几乎没有天敌。

青环海蛇 *Hydrophis cyanocinctus*

到中生代晚期，许多两栖类动物已经完全适应陆地生活，其中一部分成为陆地上蛇类的祖先。但是，有一部分两栖类动物发现海洋中的生活更加适合它们，便回归海洋，成为海蛇的祖先。海蛇一族在海洋中渐渐发展壮大，出现了许多分支，青环海蛇就是很具代表性的一种。

大　小	体长为 1.5~2 米
生长环境	大陆架和海岛周围的浅水海域
食　物	蛇鳗、鱼类等
分布地区	中国沿海、波斯湾、印度洋等地区

辨认要诀　青环海蛇 >>>

青环海蛇身体大体呈细长的圆筒状，背部呈深灰色或黄色，腹部颜色较浅。青环海蛇最具代表性的特点是全身遍布黑色的环带，有 55 ～ 80 个，辨识度很高。

身负剧毒

青环海蛇是剧毒类海蛇，其毒性甚至比陆地蛇类的毒性还要剧烈。它们的毒液成分与陆地蛇类相似，都是多种蛋白质的混合物。这种毒液并不会作用于心脏，而是麻痹神经。人或动物中毒后常常因为呼吸肌被麻痹，不能呼吸而死亡。但是，生物学家通过研究青环海蛇的毒素，有望研制出新型的抗肿瘤药物。

出水呼吸

青环海蛇在海洋中生活，出水呼吸是它们不可或缺的活动。浅水青环海蛇呼吸时会快速地露出头深吸一口气，再潜入水中，其潜水时间一般不超过 30 分钟；而深水青环海蛇会在海面多逗留一段时间再潜入海中，潜水时间可长达 2~3 个小时。

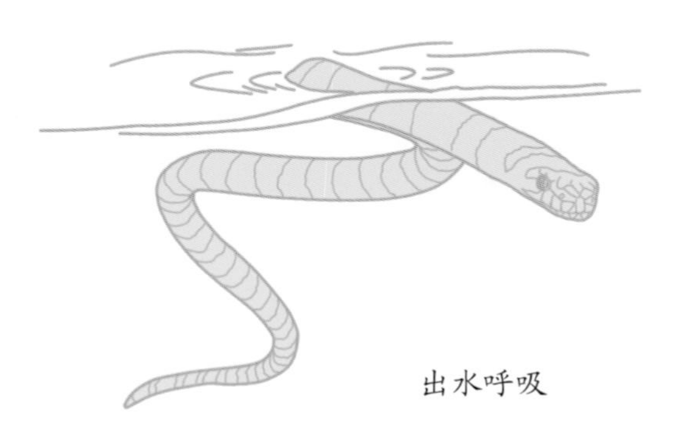
出水呼吸

长吻海蛇 *Pelamis platurus*

长吻海蛇又叫“黄腹海蛇”，是唯一终生生活在海洋中的蛇类，其产卵繁殖也是在海洋中完成的。长吻海蛇也是有毒蛇类，虽然毒性不如青环海蛇剧烈，但也足以致命。不过迄今为止，人们还没有发现人类被它们咬伤毒死的事件。

辨认要诀　长吻海蛇 >>>

长吻海蛇头部狭长，有较长的吻。其身体特征非常鲜明：背部呈黑色或深棕色，腹部和体侧则是亮黄色，尾部扁平且长有5~10块斑点。

大　小	体长为 0.5~1 米
生长环境	18℃左右的温暖海域
食　物	甲壳类动物、小型鱼类等
分布地区	亚洲、澳大利亚等陆地沿海及印度洋海域

与众不同的尾巴

乍一看，长吻海蛇和陆地蛇类除颜色外没有区别。但是，如果仔细观察就会发现它们的不同：陆地上的蛇类尾巴是尖的，而长吻海蛇的尾巴是扁平的，像小船桨。长吻海蛇就是依赖扁平的尾巴划水前进的。

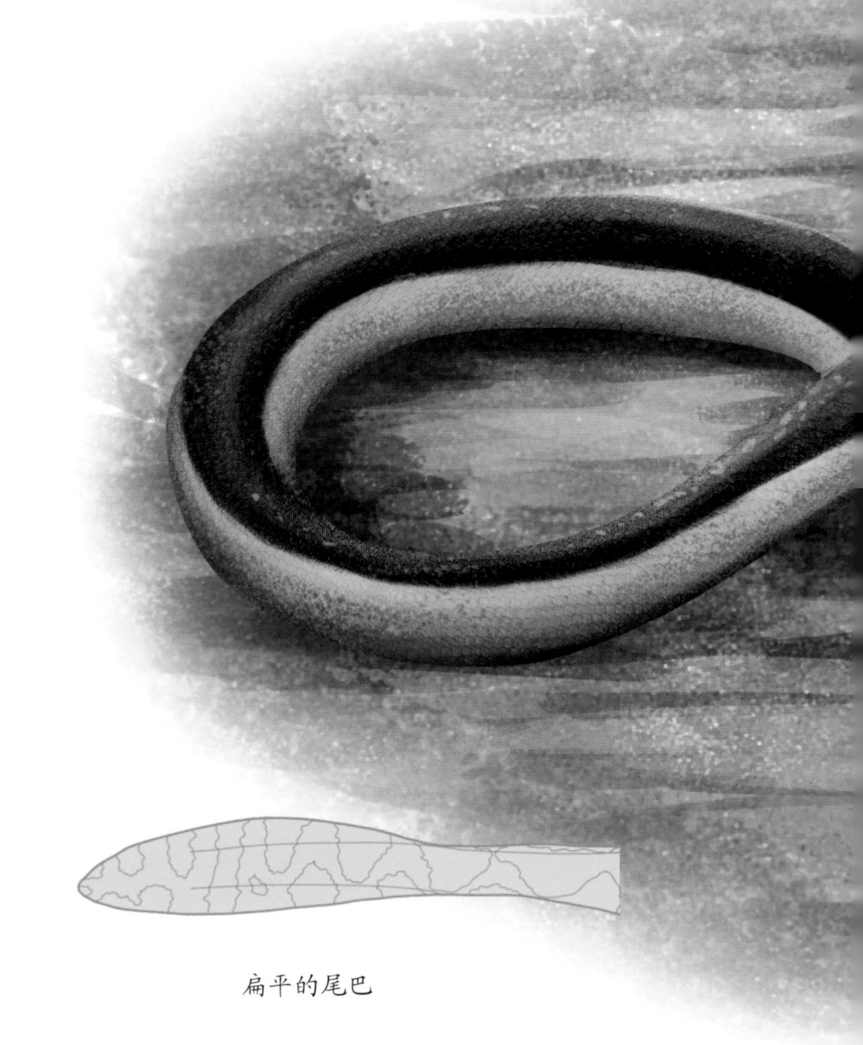

扁平的尾巴

陆地蛇类的近亲

虽然长吻海蛇生活在海洋里，但它们是陆地蛇类的近亲。科学家们研究发现，长吻海蛇与生活在亚洲和澳大利亚地区的陆蛇非常相似，在血缘上有着非常紧密的关系。

你知道吗？

长吻海蛇一般情况下是单独行动的。但长吻海蛇繁殖期来临时，人们可能会有幸看到成千上万条长吻海蛇在海面上翻腾游弋的场景。

湾 鳄 *Crocodylus porosus*

提起鳄鱼，你的第一印象是它们张着血盆大口的凶恶样子吗？这些凶神恶煞的大家伙通常出没于江河湖泊等淡水中。其实，海洋中也生活着一种鳄鱼——湾鳄，它们体形巨大，咬合力很强，位于湿地食物链的最顶层，十分可怕。

湾鳄身体粗壮，嘴巴宽大，牙齿尖利。湾鳄颈背没有大片的鳞片，是鳄目中唯一颈背无大鳞片的种类，因而被称为“裸颈鳄”。

大　　小	体长为 3~7 米
生长环境	长有红树林的沿海、潮汐带等以及河口
食　　物	大型鱼类、海龟、野牛、野猪等
分布地区	巴布亚新几内亚、东南亚沿海至澳大利亚北部海域

体形最大的鳄鱼

湾鳄是目前世界上现存体形最大的鳄鱼，也是世界上现存的最大的爬行动物。最大的湾鳄体长能达到 7 米，体重达 1600 千克。虽然这样的体形无法与远古时期的鳄鱼媲美，但与现存的其他同类相比，湾鳄无疑是当之无愧的“老大”了。它们对生存环境十分挑剔，却意外地拥有超强的耐盐能力，因此得以在高盐水域中生存。

凶猛的捕食者

湾鳄拥有惊人的攻击力，在它们生活的区域中，几乎没有动物是它们的对手。与小鱼、小虾相比，体形巨大的野牛等猎物更能入湾鳄的“法眼”。另外，海龟是它们喜爱的美味，对于它们强大的咬合力来说，嚼烂海龟的龟甲根本不在话下。

通常情况下，一只雄鳄和几只雌鳄会组成小群体生活在一起。雄性湾鳄具有非常强的领地意识。如果其他雄鳄企图侵入其领地、争夺其配偶，雄性湾鳄就会毫不客气地将侵入者驱逐出去。

海鬣蜥 *Amblyrhynchus cristatus*

海鬣蜥面容恐怖，看起来就像大怪兽，令人生畏。其实，它们的长相是一种生存策略，以威慑生活环境中的凶猛动物。实际上，海鬣蜥平时以素食为主。千万别被它们的外表欺骗了哟！

大　小	体长为 0.6~1.5 米，体重为 0.5~1.5 千克
生长环境	具有岩石的海岸、沼泽、红树林
食　物	海草、甲壳类动物等
分布地区	科隆群岛

辨认要诀　海鬣蜥 >>>

海鬣蜥的尾巴很长，长度几乎是躯干的两倍，是它们游泳时的得力助手。它们的爪子长而尖，即便是到了海底，它们也能凭借自己的爪子牢牢抓住地面，稳稳地行走。

心率控制

海鬣蜥有一种特殊的技能——控制自己的心率。当潜入水中时，它们会减缓自己的心率，以减少热量的流失；当回到水面时，它们又会加快自己的心率。最神奇的是，当有敌人靠近时，它们能够停止心跳，让敌人无法感知其气息。

白色的“帽子”

海鬣蜥进食时，会将食物同海水一起吞进肚子，使它们会摄入过多的盐分。它们会将多余的盐分储存在眼睛和鼻子之间的腺体中，并通过打喷嚏的方式排出。有趣的是，它们仰头喷出的液体大部分落到了自己头上。日积月累下，这些盐分就变成海鬣蜥白色的“小帽子”。

排出的盐分形成了白色的“小帽子”

第六章

那些看不见的海洋微生物

海洋微生物世界

海洋里的生物可真不少！除能用肉眼直接看到的生物外，海洋中还有肉眼难以看见的生物，人们必须借助显微镜才能清楚地观察到它们的模样。这些生物绝大部分是海洋微生物，其中部分生物可是海洋中的“老前辈”。在海洋中，微生物可以说是数量最多的生物，一毫升的海水中就大概有 100 万个。

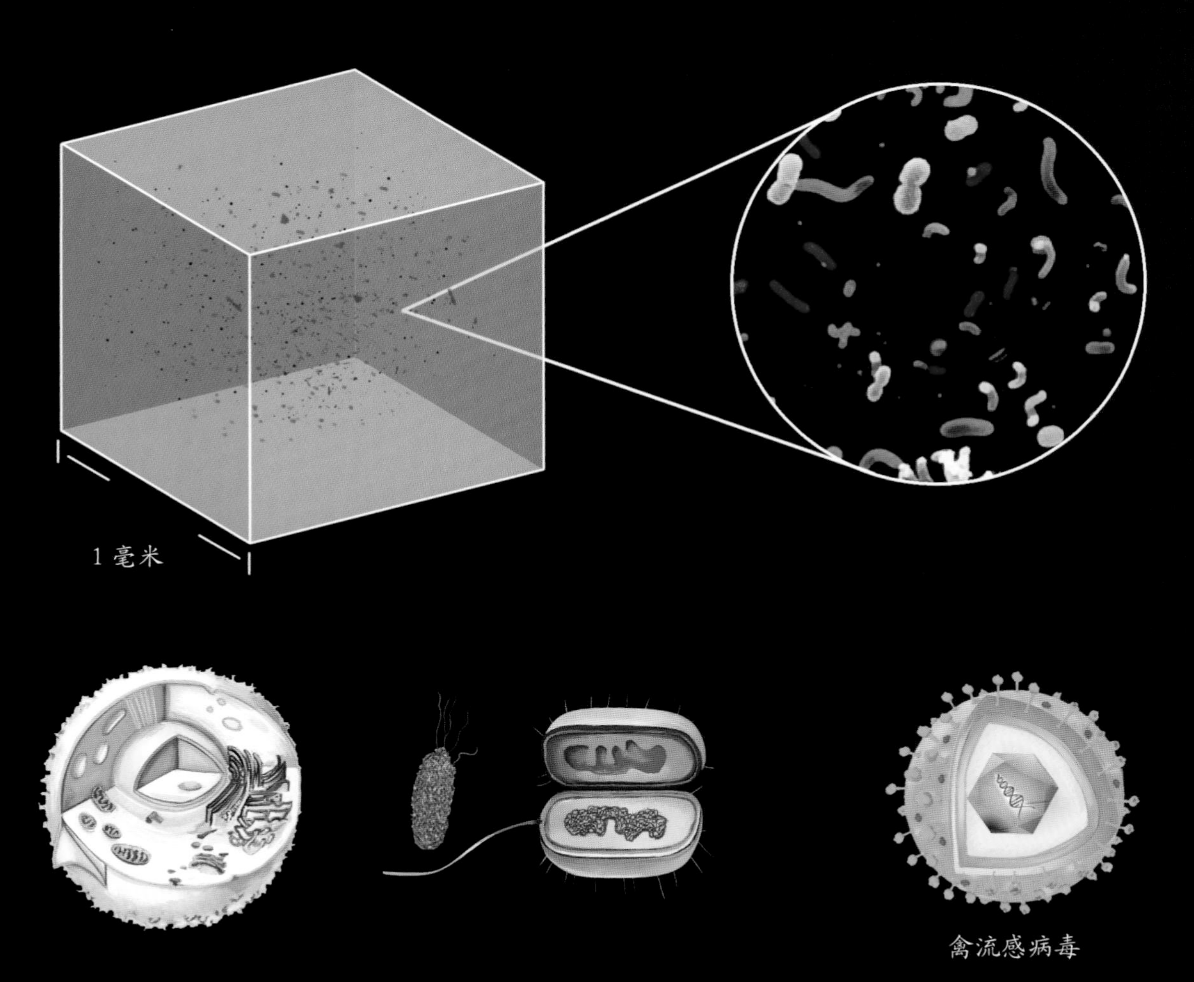

什么是海洋微生物？

通俗地讲，海洋微生物是以海洋水体为正常栖居环境的一切微生物。它们是海洋生命中最丰富的类群，广泛生活于大洋的任一角落，从深海海沟到与人类活动较频繁的海岸都有海洋微生物的分布。很多海洋微生物能在高压、高温、营养缺乏等极端环境下生存繁衍，甚至在 400℃高温的海底热泉附近也能发现海洋微生物的存在。

海洋微生物有哪些？

海洋微生物种类繁多，是海洋环境中最重要的初级生产者，直接或间接地供养着大多数海洋动物，可以说为当今繁荣昌盛的海洋生命世界立下了“汗马功劳”。海洋微生物主要包括结构最简单的原核生物、与真核生物关系密切的古细菌、类似动物的原生生物以及能进行光合作用的单细胞藻类等。

小身板，大作用

海洋微生物虽然个头小，但在海洋生态系统中发挥着重要作用。在海洋生态系统中，海洋微生物既为其他生物提供有机食物，又参与分解有机物，产生铵盐、硝酸盐、磷酸盐以及二氧化碳等，为海洋植物提供无机养分。如果海洋微生物不存在了，海洋中其他生物也将无法生存。

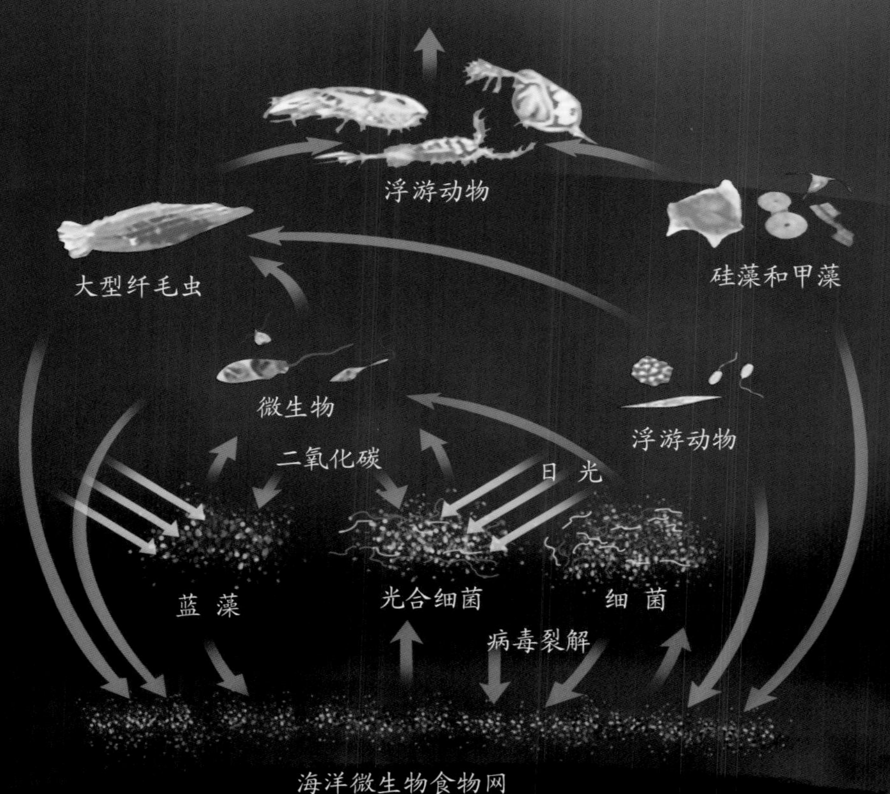

海洋微生物食物网

真 菌
放线菌
古 菌
细 菌

海洋微生物的应用：

1. 从海洋细菌、真菌、放线菌、古菌等微生物中提取出的毒素、抗生素、不饱和脂肪酸、类胡萝卜素等可用于药物的研究和生产。
2. 利用海洋微生物可以治理海洋污染，修复紊乱的海洋生态系统。

海洋微生物治理污染

海洋微生物的特性

嗜盐性

海洋微生物的生存离不开海水，海水中丰富的钠、镁、钙、磷、硫等元素是海洋微生物生长和代谢的必需品。

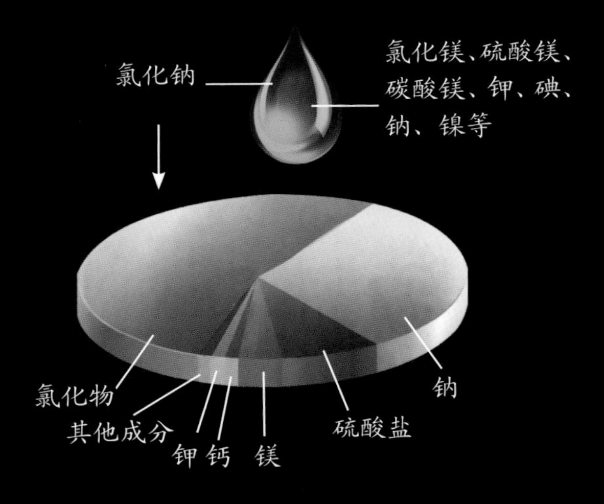

嗜压性

海洋中水深每增加10米，海水的压力便会增加约一个标准大气压。来自深海的嗜压细菌拥有十分强悍的抗压能力，在大于100个标准大气压下，嗜压细菌依然能稳定生长。

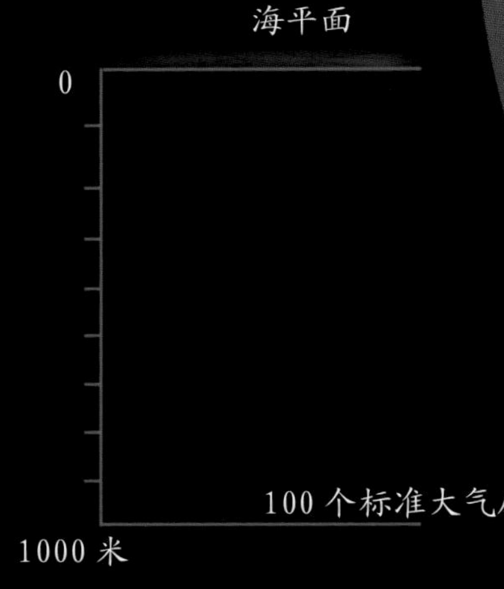

低营养性

海洋微生物已经适应营养稀缺的环境，在人工培养时，如果培养基营养丰富，海洋微生物可能会在形成菌落过程中因代谢产物积聚过多而死亡。

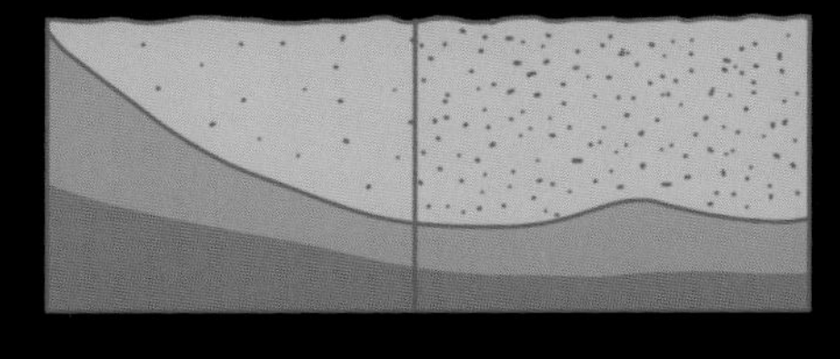

海水富营养化会使藻类等微生物暴发性增殖，引发赤潮，造成海水污染。

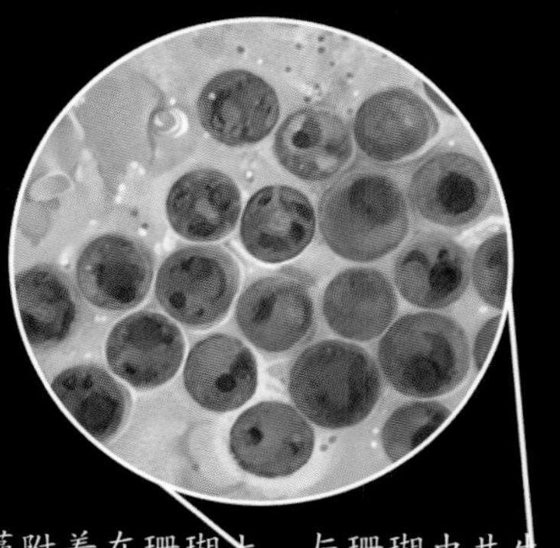

虫黄藻附着在珊瑚上，与珊瑚虫共生

趋化性

海水中的营养物质虽然稀薄，但海洋环境中各种固体表面或不同性质的界面上吸附、积聚着较丰富的营养物质。绝大多数海洋微生物具有运动能力，其中某些微生物具有沿着某种化合物浓度梯度移动的能力，称为“趋化性”。具有趋化性的海洋微生物能附着在动植物表面等营养丰富的界面上生活。

嗜盐放线菌孢子丝形态

多形性

有的海洋微生物在培育过程中可以成为多种形态。例如：对于某一种海洋微生物，有的是球形，有的是杆状，有的又是多种不规则形态的细胞。这是微生物长期适应复杂海洋环境的结果。

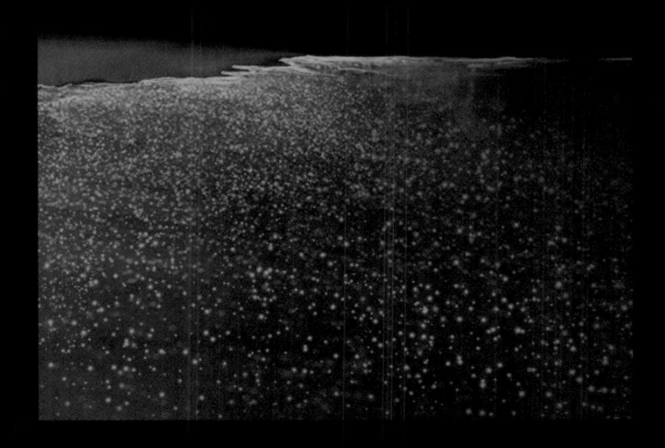

少数海洋微生物具有发光功能。发光的微生物通常可以从海水或鱼虾中分离出来。

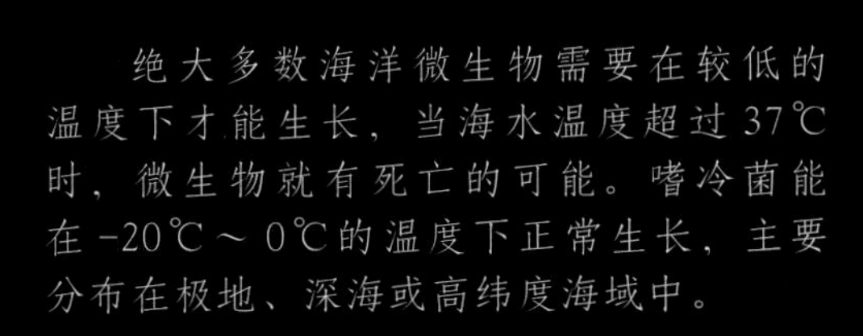

绝大多数海洋微生物需要在较低的温度下才能生长，当海水温度超过37℃时，微生物就有死亡的可能。嗜冷菌能在 -20℃～0℃的温度下正常生长，主要分布在极地、深海或高纬度海域中。

原核微生物

原核微生物的细胞核没有核膜包裹，只有裸露的 DNA 作为核区，没有大多数被膜分隔的细胞器，个体只有 1~10 微米大小。

家族代表

海洋细菌

海洋细菌是海洋中数量最多、分布最广的微生物，个体直径在 1 微米以下，有球状、杆状、螺旋状、分枝丝状等多种形态。

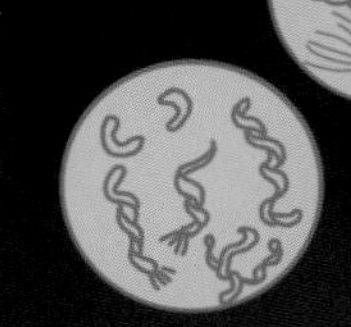

球状

杆状

螺旋状

分枝丝状

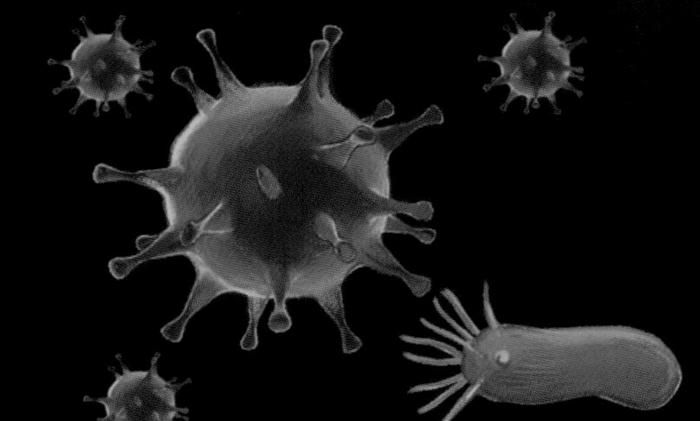

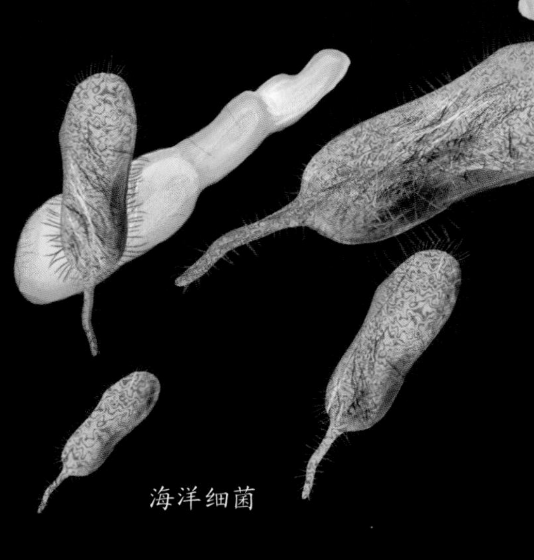

海洋细菌

海洋放线菌

海洋放线菌由分枝发达的菌丝组成，菌丝直径大约 1 微米，一般生存在土壤或漂浮于海面的藻体上。

蓝细菌

蓝细菌是生于 30 亿年前的古老生物，可分为单细胞和丝状体两大类，既能在海水、淡水和土壤中生长，也能在岩石表面和树干上安家。

真核微生物

真核微生物有由核膜包裹的细胞核，其细胞质中存在线粒体、叶绿体、高尔基体、内质网等多种细胞器。

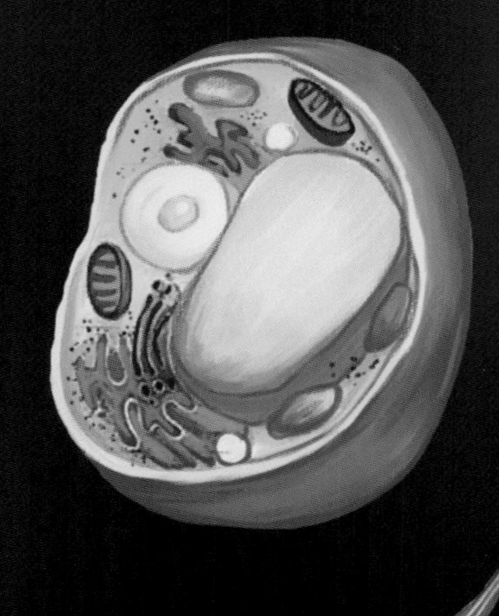

家族代表

海洋真菌

海洋真菌大多数栖息于某种基质上生活，少数营自由生活。比如：海洋红酵母基于海泥而生活，其细胞中富含蛋白质、肝糖颗粒、不饱和脂肪酸、维生素等营养成分，一般被用于水产养殖中鱼、虾、蟹等动物的饵料。

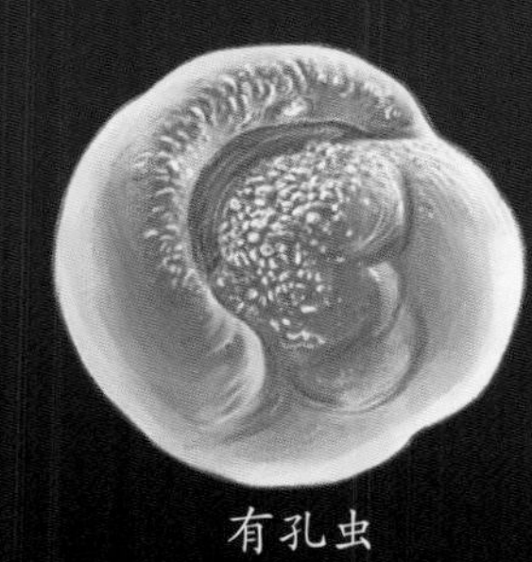

有孔虫

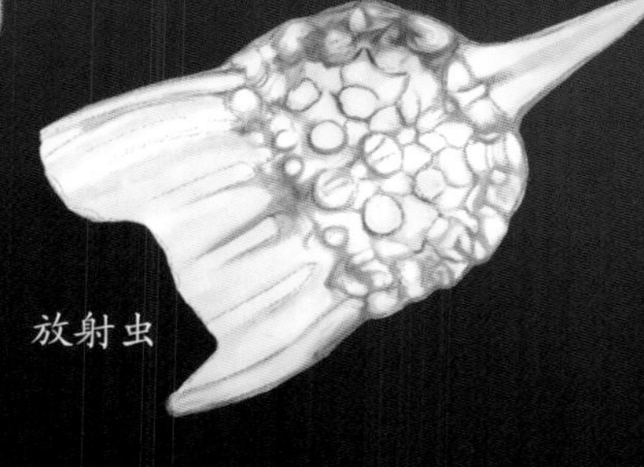

放射虫

原生动物

原生动物是最原始、最简单、最低等的动物。原生动物虽然由单细胞构成，但能完成行动、营养、呼吸、排泄和生殖等生命活动。从潮间带到深海盆地、从热带到两极都有原生动物的身影，主要包括有孔虫、放射虫、腰鞭毛虫、丁丁虫和硅质鞭毛虫等。

腰鞭毛虫

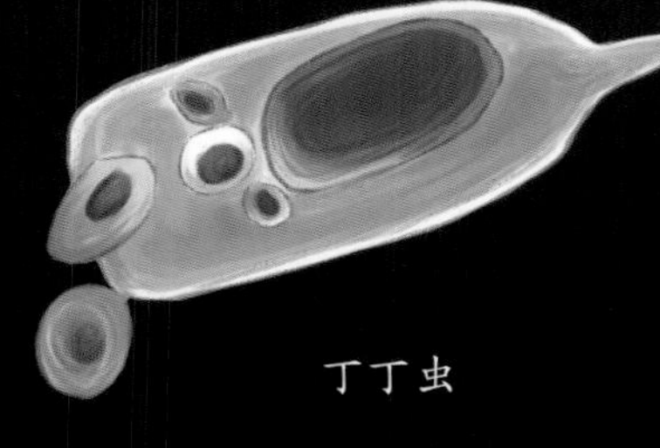

丁丁虫

硅质鞭毛虫

海洋古菌

海洋古菌是最简单、最原始的生命形式之一，虽然属于原核生物，但是有证据表明其与真核生物的关系比与细菌的关系更近。海洋古菌有独特的细胞结构，因此可以在多种极端环境中生存：嗜热古菌可以在深海热泉中生存，嗜冷古菌可以在南极冰川中生活，嗜酸古菌可以在酸性很强的环境中生存。

嗜热性

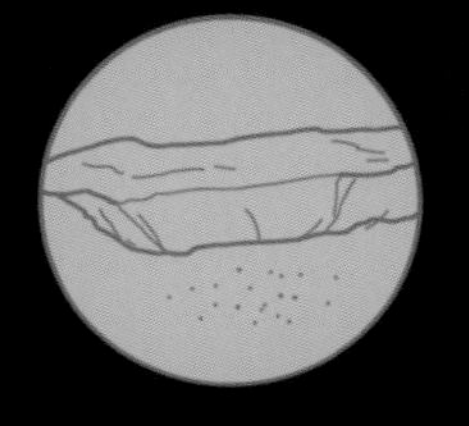

嗜冷性

嗜酸性

微藻

微藻的细胞内含有多种色素，能进行光合作用，吸收二氧化碳并释放氧气。例如：绿藻内的叶绿体就含有叶绿素a、叶绿素b、胡萝卜素、叶黄素等光合色素。

放射虫目 Radiolarian

放射虫是海洋中营漂浮生活的原生动物，其种类多、数量大，据统计有6000多种。大多数放射虫是微小的，但一些放射虫形成长达3米的腊肠状集群，使它们成为原生动物中的大家伙。

大　　小	一般直径为0.1~0.5毫米，少数可超过1毫米
生长环境	外海，少量分布于大陆架
食　　性	浮游生物
分布地区	多数分布于温暖的海洋里，从赤道向两极数量骤减

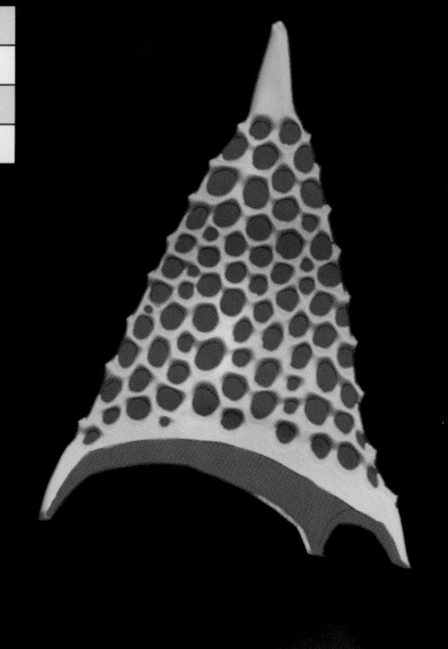

辨认要诀　放射虫 >>>

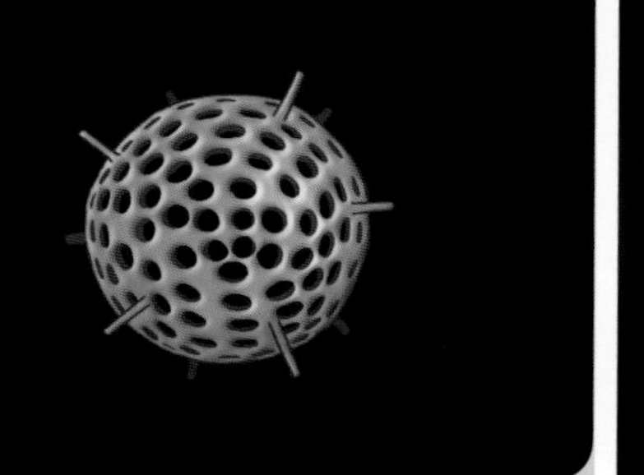

种类繁多的放射虫有多种多样的形态，但共同点是：细胞内有一个骨质中央囊，将细胞质分为内质、外质两层，放射排列的线状伪足从中央囊外伸出。

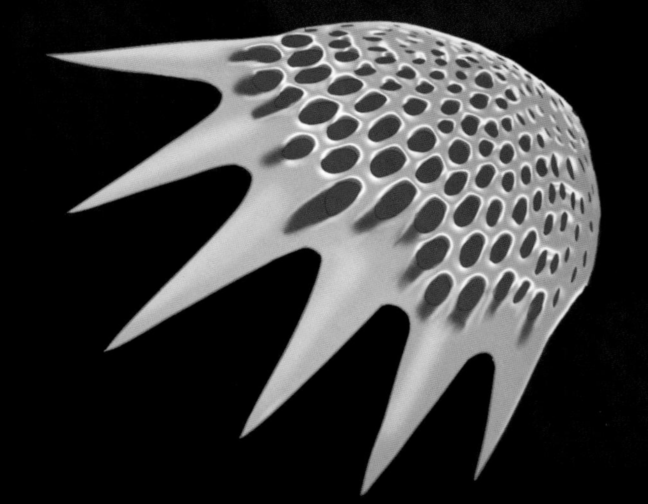

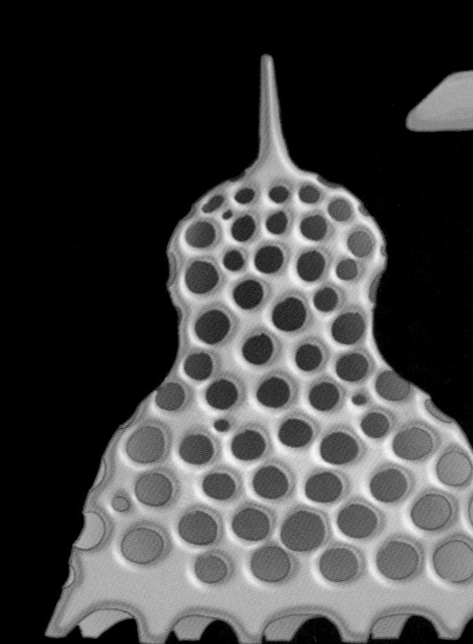

精致的骨架

放射虫的中央囊呈球形、钟罩形、叶形或不规则形状，骨架随着中央囊的形状而架构，这就是放射虫有多种形态的原因。结构精致的骨架呈网格状，网格上每一个小孔都致密均匀，骨架中细小的短棒构造出一个三维空间，将中央囊好好地保护在里面。

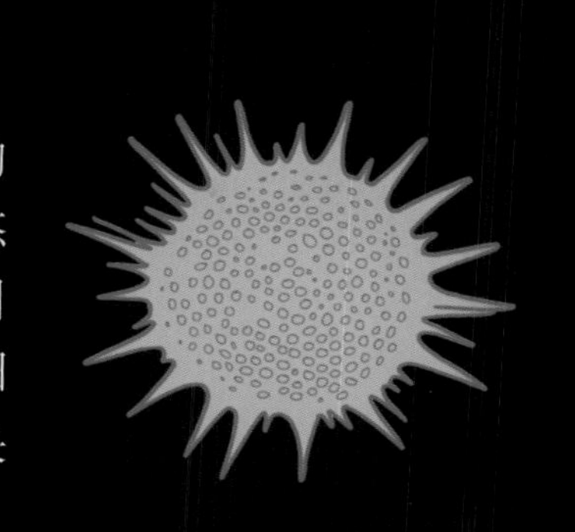

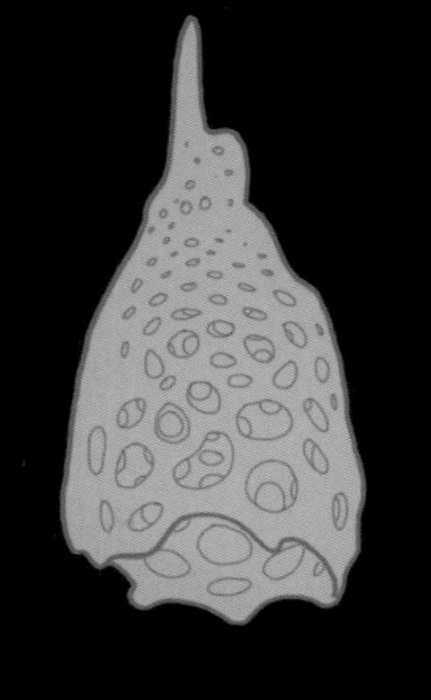

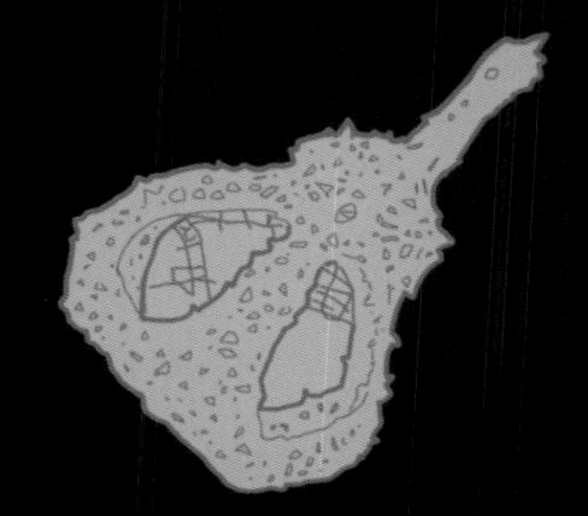

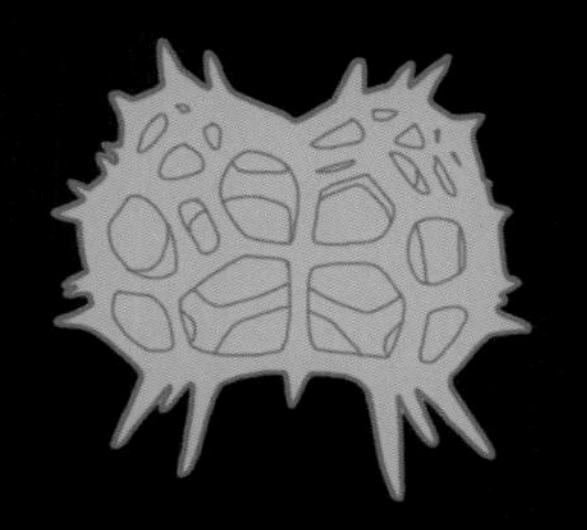

精致的骨架

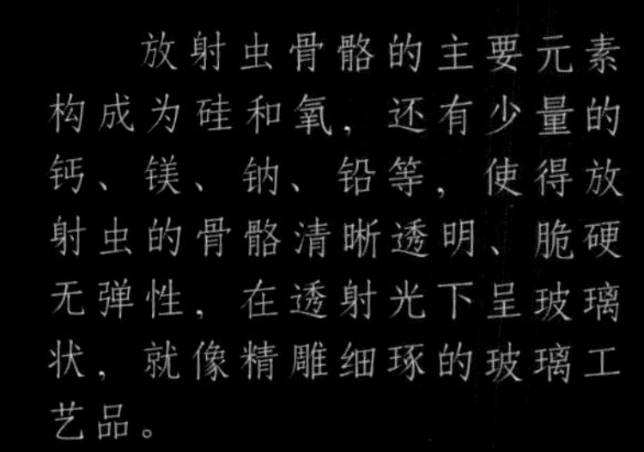

放射虫骨骼的主要元素构成为硅和氧，还有少量的钙、镁、钠、铅等，使得放射虫的骨骼清晰透明、脆硬无弹性，在透射光下呈玻璃状，就像精雕细琢的玻璃工艺品。

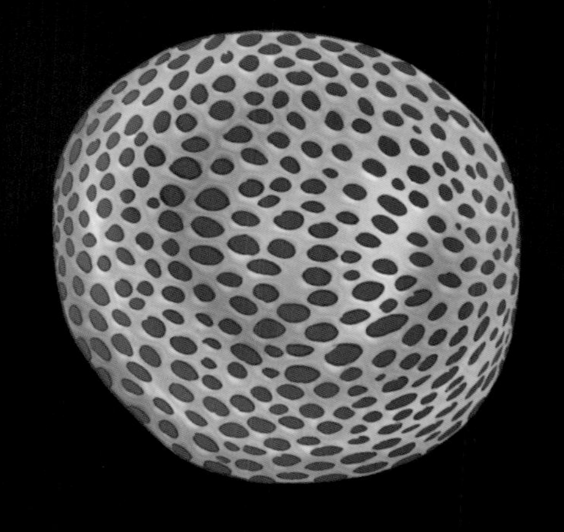

短暂的生命

放射虫的生命十分短暂，它们通常只能活数天，最长也只有 1 个月左右。放射虫死后，其骨骼外壳会沉积海底，形成硅质海泥，称为“放射虫软泥”。由放射虫沉积形成的软泥占海底面积的 2%~3%，仅形成于赤道海域的海底。

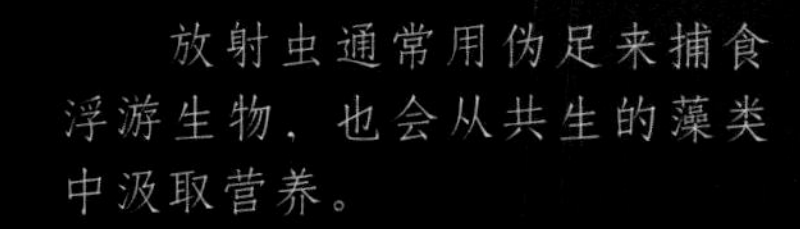

放射虫通常用伪足来捕食浮游生物，也会从共生的藻类中汲取营养。

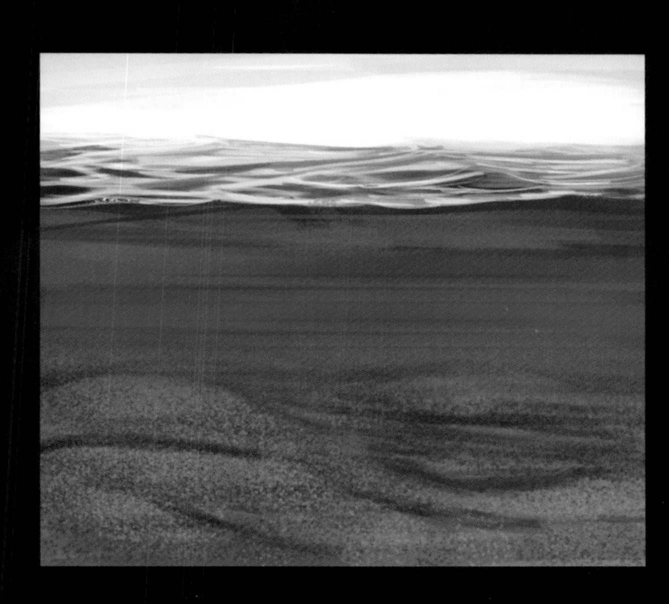

有孔虫目 Foraminifera

在5亿多年前的寒武纪，有孔虫就生活于海洋中。时至今日，有孔虫依然种类繁多、数量丰富、分布广泛。有孔虫是大多数海洋生物的重要食物来源，如果没有它们，很多海洋生物就要饿肚子。

大　小	从不到1毫米到20厘米不等
生长环境	大多数在海洋营底栖生活，少数生活在潟湖、河口等半咸水海域
食　性	主要食物为硅藻以及菌类、甲壳类幼虫等
分布地区	各大洋都有分布

辨认要诀　有孔虫 >>>

有孔虫个体能够分泌钙质或硅质形成外壳，壳上有一个大孔或多个小孔，而细丝一样的伪足就从孔中伸到外面。在海底，一粒小小的“石子”就有可能是有孔虫。

压力大也不怕

马里亚纳海沟的挑战者深渊是海洋中最深的地方，那里的压力是海平面压力的约1100倍，只有极个别生物可以生存其中，有孔虫就是其中一个。在挑战者深渊中，有孔虫的外壳逐渐退化成软壳，它们用柔软的身体承受着巨大的压力，在海底顽强地生存着。

马里亚纳海沟

有孔虫

1100倍压力

生活在哪?

大多数有孔虫生活于海洋中，少数种类生活于半咸水或淡水河口。有孔虫有两种不同的生活方式——营底栖生活或者营浮游生活。底栖有孔虫的壳对珊瑚礁和沙岸的钙质组成有重要贡献；相对而言，营浮游生活的种类较少，但数量可能巨大。浮游有孔虫的壳最终大量沉积到水底，海底因此大面积地被有孔虫泥（一种钙质软泥）所覆盖。

有孔虫

有孔虫

有孔虫的两种生活方式

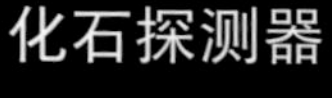

化石探测器

作为一种古老的原生动物，5亿年来，有孔虫的化石已遍布整个海洋。演化速度飞快的有孔虫几万年或几十万年就会换一副“面孔”。科学家因此将有孔虫化石当作标准化石，用来判定和追溯地质年代。

有孔虫石化石

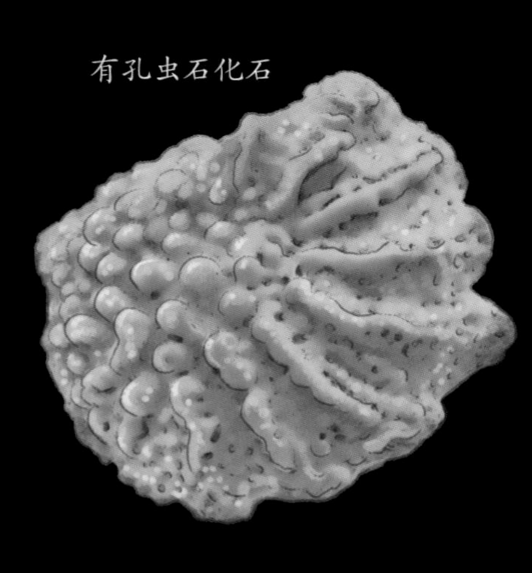

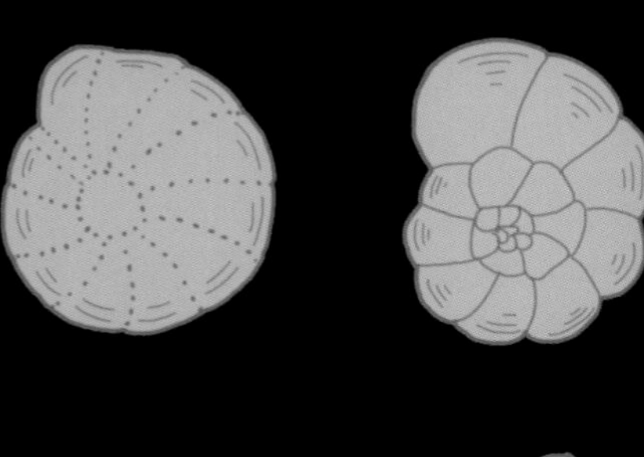

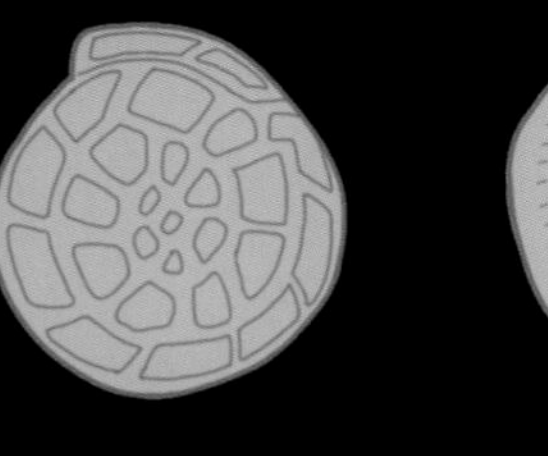

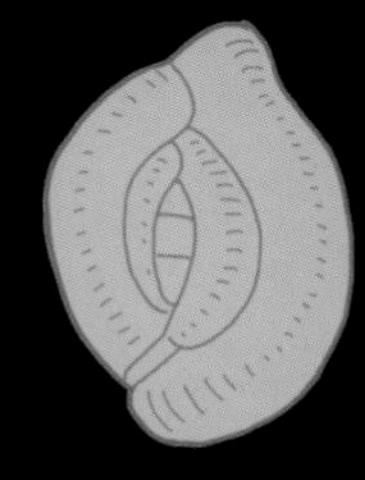

种类丰富的有孔虫广泛分布于各种海洋环境中，它们的外壳记录着不少有用的环境信息，可以作为环境指示物用于多种研究领域。有孔虫因此被誉为“大海里的小巨人”。

海洋纤毛虫

海洋纤毛虫是指生活在海洋中的纤毛纲种类，包括浮游纤毛虫、砂壳纤毛虫等。科学家们对海洋纤毛虫又爱又恨，因为它们既能反映海洋的环境变化，进而指导人们了解海洋，又会危害人类的生产生活。

大　　小	10 微米到 4 毫米不等
生长环境	海洋环境
食　　性	食用细菌、藻类或其他小型原生动物
分布地区	世界各海域

辨认要诀　海洋纤毛虫 >>>

显微镜下，纤毛虫有柔软的表膜和能够调节细胞内水分的伸缩泡。排列稍微倾斜的纤毛在虫体表面有节奏、有规律地波动，推动纤毛虫以螺旋式旋转的形式向前移动。

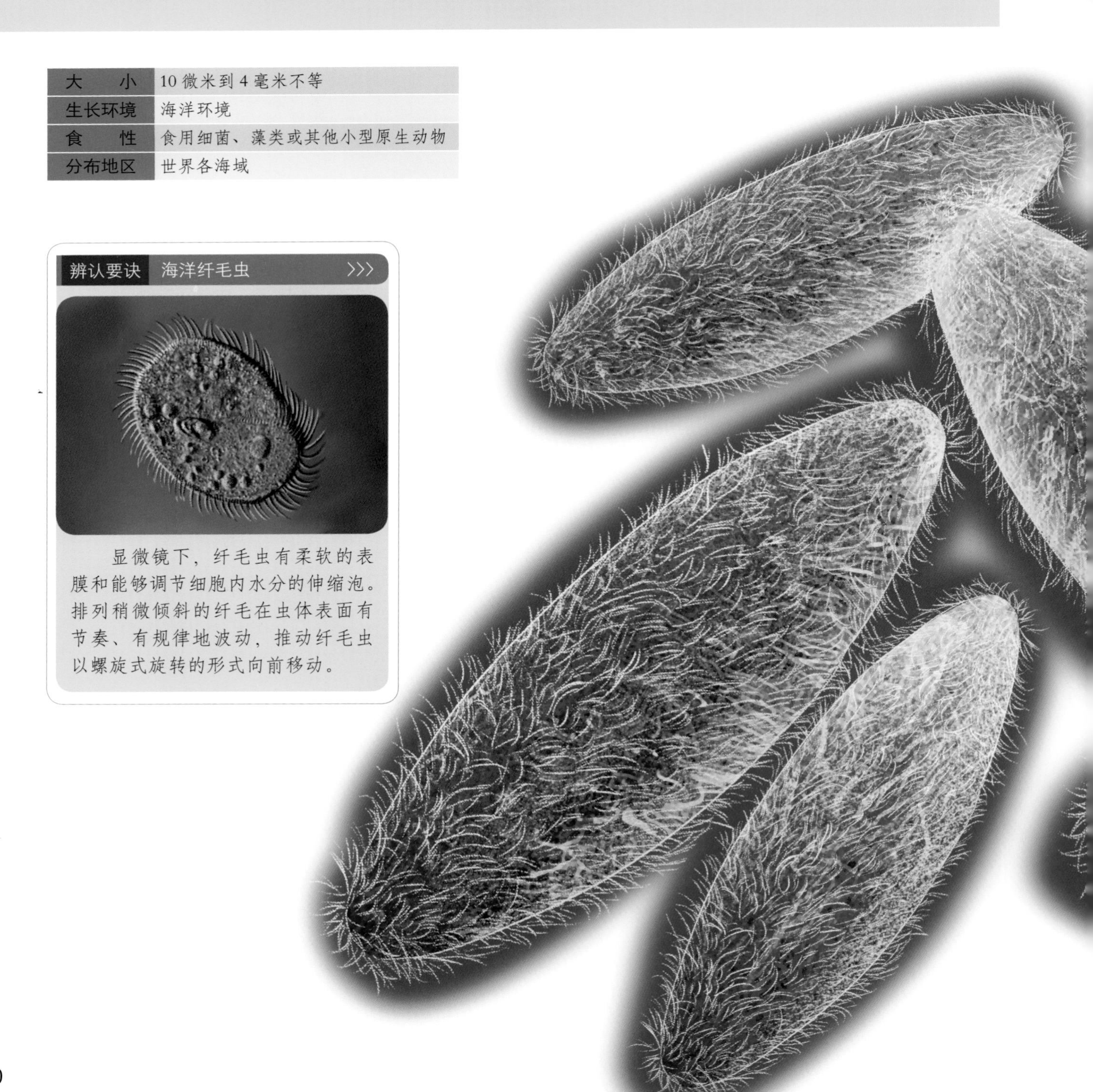

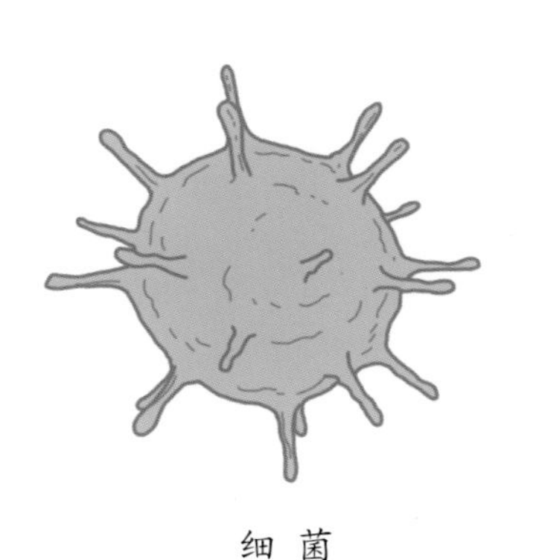

细 菌

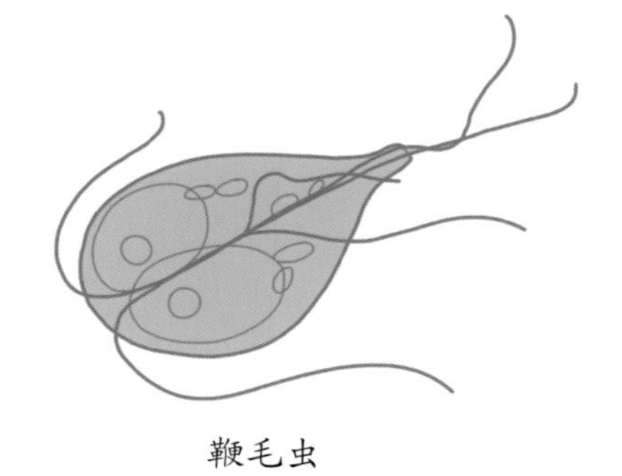

鞭毛虫

“挑食”

海洋纤毛虫一般以浮游藻类、细菌或鞭毛虫为食。它们比较“挑食”：如果有更可口的猎物出现，海洋纤毛虫就会放弃到手的食物，伸出触手刺入新猎物，并释放具有麻醉作用的毒素，然后慢慢吮吸食物中美味营养的细胞核部分。

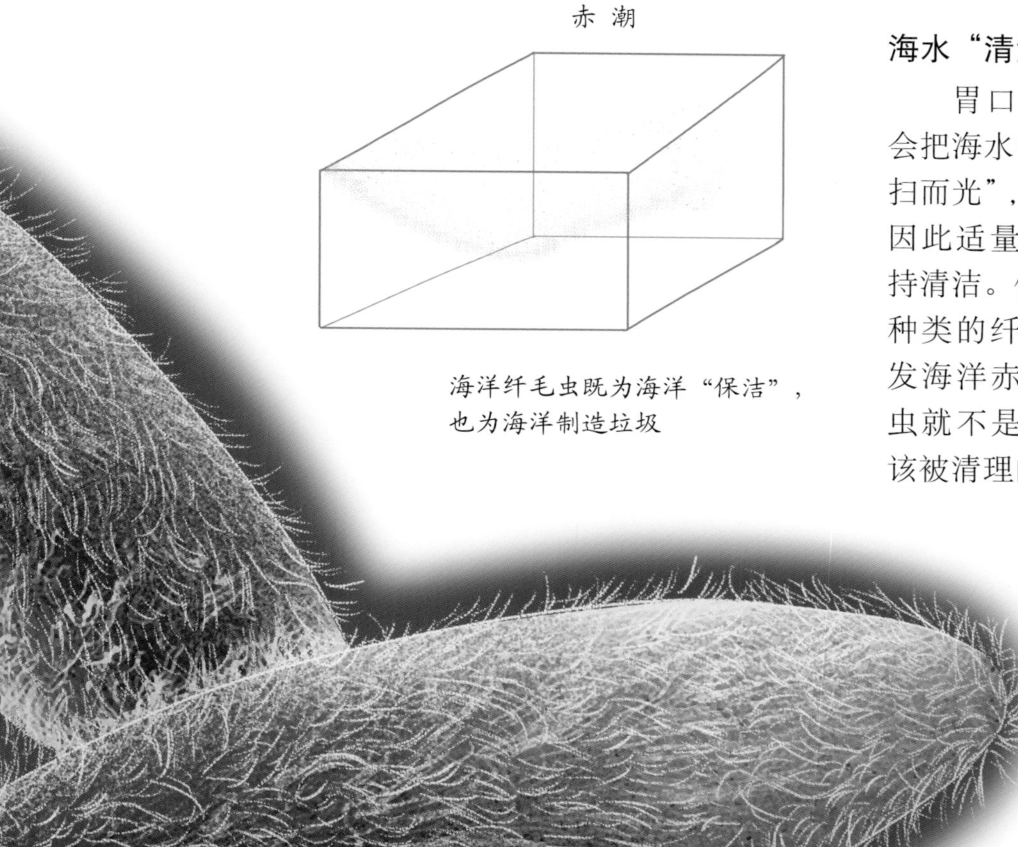

海洋纤毛虫既为海洋“保洁”，也为海洋制造垃圾

海水“清洁工”？

胃口好又爱吃的海洋纤毛虫会把海水中的有机碎屑和细菌“一扫而光”，把海水清理得干干净净，因此适量的纤毛虫可以使海水保持清洁。但是，如果某些“赤潮”种类的纤毛虫繁殖过多，就会引发海洋赤潮。到那时，海洋纤毛虫就不是“清洁工”，而是最应该被清理的“垃圾”了。

你知道吗？

某些海洋纤毛虫营寄生生活。它们寄生在生物体中，导致寄主生病并最终死亡。营寄生生活的纤毛虫会给海洋水产养殖业造成危害，给人类带来较大的经济损失。

硅 藻 *Bacillariophyta*

硅藻是一类单细胞植物，其存在历史可以追溯到侏罗纪早期。在海洋食物链中，硅藻是初级生产者，为海洋中的鱼、贝、虾类及其幼体提供食物，维持着海洋生态系统的平衡。

大　　小	2~200 微米
生长环境	有水的环境
分布地区	所有水域

硅 藻 >>>

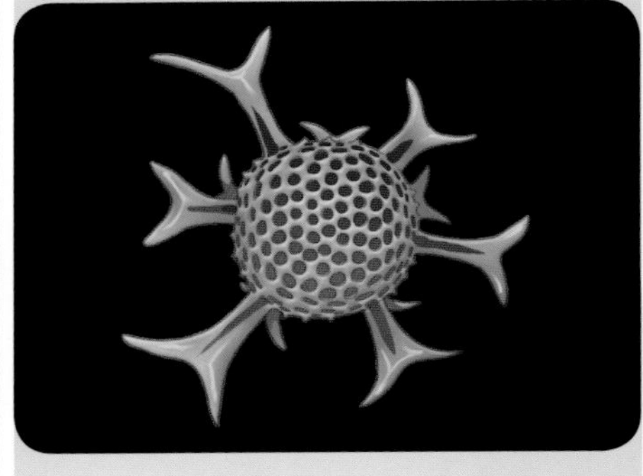

辨识硅藻时，要观察硅藻细胞外是否覆有硅质的细胞壁。硅质细胞壁虽然纹理和形态各异，但多呈对称排列。

虽然硅藻是海洋中的初级生产者，为海洋生物提供了大量的食物。但是，硅藻如果繁殖过多，就会使水质变得浑浊恶劣，引发赤潮，给海洋生物带来严重的危害。

以水为家

硅藻是一种分布十分广泛的浮游植物。海洋中，几乎到处都有硅藻的踪迹。其实不只是海洋，在淡水、泥土及潮湿的地面也能发现硅藻的存在。甚至在两千米的高空中，也有个别种类的硅藻生存。只要是有水的地方，就是硅藻的家。

释放氧气

硅藻具有色素体，能吸收太阳光，通过光合作用释放氧气。地球上 70% 的氧气来自浮游植物的光合作用，而硅藻占浮游植物数量的 60%，承担了大部分氧气制造的“重担”。有人说，如果没有硅藻，不出 3 年，地球上的所有生物都将停止呼吸。

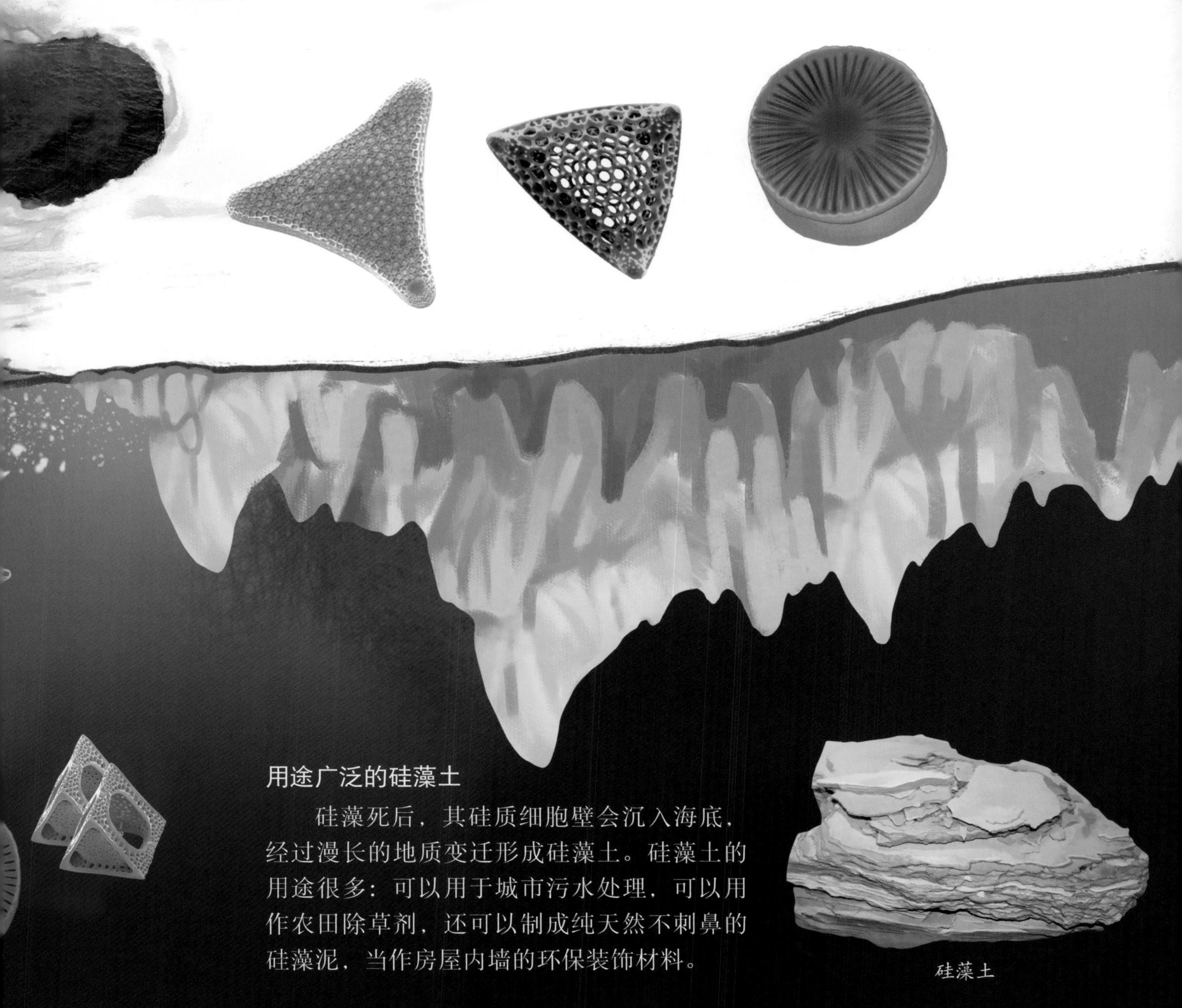

用途广泛的硅藻土

硅藻死后，其硅质细胞壁会沉入海底，经过漫长的地质变迁形成硅藻土。硅藻土的用途很多：可以用于城市污水处理，可以用作农田除草剂，还可以制成纯天然不刺鼻的硅藻泥，当作房屋内墙的环保装饰材料。

硅藻土

第七章

宝贵的海洋生物资源

花样繁多的海洋生物“商品”

美丽富饶的海洋蕴藏着丰富的生物资源，是一个巨大的资源宝库。万千生物在这里繁衍生息，包括海洋动物、海洋植物在内的海洋生物自古以来就是人类食物的重要来源。得益于海洋无私的馈赠，并随着科技的进步和发展，人们开始将海洋生物广泛应用于食品加工、药品制造和工业生产等领域。

美味珍馐“百宝箱”

可以说，海洋是人类重要的食品宝库，将多种美味的海鲜赐予人类。营养丰富的鲍鱼海参、丰富多样的海鱼、味道鲜美的虾蟹……这些美味的海鲜大大地丰富了人类的食谱。

海 鱼

在所有的海洋食物中，海鱼独具魅力。它们肉质鲜美、营养丰富，令人垂涎欲滴。无论是多种美食俱有的宴席，还是简单朴素的家庭聚餐，常可找到它们的身影。

虾蟹和贝类

除了鱼类，虾蟹和贝类也是人类宴席上常见的菜品。这些身着“铠甲”的海鲜，令人回味无穷，是上好的料理食材。

海 藻

在广阔无边的海洋里，生活着很多海洋藻类。比起那些肉类海鲜，它们不但经济实惠，而且营养价值一点都不逊色。紫菜、海带、石花菜……每一种都是“蓝色生态园”赠予我们的珍贵礼物。

新式医药“原料仓”

随着科学技术的发展和人类对广阔海洋的不断探索，越来越多的海洋生物进入人们的视野。人们通过潜心研究发现，大量海洋生物具有药用价值。它们体内的某些物质对疾病的防治有着非常重要的意义，有望为医学领域带来巨大突破。

抗癌新军

海洋药物的研究和发展，为癌症的治疗带来新的希望。目前，人们已经在总合草苔虫、海鞘、海兔等多种海洋生物体内发现抗癌物质。

夺命疾病的克星

为了治疗和预防危害人类健康的心脑血管疾病，人们多年来一直在寻求更好的医药原料。目前，大量研究成果表明，牡蛎、海胆以及深海鱼类等海洋生物体内的某些物质，对高血压、高血脂、动脉硬化、冠心病等有很好的治疗效果。

抗病毒卫士

海绵体内的一种生物碱能抑制人体内的RNA生物病毒；对生长环境要求非常严苛的柳珊瑚体内蕴含的丰富的阿糖腺苷，可以限制某些病毒的DNA合成；从石花菜体内提取的多糖物质，则是某些流感病毒和腮腺炎病毒的克星……这些新发现对抗病毒药物的研究和创新具有非常重要的意义。

医用新材料

海洋医用原料是生物医用原料的重要组成部分。经过大量的实践和探索，人们已经可以将一些海洋生物的某些物质转化成医用材料，并将其广泛应用到现代医学中。其中，用从虾蟹体内提取的甲壳素制造的缝合线、人工皮肤、隐形眼镜以及利用珊瑚制造的人工骨等，都是典型的代表。

百变工业“材料厂”

近年来，随着人们对海洋生物认识的不断深入，海洋生物在工业领域的应用和开发变得越发受人瞩目。值得注意的是，科技已经改变了传统的工业原料生产结构。越来越多的海洋生物开始代替传统原材料，走进人们的生产和生活。

多样工艺“装饰库”

海洋生物总是能不断带给人们惊喜。它们不仅时刻为我们提供着多种美味，而且赠予我们许多“精心雕琢”的工艺装饰品。色彩斑斓的贝壳、婀娜多姿的珊瑚、散发着耀眼光芒的珍珠……无不展示着海洋的独特魅力。

多种海洋生物

海 藻

人们通过一定的技术可以从海藻中提取大量的琼胶、卡拉胶和褐藻胶。这些物质对食品加工、酿造、涂料、纺织、造纸和印刷工业具有非常重要的价值，是必不可少的生产原料。

海藻提取物

珍 珠

晶莹细润的珍珠种类丰富、形状各异、色彩斑斓，深受人们喜爱，由其制作而成的饰品通常非常昂贵。大溪地、夏威夷、中国广西合浦等地是著名的珍珠产地。

珍珠首饰

贝 壳

贝壳是一类备受青睐的工艺装饰原料。它们通常被用来制作成个性的首饰、造型各异的贝雕，有的还被加工成精美的拼贴画和刀柄装饰物。

贝壳饰品

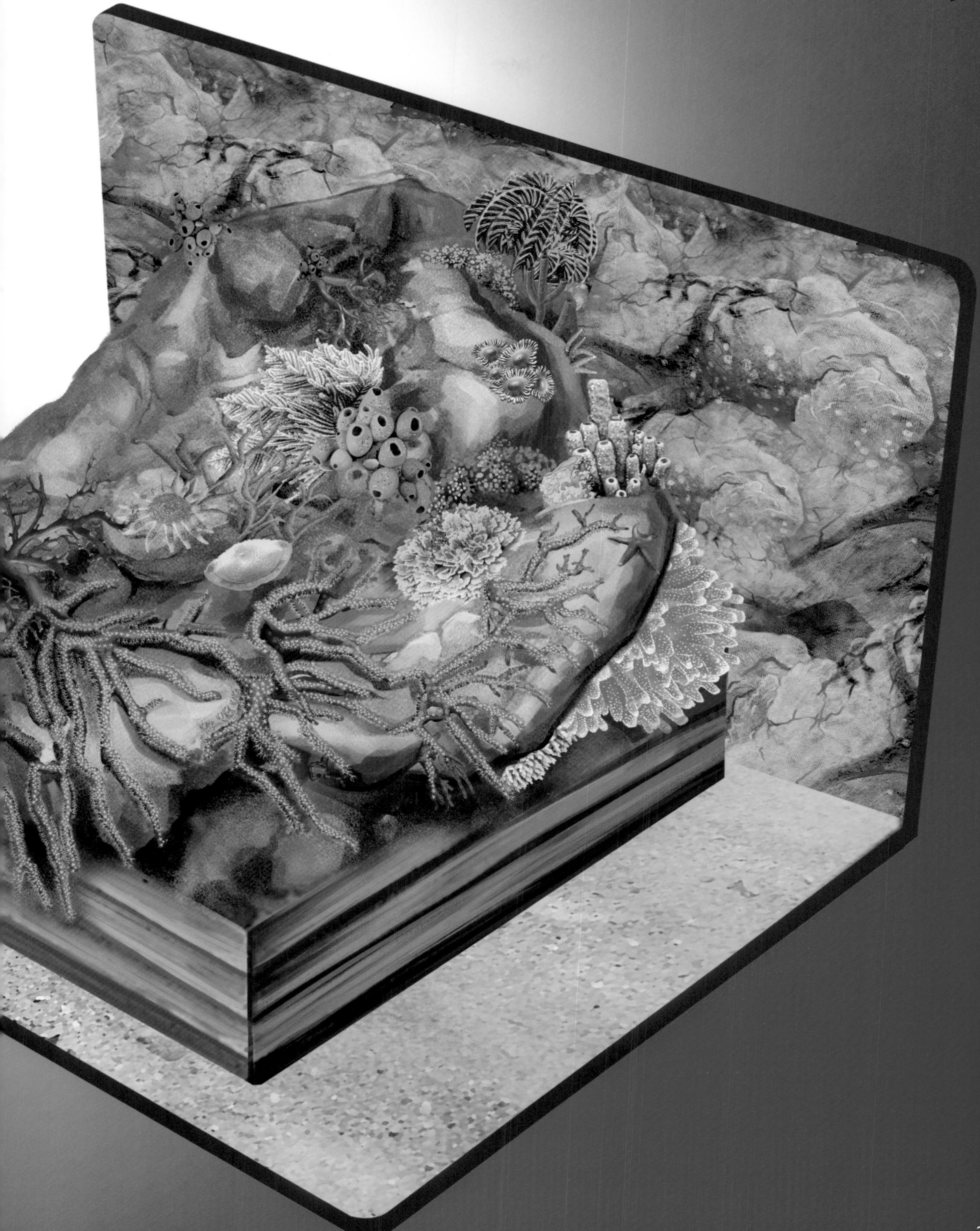

“取之有尽”的资源

种类繁多的海洋生物不仅维系着蓝色海洋世界的生态平衡，而且为人类的生存和发展做出过非常突出的贡献。但是近年来，受人类活动的影响，海洋生物的数量骤减，海水污染、海洋动物灭绝等情况不断上演。我们如果对此再不警醒并加以制止，那么总有一天面对的将是一片死寂的大海。

过度索取

捕鱼技术的进步和日渐增长的海产品需求，使海洋渔业资源慢慢萎缩，面临枯竭的危险。海洋中很多著名渔场因为过度捕捞失去了往日的辉煌，渔业资源急速减少。曾经赫赫有名的纽芬兰渔场现已无鱼可捕。中国的舟山渔场曾是黄花鱼的主要产地之一，但如今这里的黄花鱼已经非常稀少。

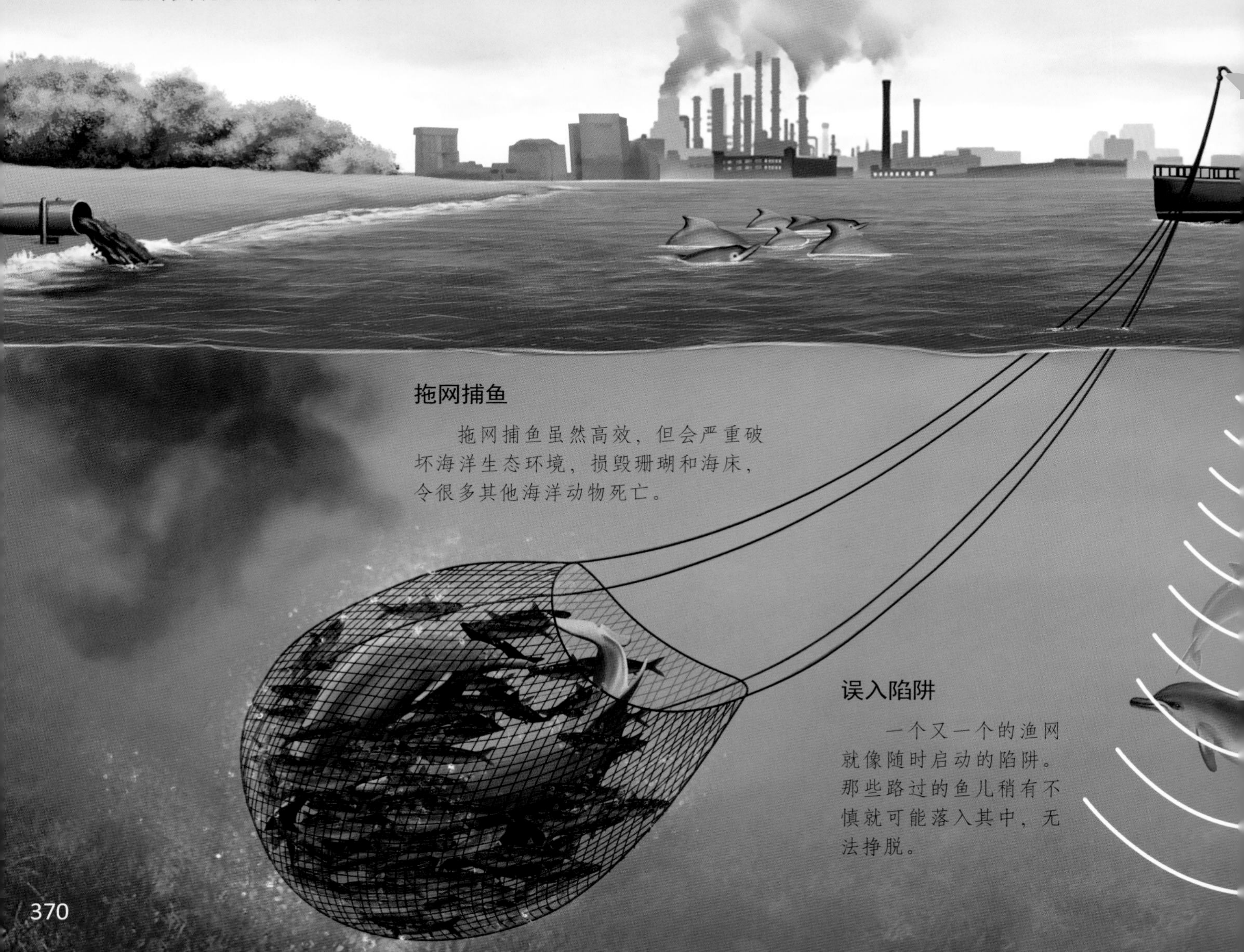

拖网捕鱼

拖网捕鱼虽然高效，但会严重破坏海洋生态环境，损毁珊瑚和海床，令很多其他海洋动物死亡。

误入陷阱

一个又一个的渔网就像随时启动的陷阱。那些路过的鱼儿稍有不慎就可能落入其中，无法挣脱。

大肆捕杀

除了对鱼、虾等的过度捕捞，人类还大量猎杀鲨鱼、鲸等大型海洋动物。全球每年有7000多万头鲨鱼无辜丧生，有数千头鲸鱼被残杀……这些数字让人不寒而栗。尽管绝大多数人认为保护海洋生物是非常必要的，但还是有相当一部分捕猎者以捕杀它们为赚钱手段。一些原本就为数不多的生物正在走向灭亡。

气候影响

气候的异常变化同样给一些海洋生物的生存和繁衍带来不利影响。例如：海水温度的升高会使浮游生物减少，进而导致海洋生态系统的失衡。与此同时，气候变化还会引发珊瑚白化、动物失去栖息地等一系列问题。

没了鱼鳍的鲨鱼

海獭保暖的皮毛

气候变暖使珊瑚变成“枯枝”

北极熊的生存空间缩小

鱼翅的诱惑

为了买卖鱼翅获得高额利润，有些人会将鲨鱼的鱼鳍割掉，然后把它们放回大海。失去鱼鳍的鲨鱼只能沉到海底等死！

皮毛惹的祸

海獭皮毛非常致密，每平方厘米的皮肤上分布着十几万根毛发，保暖性非常好。高品质的皮毛为海獭招来杀身之祸，使其处境非常危急。庆幸的是，近些年来人们积极保护海獭，使其数量慢慢恢复。

荒芜的珊瑚礁

全球气候变暖给海中“雨林”——珊瑚礁带来毁灭性打击。大量原本绚烂夺目、拥有明艳色彩的珊瑚变成了一堆堆白色“枯枝”。无数以此为家的海洋生物不得不转移到别的地方生活。

慢慢消失的家

气候变暖不但会使浮冰融化，而且会令海平面上升，陆地面积减小。据统计，北冰洋海冰的总面积已经减少了约一半，使得北极熊的捕食和生存空间大大缩小，它们因此面临巨大的生存挑战。

垃圾危害

人类在生产和生活过程中，会产生大量垃圾。这些垃圾进入海洋后，很容易被海洋生物摄入体内，引发它们的死亡。据统计，每年约有 1500 万个海洋动物因误食塑料垃圾而失去生命。令人担忧的是，每年进入海洋的垃圾数量依然在迅速增长。

塑料胃

太平洋上的中途岛是信天翁的重要栖息地，但是现在这个小岛周围满是废弃的塑料垃圾，严重威胁着信天翁的生存。很多信天翁因进食了塑料垃圾而死于窒息、饥饿和脱水。

塑料“水母”

对于很多海龟来说，水母是非常可口的食物。可是，海龟有时会把白色塑料垃圾错当成美味的水母吞进肚子。时间一长，海龟很有可能因肠胃堵塞而无法进食，最终被活活饿死。

海水污染

海水污染是致使很多海洋生物死亡的一个重要因素，无论是化工污染还是石油污染都会给海洋带来难以估量的损失。一次较小的漏油事故就可能让上万只海鸟丧生；一次化工废水的排放就可能让大量海洋生物无家可归，流离失所，甚至引起物种变异。

废水入海

工业废水通常富含多种有害物质，会破坏环境，损害海洋生物的生命健康。可是，仍旧有很多人缺乏环保意识，任由这些“毒水”入海。

石油泄漏

2010 年 4 月，英国石油公司在美国墨西哥湾租用的石油钻井平台发生爆炸。这起事故造成 56 万～58.5 万吨原油泄漏，带来的污染令很多海洋生物深受其害。

即将灭绝的海洋生物

海洋是生命的起源，更是无数海洋生物赖以生存的家园。这些可爱的精灵本该自在地畅游于蓝色世界里，然而，它们的生存状况却令人忧心。因为人类的许多活动和行为严重威胁着海洋生物的生命安全。尤其是对那些珍稀物种而言，它们不但可能会面临物种下降、多样性衰退的局面，还可能走向彻底灭亡的境地。

小头鼠海豚

小头鼠海豚是高度濒危的海洋哺乳动物，素有“海里的熊猫”之称。这种踪迹神秘的海豚繁殖率低，寿命较短。近年来，随着环境恶化、栖息地范围的不断缩小以及受渔网捕捞的影响，小头鼠海豚的族群数量只剩下约30只。用不了多久，小头鼠海豚就会彻底从地球上消失。

锯 鳐

强悍的锯鳐以其锋利的“锯剑”在海洋里横行，一般的动物根本不敢招惹。然而，如此出类拔萃的“剑客”却不得不面临种族灭绝的危险。锯鳐的生长速度缓慢，很多幼体还没长大就被肉食者捕食，加上环境污染、气候恶化以及人类长久以来的过度捕捞，它们已经在很多海域绝迹。

中华凤头燕鸥

中华凤头燕鸥是鸥科鸟类中最稀少的一种，也是世界上极危物种之一。因为行踪成谜，它们也被称为“神话之鸟”。现在全世界的中华凤头燕鸥加起来不足百只，未来这个“神话之鸟”很可能真的变成神话。

勺嘴鹬

勺嘴鹬以如汤匙一般的鸟喙闻名于“鸟类王国”。这种小型涉禽的分布地域比较有限，数量原本就很稀少。如今，它们不但要面对繁殖地遭到破坏、迁徙地环境恶化的问题，还要应对非法捕猎者的无情猎杀，处境非常危急。最新的一项调查结果显示，全世界的勺嘴鹬仅有 240~400 只。

麋角珊瑚

麋角珊瑚因形状像麋鹿的鹿角而得名。它们曾广布于风光迷人的加勒比海，为很多海洋动物构建舒适的栖息地，并保护着海岸免受巨浪的侵袭。但是因为生命力脆弱、气候变暖等原因，大量麋角珊瑚白化，并最终走向死亡。早在 2008 年，它们就已经被世界自然保护联盟列为极危物种。

蓝鳍金枪鱼

蓝鳍金枪鱼是制作寿司和刺身的顶级食材，深受一些美食爱好者的喜爱，所以在鱼类交易市场上非常抢手。但是，旺盛的市场需求和过度捕捞使它们深受其害，蓝鳍金枪鱼正以惊人的速度减少。人类如果再不改变粗放型的捕鱼方式，那么未来将无鱼可捕，无鱼可吃。

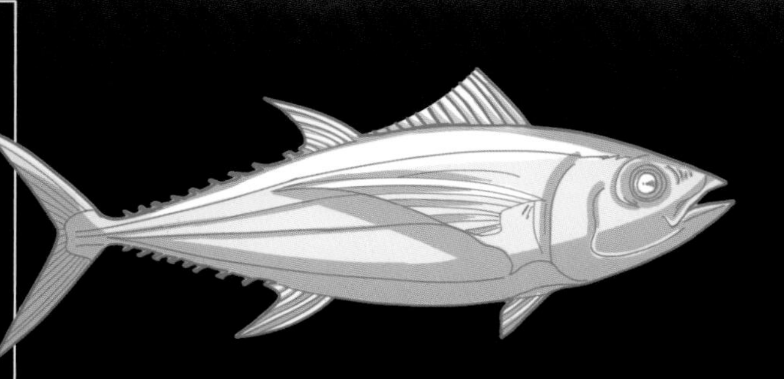

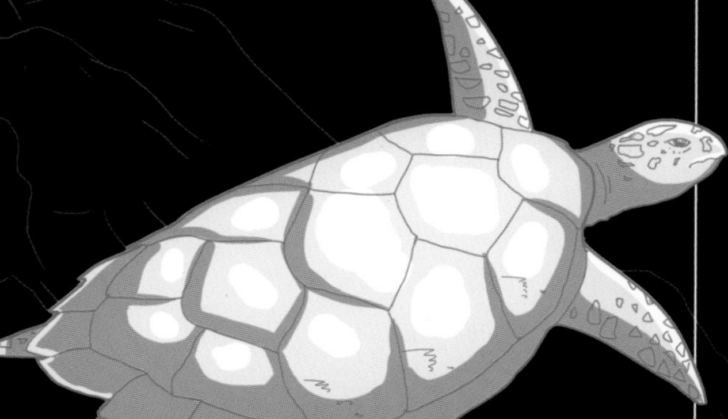

玳瑁

玳瑁性情凶猛，攻击力强，在广阔的海洋里几乎没有天敌。然而，这种唯一能消化玻璃的海洋“寿星”因为所具有的药用价值和文化价值，一度遭到人类的疯狂猎杀。因为玳瑁幼体成活率比较低，所以玳瑁很难在短时间内恢复种群数量，存在灭绝的危险。

棱皮龟

除了要面对来自气候变化、凶猛猎食者的威胁，棱皮龟还需要防止人类的捕杀。在过去很长一段时间里，棱皮龟连续遭受非法贸易、过度捕捞、丧失栖息地、误食垃圾等灾难，致使其数量急转直下。如果人类再不警醒，这种世界上最大的海龟将永久地和我们告别。

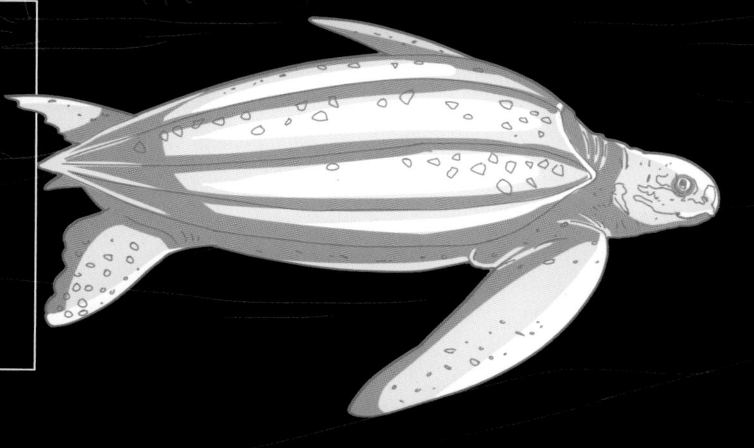

美洲海牛

美洲海牛性情温顺，主食海草，天敌很少。尽管如此，美洲海牛因为被大肆捕杀和其他人类活动而锐减，面临灭绝的危险。美洲海牛肉细嫩味美，含有丰富的DHA（二十二碳六烯酸）和EPA（二十碳五烯酸），可用于提炼润滑油，其皮可以制作耐磨皮革，肋骨可作为象牙的代替品，因此人类对海牛大肆捕杀。这是它们即将灭绝的根本原因。另外，由于人类活动范围的扩大，每年死亡的美洲海牛中约有五分之一是被机动船的螺旋桨击打致死的。

黄唇鱼

近年来，因为数量稀少，浑身是宝的黄唇鱼身价暴涨，有的甚至能达到上百万元一条。20世纪六七十年代，中国珠江口附近黄唇鱼的年产量在180吨左右。可是现在，因为围海造陆、环境污染和过度捕捞的影响，它们已经濒临绝迹，再无往日的繁荣景象。

保护海洋在行动

海洋是生物圈的重要组成部分，而海洋的生态平衡正在被打破。污染、过度捕捞、无节制的海岸开发等行为让海洋不堪重负，使很多海洋栖息地遭到破坏，一些海洋物种也因此灭绝。令人欣慰的是，越来越多的人意识到保护海洋的重要性，正在全力参与海洋保护活动。

世界在行动

“亡羊而补牢，未为迟也。”如今，世界大部分国家为保护海洋成立保护组织、完善法规、建立公约，还设立多个保护海洋的公益宣传日，让越来越多的人了解并参与到行动中来。

海洋保护组织

国际绿色和平组织是一个规模比较大、影响范围比较广的国际环保组织。其宗旨是“促进实现一个更为绿色、和平和可持续发展的未来”。具体来说，即保护物种多样性，避免海洋、陆地和空气的污染及过度利用，以及禁止核武器试验。

海洋守护者协会是由绿色和平组织早期成员保罗·沃森创办的，是一个专门保护鲨鱼、鲸、海豹等海洋动物的组织。

蓝丝带海洋保护协会于 2007 年 6 月 1 日注册成立，致力于海洋保护宣传教育、海洋垃圾治理、海洋生态资源保护和修复、建设中国民间海洋保护网络等工作，促进中国海洋保护事业发展。其使命是“团结一切力量，保护美丽海洋”，口号是“保护海洋就是保护我们自己”。蓝丝带海洋保护协会旨在唤醒人们的环保意识，让更多的人以身作则，关注海洋，保护海洋。

《联合国海洋法公约》

1982 年，第三次联合国海洋法会议最后会议在牙买加蒙特哥湾召开，会议通过《联合国海洋法公约》，于 1994 年正式生效。这项公约是迄今为止最全面的海洋公约，其通过标志着世界海洋秩序迈入一个新的阶段。

世界海洋日

2008 年，第 63 届联合国大会决定，从 2009 年起，将每年的 6 月 8 日定为“世界海洋日”，希望借此机会让世界各国人民能够关注并了解人类赖以生存的海洋，重视海洋环境和海洋问题。

海洋特别保护区

目前为止，中国已有国家级海洋特别保护区 56 处，总面积达 6.9 万平方千米，其中包括海洋公园 30 处。

位于浙江省温州乐清市雁荡镇的乐清西门岛海洋特别保护区是我国首个海洋特别保护区。保护区范围包括西门岛及其周边的滨海湿地，总面积约为 3080 公顷。西门岛滨海湿地资源十分丰富：浅海滩涂面积广阔，底质肥沃，海洋生物资源丰富，种类繁多，其中岩礁性生物有 37 种，泥滩生物种类多达 92 种。该保护区的主要保护对象包括滨海湿地、红树林群落以及黑嘴鸥、中白鹭等多种湿地鸟类。

保护海洋，人人有责

海洋与我们的生活休戚相关，保护海洋环境不应该只是一句口号，而是要落实到我们日常生活的点滴中。保护海洋是我们每个人的责任和使命，每个人都可以也都应该参与到保护海洋的活动中来。

国际海岸清洁日

国际海岸清洁日是一个由美国海洋保育协会于 1986 年发起的全球性活动日，时间为每年 9 月的第三个星期六。活动目的是鼓励民众清理海岸生境及水道垃圾，改善海洋环境。参与者在捡拾垃圾、清洁海滩的同时，使用数据表格记录垃圾的种类和数量，分析其来源，从而了解自身的生活跟这些垃圾的关系。在 2017 年，有超过 80 万的志愿者在 112 个国家清理了超过 2000 万件垃圾。

安全圈

设安全圈是将必要的海洋区域设为保护区并禁止捕鱼，让那里的生物在人为因素之外繁衍生长，从而增加这片及附近海域中的生物数量。例如：2016年，世界多国决定在南极罗斯海地区设立海洋保护区，禁止从该保护区内捕捞任何海洋生物。

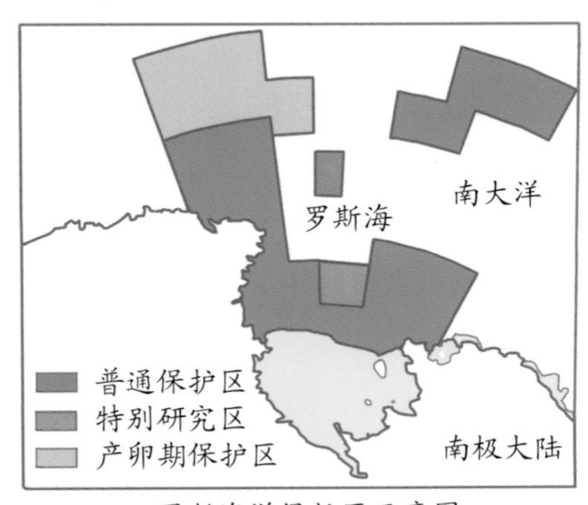

罗斯海洋保护区示意图

污水别入海

防止海水污染是保护海洋的重要一步，很多国家已经制定了相关法律，确保正确处理污水，防止污水入海。防止海水污染不仅需要法律的制约，而且需要个人和企业的自律。目前，规范化、标准化的污水处理技术在多个行业得到广泛应用，减少了污水入海的情况发生。

污水处理系统

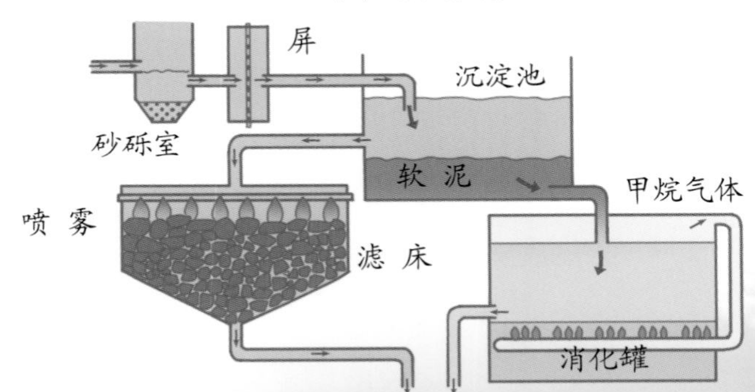

安全海岸

一座座滥建的海边度假村在海岸地带崛起，影响了海滨的自然风光，也破坏了海岸的环境。这警示我们：开发海岸要适度，保护海洋环境和海洋生物要成为开发底线。

捕鱼更安全

随着科技的进步，人们已经设计出一种渔网，减少了对海豚和海龟等海洋动物的误补。

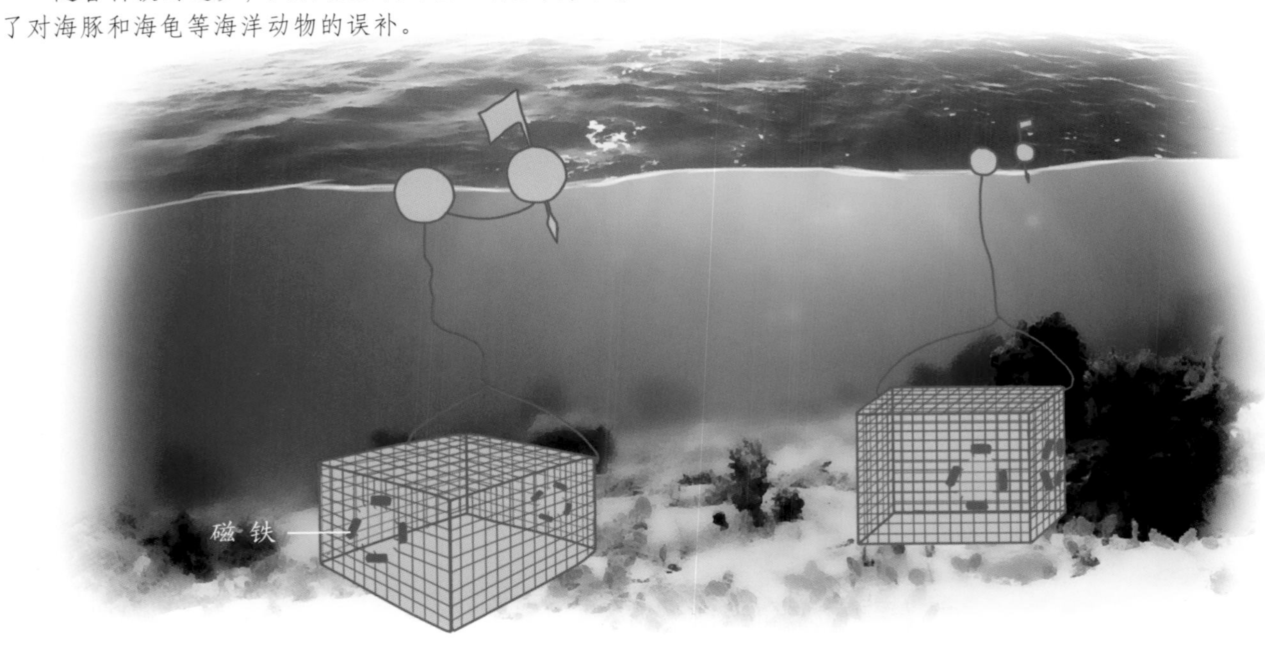

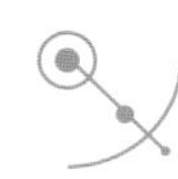

索引 Index

A

B

C

D

F

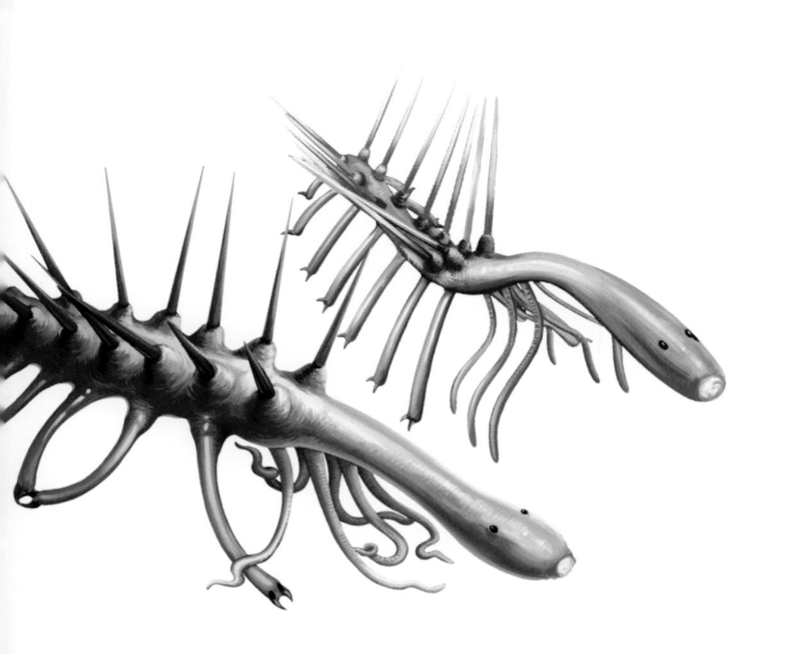

G

H

J

K

L

M

N

O

P

Q

R

S

T

W

X

Y

Z

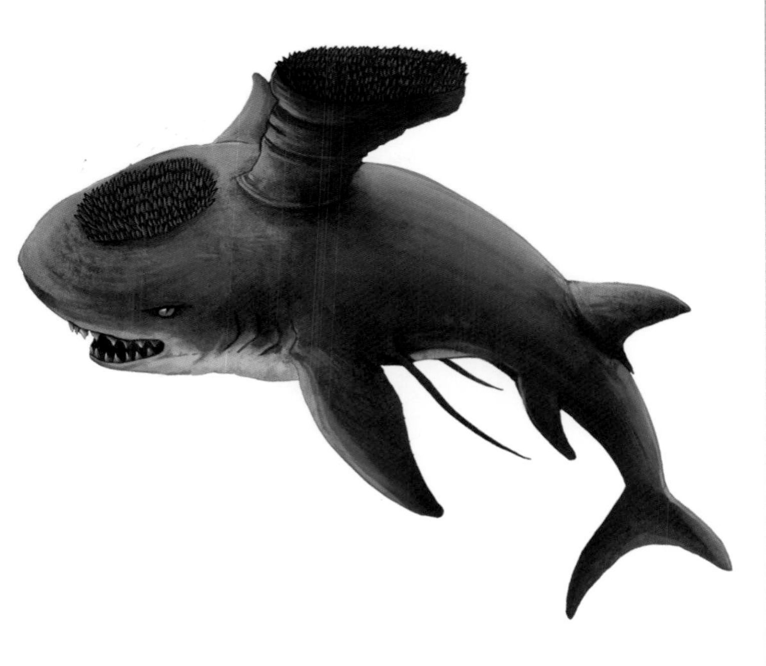